城市与区域规划研究

本期执行主编 龙 瀛 王 鹏 武廷海

创于1897 商务印书馆 The Commercial Press

图书在版编目（CIP）数据

城市与区域规划研究. 第 15 卷. 第 1 期：总第 39 期/龙瀛，王鹏，武廷海主编. —北京：商务印书馆，2023
ISBN 978－7－100－22117－7

Ⅰ.①城… Ⅱ.①龙… ②王… ③武… Ⅲ.①城市规划—研究—丛刊②区域规划—研究—丛刊 Ⅳ.①TU984－55②TU982－55

中国国家版本馆 CIP 数据核字（2023）第 075643 号

城市与区域规划研究

本期执行主编 龙 瀛 王 鹏 武廷海

商 务 印 书 馆 出 版
（北京王府井大街 36 号 邮政编码 100710）
商 务 印 书 馆 发 行
北京新华印刷有限公司印刷
ISBN 978－7－100－22117－7

2023 年 6 月第 1 版 开本 787×1092 1/16
2023 年 6 月北京第 1 次印刷 印张 16 1/2

定价：86.00 元

主编导读
Editor's Introduction

Cities are incubators and carriers of civilization. The periodic rise and fall of cities witness the iterative development of human civilization. Technological progress constantly catalyzes the development and change of human production modes and lifestyles and ultimately shows itself in the urban space. Today, the Fourth Industrial Revolution is penetrating into all aspects of our life with a series of emerging technologies, especially information and communication technology, and also profoundly affecting cities and their planning and design. The exploration and conception of ideal cities in the future is the eternal theme of human exploration and development. From Howard's "Garden City" to Corbusier's "The Radiant City", to "Transit-oriented Development" and "15-minute city", and so on, all are actually exploring the prototype of ideal cities and the development and changes of cities under the influence of technology. Humans create future cities through practice. This issue will focus on "Future Urban Planning and Design", and several academic papers specifically explores the following key issues.

First, the prototype and mechanism of future cities. The paper entitled "The Spatial Prototype and Realization Path for Future City" by LONG Ying et al. sorts out the emerging technologies today that are or are expected to have a profound impact on urban space, summarizes the main trends of future urban space driven by new technologies, and then systematically visualizes and refines the prototype and multi-actor realization paths of future urban

城市是文明的孵化器与载体，城市周期性的兴衰见证着人类文明的迭代发展，技术进步不断催化着人类生产生活方式发展变化并最终投影于城市空间中。如今，第四次工业革命正以一系列以信息与通信技术为代表的新兴技术渗透进我们生活的方方面面，也深刻地影响着城市及其规划设计。对未来理想城市的探讨与构想是人类发展探索的永恒主题，从霍华德的"田园城市"（Garden City）到柯布西耶的"光辉城市"（The Radiant City），再到"公交导向开发"（Transit-oriented Development）、"15分钟城市"等等，实际上都在探讨技术影响下理想城市原型和城市的发展变化，人类通过实践来创造未来城市。本期即聚焦"未来城市规划与设计"，多篇学术文章就下列关键问题展开专门探讨。

一是未来城市的原型与机制。龙瀛等"未来城市的空间原型与实现路径"梳理了当代对城市空间正在或预计产生深远影响的新兴技术，总结技术驱动下未来城市空间的主要趋势，

space from the perspective of regional, urban and other scales and scenarios. The paper entitled "Operation Mechanism and Planning Method of Future Cities" by WANG Peng et al. summarizes the aggregation characteristics of information, and physical and social spaces, discusses the formation of flows, fields and networks in future cities and the role of digital ties in connecting supply and demand, systems and time and space, and explores the construction of future cities based on three aspects (supply and demand matching mechanism within a single system, multi-system linkage, regional multi-subject collaboration). The paper entitled "A Systematic Case Study of Smart Public Space Design" by LI Weijian et al. proposes a systematic case study methodology for smart public space design, systematically retrieves and sorts out 594 relevant design cases, and summarizes the multi-dimensional characteristics of different cases. The paper entitled "Research on Future City Information Modeling Based on Spatiotemporal Embedding: A Case Study of Qingdao" by YANG Tao et al. puts forward three core issues concerning CIM, namely, digital space combination, digital space cognition and digital space behavior, as well as the concept of spatiotemporal embedding, and addresses them in the Qingdao CIM case.

Second, the impact of emerging technologies on urban space and the potential for sustainable development. The paper entitled "Review of Studies on Robot Application in Urban Space and Its Response" by LIANG Jianing et al. summarizes the characteristics of urban robots, six of their application areas as well as problems they face, such as diverse obstacles, lack of structural rules, and a high likelihood of cross interference, and, based on design cases, proposes coping strategies for urban space. The paper entitled "Research on Urban Spatial Strategies Adapting to the Evolution of Autonomous Driving Technology" by WANG Peng et al. discusses the feasible strategies and directions of urban space reform under the background of autonomous driving from such

进而从区域、城市等多尺度及不同场景出发，系统性展望和提炼未来城市空间的原型与多主体实现路径。王鹏等"未来城市的运行机制与建构方法"总结了信息、物理和社会空间的集合体特征，探讨未来城市中流、场、网的形成，以及数字组带在连接供需、连接系统和连接时空中的作用，从供需匹配机制、多系统间联动、区域多主体协同三个方面建构未来城市体系。李伟健等"智慧化公共空间设计的系统性案例研究"，提出适用于智慧化公共空间设计的系统性案例研究方法，系统检索整理得到 594 个相关的设计案例，归纳不同案例间多维度的规律特征。杨涛等"基于时空嵌入的未来城市信息模型（CIM）探讨——以青岛为例"，提出了数字空间组合、数字空间认知以及数字空间行为三个 CIM 核心问题与时空嵌入的概念，并结合青岛 CIM 案例进行探讨。

二是新兴技术对城市空间的影响及可持续发展的潜力。梁佳宁等"城市机器人的应用与空间应对研究综述"，总结出城市机器人的特征、六大应用领域，以及面临的障碍繁杂、缺乏结构规则、易产生交叉冲突等问题，并结合设计案例提出城市空间的应对策略。王鹏等"适应自动驾驶技术演进的城市空间策略研究"，从点—线—面—流—策等维度，探讨了自动驾驶背景下城市空间变革的

dimensions as "point, line, plane, flow and strategy", and elaborates the specific design and practice of our team in Tencent WeCityX project. The paper entitled "The Evolution of Smart Cities by the Integration of Digital Technology and Cities" by LIU Qiong et al., based on the case analysis of five typical foreign cities, finds that the integration of technology and city follows the echelon evolution path of "adoption-integration-embedding", thereby promoting the evolution of smart cities from three stages. The paper entitled "Research Review on Benefits of Carbon Emission Reduction in Future Urban Space Under the Impact of Emerging Technologies" by LI Wenzhu et al. examines the impact of technological advancement on carbon emissions from the perspective of urban structure and the four urban functions of dwelling, work, transportation, and recreation respectively, and summarizes the impact paths of emerging technologies on future urban space's carbon emissions.

Third, urban and rural spatial planning, technical methods and governance management. The paper entitled "Urban Governance Based on Digital Business Ecosystem: A Case Study of Hangzhou Urban Brain" by LI Tianxing analyzes the governance mechanism of Hangzhou urban brain and exacts the membership structure, membership operation mode and overall governance operation system of the Hangzhou Urban Brain Digital Business Ecosystem. The paper entitled "Evaluation and Optimization of Public Service Facilities in Community Life Circle Under the All-Age-Friendly Concept" by ZOU Sicong et al. proposes a dynamic evaluation and optimization method framework for community public service facilities under the "all-age-friendly" concept and, taking the central urban area of Nanjing as an example, summarizes the current situation at the community level and puts forward suggestions for facility configuration optimization and spatial location selection. The paper entitled "Literature Review of the Spatial Pattern and Impact Mechanism of Urban Carbon

可行策略和方向，并阐述了团队在WeCityX项目中进行的具体设计和实践。刘琼等"数字技术与城市协同发展的智慧城市演进"，通过对国外五个典型城市的案例分析，发现技术与城市协同遵循"采纳—融合—嵌入"的梯度渐进路径，进而推动智慧城市主要按照三个阶段发展演化。李文竹等"新兴技术作用下未来城市空间的碳减排效益研究综述"，从城市结构和居住、工作、交通、休闲四大功能空间综述技术发展对城市碳排放的影响，并总结了新兴技术对未来城市空间碳排放的影响路径。

三是城乡空间规划、技术方法与治理管理。李天星"基于数字商业生态系统的城市治理——以杭州城市大脑为例"，分析杭州城市大脑的治理机制，提炼出杭州城市大脑数字商业生态系统的成员结构、成员关系运作模式及整体治理运作体系。邹思聪等"全龄友好理念下的社区生活圈公共服务设施评价与优化"，提出了全龄友好理念下社区公共服务设施动态评估与优化方法框架，并以南京市中心城区为例，在社区层面总结现状问题并提出设施配置优化和空间选址建议。殷小勇等"城市碳排放空间格局与影响机制研究综述"，归纳了"自上而下"和"自下而上"两种碳排放空间格局的构建方法，梳理五种常用的碳排放影响机制定量分析方法，总结了既有研究中经济社会和城

Emissions" by YIN Xiaoyong et al. summarizes the construction methods of "top-down" and "bottom-up" carbon emission spatial patterns, sorts out the five commonly used quantitative mechanisms analysis methods, and sums up the impact of existing economic, social and urban construction factors on carbon emission.

The Global Perspective section continues to focus on the theme of future cities. In his paper "The Shape of Future Cities: Three Speculations", Michael BATTY holds that, first, in the future of complete urbanization, the concept of city will disappear; second, as the scale of cities grows, cities will undergo qualitative changes; and third, cities operate in both space and time. In the Interview section, the paper entitled "'Hot' and 'Cold' Reflection on Future Cities" by LONG Ying et al., based on interviews with seven experts from academia and industry including ZHANG Yuxing, LIU Hongzhi, SHEN Zhenjiang, LYU Bin, ZHOU Rong, YIN Zhi, and WU Tinghai, discusses and examines six core issues from the perspective of historical evolution, production and life, urban-rural relations, social sustainable development, engineering practice and urban operation. This paper sorts out the core opinions of the experts, and moderately condensed the discussion and outlook of some of the experts beyond the topic; these experts generally agree on the profound impact of technology on the current urban space and industrial lifestyle.

In addition, the paper entitled "Research on Urban Planning of Ancient Capitals in Southeast Asia Under Civilization Interaction Across Regions" by CAO Kang et al. explores the formation of urban planning in ancient India, particularly that of the capital city, and three typical capital cities of ancient kingdoms in the Indochina Peninsula of Southeast Asia are selected to respectively elaborate how the three capital cities carried out localized innovation and summarizes the characteristics of capital planning in Indochina Peninsula of Southeast Asia. This is the

市建设因素对碳排放的影响。李晨曦等"基于新制度经济学视角的集体土地租赁住房发展研究"，基于产权、交易成本和集体行动理论，揭示了集体土地直接入市的制度转型对于促进租赁住房发展的内在机制和重要意义。

国际快线版块继续围绕未来城市主题，迈克尔·巴蒂"未来城市形态的三个推测"提出，第一，在完全城市化的未来，城市的概念将消失；第二，随着城市规模变大，城市会发生质变；第三，城市既在空间中，也在时间中运作。在人物访谈版块，龙瀛等"未来城市的冷热思考"，邀请了张宇星、刘泓志、沈振江、吕斌、周榕、尹稚、武廷海等七位来自学界、业界的领域专家，围绕历史演进、生产生活、城乡关系、社会可持续发展、工程实践以及城市运营视角下的六个核心议题依次进行讨论与展望，文章对各位专家的核心观点进行整理，并对议题之外的部分专家探讨与展望进行了适度凝练，专家们普遍认同技术给当下城市空间及生产生活方式带来的深刻影响。

此外，曹康等"跨地区文明互动下东南亚古代都城规划研究"，探讨了古印度城市规划尤其是都城规划模式的形成，并选取东南亚中南半岛地区的三个代表性王国都城，分别分析其如何进行在地化创新，归纳东南亚中南半岛都城规划特征，这是上一

continuation of the last issue of "Urban Planning Tradition and Modernization".

The next issue will focus on sustainable villages. Please continue to pay attention to this journal.

期"城市规划传统与现代化"的继续。

下期聚焦可持续村寨,欢迎读者继续关注。

城市与区域规划研究

目 次 [第15卷 第1期 （总第39期）2023]

Journal of Urban and Regional Planning

CONTENTS [Vol.15, No.1, Series No.39, 2023]

未来城市的空间原型与实现路径

龙　瀛　李伟健　张恩嘉　严庭雯　陈婧佳　李　派　佟　琛

The Spatial Prototype and Realization Path for Future City

LONG Ying[1,2,3], LI Weijian[1], ZHANG Enjia[1], YAN Tingwen[4], CHEN Jingjia[1], LI Pai[1], TONG Chen[5]
(1. School of Architecture, Tsinghua University, Beijing 100084, China; 2. Hang Lung Center for Real Estate, Tsinghua University, Beijing 100084, China; 3. Key Laboratory of Eco-Planning & Green Building, Ministry of Education, Tsinghua University, Beijing 100084, China; 4. School of Landscape Architecture, Beijing Forestry University, Beijing 100083, China; 5. Utrecht University, Utrecht 3584 CS, Netherlands)

Abstract A series of emerging technologies in the context of the Fourth Industrial Revolution has had many far-reaching impacts on current urban residents and urban spaces. This paper analyzes the evolution mechanism of technology, lifestyle, and urban space, and deduces the future urban space driven by new technologies and new lifestyles using the method of "Retrospection and Deduction" based on existing literature, practical cases, and research of institutions and think tanks on technological development and future urban space. It makes a systematic prospect and refines the prototypes and multi-actor realization paths for future urban space from multiple scales, such as region and city, as well as different scenarios.

作者简介
龙瀛（通讯作者），清华大学建筑学院，清华大学恒隆房地产研究中心，清华大学生态规划与绿色建筑教育部重点实验室；
李伟健、张恩嘉、陈婧佳、李派，清华大学建筑学院；
严庭雯，北京林业大学园林学院；
佟琛，荷兰乌得勒支大学。

摘　要　第四次工业革命背景下产生的一系列新兴技术对当下城市居民生活以及城市空间产生了诸多深远影响。文章对技术、生活方式与城市空间演化机制进行分析，采用"回溯+推演"的方法，基于已有文献、实践案例以及机构智库在技术发展与未来城市空间方面的研究，推导新技术、新生活方式驱动下的未来城市空间，并从区域、城市等多尺度及不同场景出发，系统性展望和提炼未来城市空间的原型与多主体实现路径，最终总结出十大趋势与八大议题，旨在激发更多有关未来城市空间的战略思考，进而明晰创造未来城市空间的核心思路。

关键词　第四次工业革命；未来城市；智慧城市；颠覆性技术；以人为本

1　引言

　　近年来，中国城镇化发展经历增速拐点并迈入新型城镇化时代，面对过去城市粗放型发展所暴露出的人口、气候、空间环境等方面日益突出的问题与挑战（杨保军等，2014），更加注重城镇化发展的质量及以人为本的理念（中共中央、国务院，2014），而技术创新给未来城市的高质量发展提供了新的思路与重要支持（顾朝林，2011）。纵观国际，各国积极推动技术发展应用，重视其对城市发展的影响。从美国"工业互联网"概念、德国"工业4.0"计划、日本"社会5.0"计划到我国"智慧社会"与"新基建"等战略的提出，均彰显出技术在城市发展与转型驱动方面的重要地位。

Finally, it summarizes ten trends and eight issues, to stimulate more strategic thinking on future urban space and to clarify the core ideas for creating future urban space.

Keywords the Fourth Industrial Revolution; future city; smart city; disruptive technologies; human-centered

纵观历史，城市作为文明的孵化器与载体，其周期性的兴衰历史见证着人类文明的迭代与发展，而技术并非仅提供一种感知理解与改造城市的信息化途径，在其影响下城市空间的原型已然发生根本性变化。工业革命以来，技术变革作为核心驱动力之一不断催化人类生产生活方式发生跨越式变化并最终投影于城市空间中。如今，第四次工业革命正以一系列颠覆性技术特别是信息与通信技术（Information and Communications Technology，ICT）深刻地影响和改变着我们的城市（龙瀛，2019），通过技术供给与人类需求最终驱动未来城市空间从规模形态到功能使用的重塑与转型。

未来就在当下，对于未来理想城市的探讨与构想成为人类发展永恒的主题（武廷海等，2022；刘泉等，2022；武廷海等，2020；伍蕾、谢波，2020；Schlapobersky and Pieprz，2020）。先驱者积极探索城市发展的未来方向，拥抱新技术思维、创造新的城市范式，促进了城市经济、社会、人居环境的深刻自我反思。与此同时，未来基于创造（Batty，2018），任何对未来的精准预测都是徒劳的，但诸如"田园城市"（Garden City）、"光辉城市"（Radiant City）等历史上的理想城市原型，即使在新兴技术涌现的当下依然具有持续的现实启发意义，可见对未来城市预测的意义并非在于结果，而在于探讨的过程本身。随着城市朝着复杂巨系统不断演进发展，将会有更加多元化的社会力量共同参与到未来城市的创造和建设过程中。因此，在技术突破与社会需求变革的"奇点"临近（刘泉，2019）、城市科学转型发展（Batty，2013；龙瀛，2020）的关键阶段，我们更有必要聚焦新兴技术的视角，对未来城市空间原型及其实现路径进行探讨。

2 技术、生活方式与城市空间的演化机制

2.1 技术、生活方式与城市空间的演进历程

探究城市历史发展演进规律为描摹未来城市提供了一条基础性途径。于城市而言，创新技术带来的颠覆性影响始于 18 世纪的工业革命，进而逐渐成为现代城市形成和发展的核心动力。随着历次工业革命中核心技术的突破，城市生产生活与空间功能形态发生了极大改变，受不同时代背景的紧密影响，先驱们探索产生出一系列具有时代特征的理想城市原型（图 1）。

第一次工业革命（蒸汽时代），以蒸汽作为新的动力推动机械革命，大规模的机器生产开始代替手工业，以蒸汽为动力的运输工具开始出现。在此背景下，以机器进行生产的工厂出现并逐渐取代传统的手工工厂，以工业生产为主要职能的工业城市雏形开始萌芽。城市密度逐步提升，多层建筑涌现，并在城市中部分形成以就业为核心的功能布局。在理想城市原型方面，1811 年提出的方格形城市（Gridiron City）便是在传统马车时代交通不发达的情况下资本主义大城市应对工业与人口集中的一种解决方案；1825 年罗伯特·欧文（Robert Owen）提出新协和村（New Harmony），设想住房附近有用机器生产的作坊，将城市功能与技术生产进一步融合思考。

第二次工业革命（电气时代），电力作为新的动力推动通信革命，电器的出现改善了居民生活品质，并衍生出多元化的大众娱乐产业及空间，而内燃机的发明进一步催生出高效便捷的新交通运输方式。随着公共交通对于城市平面空间的拓展以及电梯技术推动高层建筑在垂直空间上的生长，人口高密度的现代化大都市开始兴起，城市空间也开始呈现居住、工作、游憩、交通四大功能分区并被写入《雅典宪章》，奠定了现代主义城市规划的基础。然而技术以解决问题的方式出现，又给城市带来了新的问题。"田园城市"、"广亩城市"（Broadacre City）等理想城市原型由此涌现，试图结合新技术背景化解工业革命过程中引致的城市病（张京祥等，2020）。

第三次工业革命（信息时代），电子计算机推动信息控制技术革命，与此同时新能源、新材料、新空间技术不断涌现发展。特大城市与都市圈逐渐增多，而产业转型带来城市第三产业空间的增加以及部分传统工业城市的收缩发展。面对新技术与复合功能空间的冲击，"拼贴城市"（Collage City）、"传统邻里开发"（Traditional Neighborhood Development，TND）、"公共交通导向开发"（Transit-Oriented Development，TOD）等原型理念的提出，象征着对于城市生活品质提高与技术发展融合的思考得到进一步强化。

第四次工业革命（智能时代），数字技术驱动技术融合革命。移动互联网、物联网、人工智能等颠覆性技术的出现，进一步引领城市空间组织运行的高效智能与人本化。传统制造产业空间进一步从城市内迁出，伴随着知识生产空间的增加，智能建筑与智慧家居得到更广泛的普及应用。诸如"健康城市"（Health City）、"智慧城市"（Smart City）、"韧性城市"（Resilient City）等更加注重多元可持续与智慧发展的概念原型开始得到不断发展。

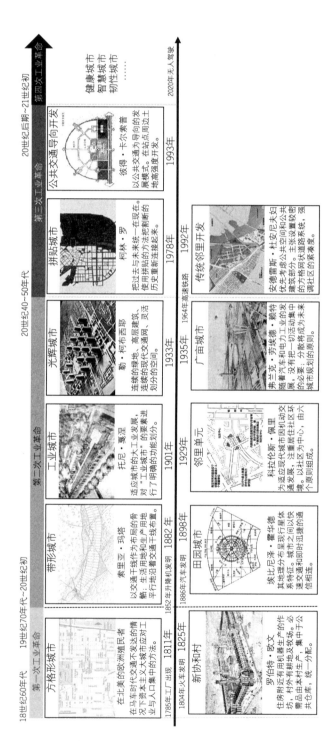

图 1　技术发展与理想城市原型的提出

以上历次工业革命进程均体现出技术发展、人类生产生活与城市空间功能形态演化间密不可分的关系。诚然，技术发展是城市空间变革的必要不充分条件，政策、文化、历史背景等均在其中起到不同程度的关键作用，城市空间本身亦具有很强的弹性与适应性，相比于技术迭代具有滞后性，但依然不可否定城市空间演化过程中技术的重要影响力。生产力技术进步推动生产生活方式与社会组织方式变化，进而影响城市的布局和结构；技术在空间中的不均衡发展影响城市所在的产业链等级分工，进而影响城市的等级和规模；动力技术进步推动交通运输发展，影响城市的三维形态，即垂直方向的建设强度和水平方向的蔓延程度；建筑技术进步带来建筑变化，进而影响城市中建筑的空间形态与功能利用方式。

综上，面对新一轮技术的驱动影响，未来城市空间原型必然将继续演化，伴随着社会组织方式的变革，未来城市将会更加复杂。

2.2 新技术、新生活方式驱动未来城市空间

在上述历史演进历程梳理的基础上，本文进一步通过"回溯+推演"的方法对新技术、新生活方式驱动下的未来城市空间进行具体分析。基于文献、实践案例及机构智库在相关方面的已有研究，系统性观察过去十年"新"的城市变化，借助历史发展路径依赖、对技术发展趋势的合理甄别以及其他相关未来学思考，对近未来十年"新城市"在技术影响下的空间发展进行适度推演和情景分析，并在区域、城市及设施尺度对相关规律特征予以系统性总结提炼，以期引发相关的思考讨论与研究重视（图2）。

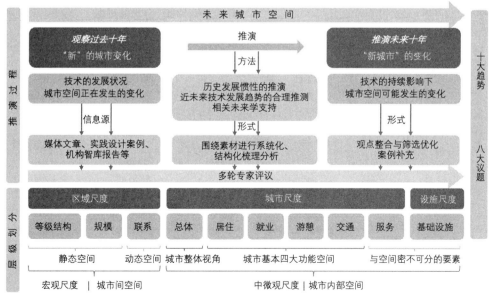

图 2　研究方法框架

　　需要指出的是，新技术对于不同区域、城市群体生活与空间演化的影响千差万别。在全球数字化进程中，新技术与创新资源的分布不均衡，不同地域群体对新技术的接纳程度也有较大差异，由此进一步加剧了不同地域间的数字鸿沟，进而带来城市体系、城市空间、社会差别及个体生活等方面的极化发展（汪明峰，2005；胡鞍钢、周绍杰，2002；邓庆尧、邹德侬，1999）。因此，本文选择聚焦人口高度密集、经济发展水平较高、创新资源富集、对新技术包容度较高的发达城市空间，更多地以中国作为基础来进行原型提炼与具体场景展望，同时将部分具有普适性的规律趋势进行一定延展讨论。

2.2.1　新技术的发展迭代

　　传统上，时间与空间是人类生活及城市发展的两个根本向度，约束着城市的形态功能与布局结构（Castells，1996），而交通和通信技术作为与城市时空关系最为相关的核心技术，在历史上对城市空间影响最大（刘泉，2019）。与之相比，第四次工业革命背景下诸如人工智能、大数据与云计算、移动互联网、传感网与物联网、混合实境、智能建造等颠覆性新兴技术，在近十年的发展迭代呈现出更加多元复杂的新趋势，其在多尺度城市应用场景中拥有更加细分且广泛的渗透性，进而为不同层级城市空间的使用赋能（图3）。较多新技术与个体生活及需求更加贴近，强调对于产品服务的更新优化，以不断降低的价格得以被更广泛的居民受众使用推广。同时，数据与计算驱动会促进各个城市系统的深度融合，进而推动信息流在城市物质资源与社会供需间的匹配协调作用（王鹏，2022）。

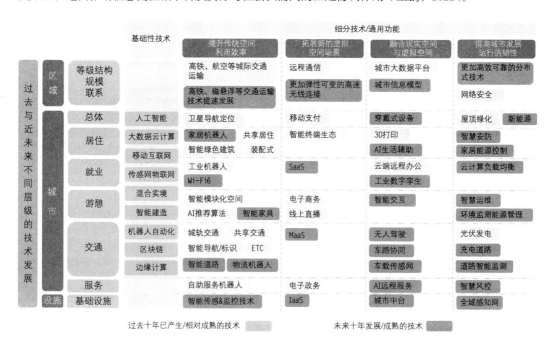

图 3　新兴技术在不同层级作用于城市空间

2.2.2 新生活方式的重塑

正如互联网与计算机发展初期，当下城市正处于一种"形成"（Becoming）状态，事物经历"知化、流动、共享、重混"（Kelly，2016），而未来城市的变革正始于每一个个体。新技术加速发展迭代，技术供给在大数据与 AI 加持下更加智能高效，人类需求受此催化变得更加个性化、碎片化、即时化与虚拟化（龙瀛，2019），个体时空观念与生活方式由此发生转变，在日益丰富的同时逐渐摆脱与特定场所的简单线性关系。于是，在 3G/4G/5G 移动互联网等核心技术的迭代驱动下，城市产品服务层面诸如智能手机、共享经济（如 Airbnb 共享居住、WeWork 共享办公、青桔共享单车等）、O2O（Online To Offline，如美团、饿了么等）、移动支付（如支付宝、微信支付等）、社交娱乐媒体（如微博、微信、抖音等）亦同步高频更迭，以更好地匹配新的需求与生活方式。

具体而言，一方面，居住由单纯的栖息转化为个性化的生活方式，更加追求家庭与社群的连接，一系列以"共享、智能、自助、定制"为特点的"即时、在线、上门"产品服务，使人们居家即可满足工作、学习、购物、医疗等多种需求；就业突破集中化的办公模式，办公场所从"固定"转为"移动"，从传统"面对面"交流转变为线上远程办公、协作办公、共享办公模式并存，由此产生更多自由职业者、创意阶层与"数字游民"，企业组织方式亦趋于弹性灵活。另一方面，城市居民更频繁且娴熟地在线下实体店和线上虚拟店间转换，获取更多产品信息与体验，最终做出消费决策并分享信息（贺晓青等，2018）；个体休闲娱乐方式日趋多元，线上休闲娱乐日益普及；出行方式转化为共享交通与公共交通、慢行出行等多种出行方式结合，而私人和公共交通界限逐渐趋于模糊；此外，人们享有医疗、教育、金融、政务等服务的方式也由线下转化为线上线下相融合，并出现更多的智能化服务产品。

2.2.3 新技术与生活方式驱动下的未来城市空间

由此可以看出，新兴技术主导作用下，人类需求与生活方式产生一系列变化，由此催生出一系列与这些变化相匹配的新产品服务模式。而城市空间作为提供产品服务的场所，同样深刻影响着人的使用感受与需求，因此，一系列新兴技术对于城市生活的影响最终会投影在城市空间中，并以空间形态与功能的适应或转化来体现。在此过程中"人、服务、空间"三者之间也形成了相互影响、彼此促进的耦合关系（图 4）。

在此背景下，一方面，在新技术与生活方式驱动下的未来城市空间呈现出以下四方面的趋势特征。①赋能支持。信息与通信技术在城市生产生活要素配置中的优化集成作用得到充分发挥，在全时感知的基础上极大提升传统空间的利用效率，并在一定程度上对其韧性有所提升（李伟健、龙瀛，2020）。②边界溶解。随着交通方式的演化以及移动互联网、物联网的深入应用，城市内与城市间、不同功能空间之间以及线上线下空间的边界逐渐模糊融合。③功能具身。空间形式不再必须追随功能，以空间为核心的功能布局逐渐向以人为核心的功能服务聚集发展。④虚实融合。实体空间与虚拟空间的融合关系进一步增强，与之对应的是传统空间的功能转化以及场景体验的提升，在空间数字化运营的同时，数字创新也将成为新的理念更好地迎合未来城市空间的设计创造。

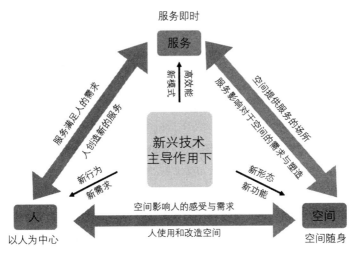

图4 新兴技术与人、服务、空间之间的关系

另一方面，技术的发展迭代在一定程度上也会受到市场化规律作用，其对于居民生活与城市空间的影响亦是多维度甚至缺乏充分选择的，也因此表现出一定的负外部性与不确定性。例如，新技术与数字经济发展所产生的数字鸿沟将会进一步加剧城市空间的不平等现象，同时加剧不同群体间的社会与居住隔离；城市的"信息功能"被互联网信息替代，传统以空间搜索为核心的行为选择被个体定制化算法改变，产生潜在的数据垄断及数据隐私危机问题，而算法的引导以及部分线上流量的竞争会进一步加速部分城市实体空间的功能瓦解与收缩衰落；此外，也存在诸如技术迷信、个体真实情感忽视与个性偏好丧失等方面的问题（仇保兴，2022；甄峰、谢智敏，2021）。应采用理性的价值判断（孙施文，2006），利用技术解决部分城市空间问题，促进技术向善的未来城市空间发展。因此，从技术视角对未来城市空间原型进行提炼，以洞察其相互作用机制与潜在影响便显得尤为重要。

3 未来城市空间原型提炼

在新技术、新生活方式与未来城市空间的连锁驱动作用下，本文通过空间尺度、空间场景类别、发生时间以及正负面评价等多个维度，对未来城市的空间原型进行了系统性、结构化剖析梳理，从技术视角归纳未来城市空间的演化规律与特征（图5）。

3.1 城市间和城市内集聚与分散的重塑

随着自动驾驶与移动互联网等基础性技术的发展成熟，以汽车为载体的交通方式和以智能手机等终端为载体的通信方式发生迭代，从物理连接与虚拟连接层面深刻影响了未来城市的生活方式和空间结构（Castells，1989，1996），使城市间与城市内集聚和分散的态势重新演绎。

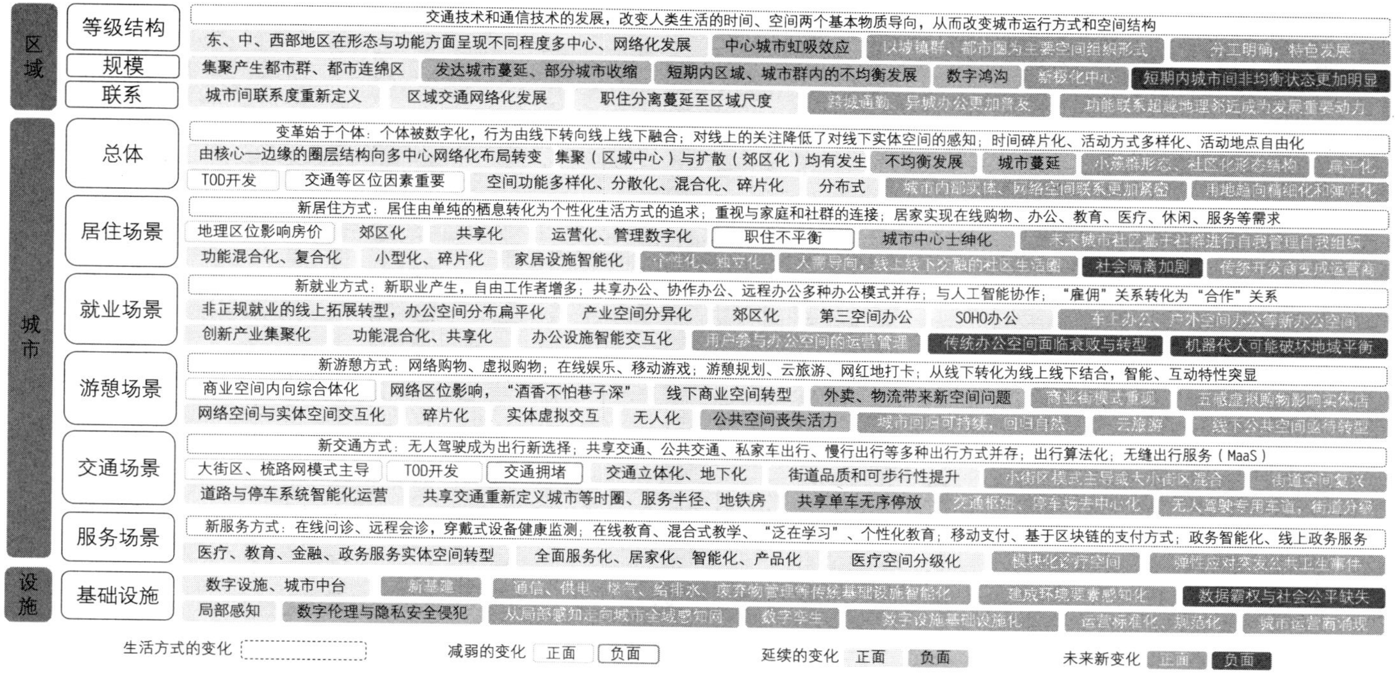

区域
- 等级结构
- 规模
- 联系

城市
- 总体
- 居住场景
- 就业场景
- 游憩场景
- 交通场景
- 服务场景

设施
- 基础设施

减弱的变化 | 正面 | 负面 　　延续的变化 正面 负面 　　未来新变化 正面 负面 　　生活方式的变化

图 5　过去十年与未来十年城市（空间）已经发生和预计发生的变化

在此背景下，未来我国东、中、西部地区城市在形态与功能方面将进一步呈现不同程度的多中心、网络化发展特点（Ma and Long，2020；Long，2016）。城市间将形成更加紧密的网络体系，以城市群、都市圈为主要空间组织模式的趋势会更加明显。城市人口与资源在城市群、都市圈加速集聚，空间更加紧凑集约化发展的同时，新极化中心出现，城市间面临更大的"数字鸿沟"。发达的超大城市（群）日益强大富集，其余城市则谋求"特色"发展或出现信息、知识、人才边缘化的收缩城市（吴康等，2015；Jin et al.，2017）。在技术扩散规律和历史惯性共同作用下，未来短期内城市间与城市内非均衡状态将更加明显。与此同时，高铁和轨道交通进一步降低跨城通勤成本，数字设施与异城协作办公的普及使人们实现跨越时空的交流。因此，城市间和城市内的界限开始模糊，功能联系超越地理邻近逐渐成为城市发展的重要动力，职住分离蔓延至区域尺度并成为一种常态（Wu et al.，2019）。

3.2　城市核心功能场景的解构

在新技术的影响下，未来城市内部空间组织逐渐趋于社区化，并形成更加分散的网络与多中心小簇群形态。城市组团从传统的区位和交通模式中解放出来，被更加扁平、均匀灵活地布置甚至分散至郊区。在功能组织与土地利用方面，城市内明确的功能分区将逐渐转向混合重组，趋向于形成以居住空间为中心，就业、办公、游憩等空间混合的新稳定结构，并产生更多的碎片化空间。同时，城市空间功能发生共享化、复合化、服务化、个性化、智能化、运营化的更新与变迁。

在此进一步对未来城市空间中居住、就业、游憩、交通、服务及基础设施相关的核心功能场景进行解构梳理。

3.2.1　居住场景

随着远程通信、视觉增强、无人机、新物流与交通技术的成熟，工作生活的边界有所模糊，区位与地理距离对居住空间的影响将有所减弱，由此职住不平衡与过度通勤问题在一定程度上得到缓解。而随着诸如外卖餐饮、外卖生鲜等服务的不断丰富，未来远程医疗、网约护工、养老服务等居家服务场景也将迅速发展。社区服务的供给方式发生颠覆性转变，社区生活圈不再局限于实体空间组织和设施配置，而转向融合线下步行可达和线上服务便捷到家的新模式（牛强等，2019）。天猫"三公里理想生活圈"以及京东"零售即服务"理念的出现，进一步体现出在人工智能、大数据、物联网、机器人等技术驱动下对"人、货、场"三要素的重塑，围绕社区配备个性化物流配送仓库，通过线上线下融合（Online-Merge-Offline，OMO）提供基于位置的便利生活服务。此外，多功能混合社区逐渐普及，居住空间兼具工作室、联合办公、剧本杀等新兴办公与休闲娱乐功能，出现诸如燕京里"居住+联合办公"模式的短租公寓以及万科设计公社"居住+办公+商业"模式的租赁型创业社区。与此同时，共享思维已漫卷网络并渐成全社会共识，共享合作居住（Co-housing）成为普遍发展趋势（张睿、吕衍航，2013）。以基于兴趣的文旅社区阿那亚为代表，择邻而居与社群化自组织管理成为潮流，但其在营造自由、个性化的同时，也在一定程度上间接加剧了居住空间与社群群体彼此间的分异隔离。

3.2.2　就业场景

分散、灵活的企业组织形式解放了束缚企业选址的桎梏，创新技术在城市中心区集聚，办公空间在城市中心区和边缘区分异化发展（杨德进，2012），在此过程中创新要素将重塑优化片区空间结构，并促进创新产业空间集聚，与科研机构、高等院校结合分布。在功能转变方面，与居住空间类似，就业办公空间亦具有混合功能开发与开放共享使用的趋势特征，通过多样灵活可变的空间组合成为新时代的"单位大院"。WeWork 上海威海路联合办公空间增加了游戏、运动、饮食等各类型的工作辅助区域，创造社交、专业和创造性的空间，而类似 HubHub 的共享办公室则为工作者节约成本并充分激发彼此的创意。此外，随着时间与空间界限、工作与生活界限模糊，办公活动向其他空间拓展，在咖啡厅、图书馆等第三空间办公、居家办公将成为普遍现象，并由此催生出车上办公、户外空间办公等新办公需求。在此背景下，诸如 Telecube、Smart Lounge 等装配式、模块化、自助共享的小型办公空间为人们随时随地、多样化办公提供了独立场地。

3.2.3　游憩场景

网络空间区位愈发重要，数据算法与网络评价使商业及娱乐空间的选址和需求发生改变，部分店面选址从"金角银边草肚皮"转变为"酒香不怕巷子深"。线上虚拟购物的增强对线下实体商业产生强烈影响，促使其加速转型。大型商业空间趋于向综合化、体验化、场景化、娱乐化转变。例如，占地 10 000 平方米的苏宁燃客城涵盖了电竞游乐城、吃货乐翻街、科技发烧馆、热血运动场和艺术公园五大主题专区，打造线上线下全面融合、场景互联的新零售模式；而中百罗森等小型商业空间逐渐趋于向提供热水、快餐加热等便捷生活服务而非仅仅是零售商品转变。以微信无人快闪店、京东无人超市等无人、智能化商业空间也将会得到进一步普及。此外，伴随着以元宇宙为代表的虚实空间的不断交互融合，传统城市公共空间的活力有望得到全新激活。数字创新使公共空间能够为人们提供个性化的互动体验，"线下空间+互动设施""线下空间+直播""线下空间+AR/VR"等模式将成为公共空间新的发展趋势。而随着物联网传感设备的植入与使用，对于公共游憩空间的运营管理也将进一步智能化，并提高公众参与度（李伟健、龙瀛，2022）。在此过程中，对于自然与健康的不变追求将进一步引导未来城市游憩空间在强智能与管理支持下，回归自然生态与可持续发展。

3.2.4　交通场景

随着以人为本理念的深入以及末端交通服务技术的成熟，未来大街区、疏路网为主导的路网格局将逐步转变为小街区主导或大小街区并存。街道系统分级精细化并出现自动驾驶专用车道/区域。例如由 BIG 和丰田合作的"编织城市"（Woven City）将专为自动驾驶车辆通行的机动车道、小型移动工具通行的休闲长廊以及供行人漫步的线性公园三种道路穿插在城市中，使整个城市形成一个网状编织结构。而物流运输与快速车道可移至城市地下空间与灰色空间进行立体化应用。此外，共享交通极大解决了通勤最后一公里问题，大量共享的自动驾驶汽车将成为空间的延伸，由单一维度的交通空间拓展为办公、休闲、医疗、零售等多功能复合的智能移动空间，并提供更加多元的 O2O 服务。例如，在宜家创意工作室 SPACE10 所提出的 Space on Wheels 设计构想中，将自动驾驶汽车与快闪店、办公室、

AR游戏、咖啡馆、城市农场、医疗站和酒店七种应用场景结合打造新型移动空间，并可通过App对其进行预约，以此来减轻城市拥挤交通的负担并改善居民生活。而在运营管理方面，城市交通标识系统将更加智能化，智慧路缘、停车诱导系统、智能地锁等数字化设施更加普及，交通管理实现全域感知、实时监测、及时预警以及智能调度。

3.2.5　服务场景

不同类型的服务场景均趋于向线上线下融合以及智能化、分布式服务转变。具体而言，传统的线下药店、医院、诊所将向线上线下结合转型，为患者、老人提供到家、远程服务。更多物联网监测、灵活移动、弹性可变的医疗空间将为应对突发公共卫生事件提供有效支持；与集中化的大型教育空间相比，碎片化学习中心有所增加，教育空间选址也将更加接近居住地；实体银行功能向服务化转变，并由在线化向智能化发展，出现更多的无人银行；政府办公大厅不再完全依赖于实体空间，其服务层级下沉至社区，出现更多便民的社区政务中心、24小时自助政务服务驿站，社区级别政务服务能力在技术发展下得到增强。

3.2.6　基础设施

传统基础设施趋于智能化，而建成环境要素趋于感知化。一方面，未来包括铁路、地铁、公路交通设施，给水、排水、供电、通信等城市市政工程在内的传统基础设施领域，都将叠加传感器及监测调度平台等数字化图层，实现城市部件的智能化，如自主感知、监测、反馈、预警和管理；另一方面，传统城市空间元素中将有更多新型基础设施的融入，从而对建成环境要素和人群活动情况有实时数据反馈、异常监测与预警、智能管理与实施。此外，完善城市ICT基础设施的建设即完善城市信息物理系统（Cyber-Physical Systems，CPS）的底层构建（龙瀛、张恩嘉，2019），在此过程中将呈现一定的市场化趋势，由城市运营商、零售商、开发商、科技公司与政府等共同建设运营，但同时会带来数字伦理和隐私侵犯、数据霸权和社会公平缺失等方面的不确定性风险。

4　未来城市空间实现路径与参与主体

未来城市空间不仅是静态的物质产品，在技术驱动下其复杂巨系统以及数字孪生、运营服务化的新特征愈加明显，逐渐演变为动态有机生长的生命体。因此，对于未来城市空间的建设应从单纯的设计转化为超越设计，并在物质空间、社会空间与信息空间等多个维度进行整体考量。目前已有较多学者从城市规划宏观统筹的视角提出技术驱动下未来城市空间规划响应的不同路径。例如，数据增强设计（Data Augmented Design，DAD）（龙瀛、沈尧，2015）框架下的智慧规划在强化城市感知、完善数据来源的基础上，借助数据驱动模型方法实现城市空间要素的智能化、规划流程的科学化以及规划成果的多元化（龙瀛、张恩嘉，2019）；面向未来城市情景的规划响应则从新技术的不确定性及其对应的情景出发，提出包括强化顶层设计与战略目标制定、促进技术应用与居民需求有机耦合等四方面的规划响应策略（甄峰、谢智敏，2021）。这些路径均强调了对于新技术方法的运用、对于多技术情景的分析评估以及对于科学合理决策的考量。另外，未来城市空间的创造实践毫无疑问也需要多学科交流融合以及更加多元社会主体的广泛参与（图6），而与过去相比，技术驱动下不同主体在参与方式与所扮演的角色方面有不同程度的转变。

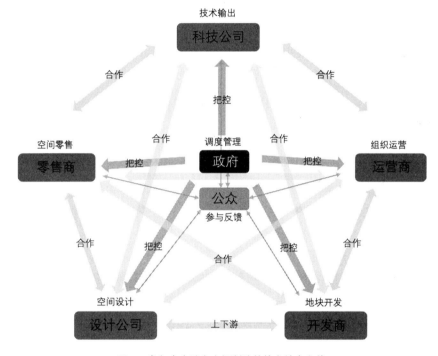

图 6　参与未来城市空间创造的核心社会主体

4.1　设计公司

设计公司内部面临智能、数字化转型并积极与科技公司等前沿力量赋能合作。未来其将直接参与城市空间的设计创造。随着新兴技术发展以及由此影响下人们对于空间使用需求的变化，设计公司也开始注重利用新兴技术，将数字创新与传统的空间干预及场所营造相结合（张恩嘉、龙瀛，2020），以更好地满足人们的活动需求，达到城市空间自适应与节能的效果，提升空间活力以及使用管理效率。

4.2　科技公司

科技公司为未来城市空间的创造提供源源不断的技术赋能。未来其一方面将加强与政府的合作，积极参与城市纵向的高效智慧化治理，自上而下参与城市空间智能治理的顶层设计，深化拓展新兴技术的组织架构与应用场景；另一方面将加强与设计公司的合作，积极参与城市空间的智能化运营，自下而上拓展平台服务生态，以人为本科技向善，更好地匹配城市居民的真实需求。

4.3　开发商

开发商从单一的开发空间向开发配套服务模式转型，并逐渐从房企开发商向（城市）运营商转变。未来其将参与城市空间的市场开发与利用，随着未来城市住宅需求放缓，单一的住房开发无法满足传统开发商的发展运行需求，于是其将更加注重对于未来城市空间的思考，进一步提升产品配套服务质量，创新服务模式，以匹配未来城市更加综合化、运营化的居住空间需求。

4.4　（空间）零售商

零售商逐渐面临新兴技术带来的服务场景、模式的机遇与挑战，从行业本身向外思考未来城市空间的新型服务场景与模式。其参与未来城市空间各个不同的生态应用场景的具体建设，往往利用自身对于具体服务场景模式的深刻理解，结合新兴技术带来的应用赋能，去及时探索创新服务应用的场景模式，提高服务效能与体验，弹性应对技术带来的市场需求的变化。

4.5　运营商

传统运营商积极参与数字化转型迭代，其参与未来城市空间的策划组织与管理运营。随着新兴技术的进一步发展与未来城市空间、资源要素的进一步数字化发展迭代，万物皆可运营，城市（空间）变成一款最大的运营产品。不同社会力量均在竞争与协作中介入到对于未来城市空间的运营管理中来。

4.6　政府

传统政府向数字化治理转型。与此同时，政府相关部门单一主导城市空间建设的传统高效模式越来越受到新兴技术影响而向多方力量协同建设的模式转变。未来城市空间将在政府主导参与下与多方社会力量进行协同治理。

4.7　公众

未来随着新技术朝着以人为本、更加细分的方向发展迭代，私人定制化的需求将被得到精准捕捉与识别。作为"人—服务—空间"链条中最核心的部分，公众参与也会结合更加多元的社交媒体或参与式平台工具得以实现。

总而言之，未来城市空间实现路径依靠多种社会主体力量的共同参与，在政府主导下不同主体竞争协作参与城市空间共建，在此过程中新兴技术既作为生产力工具进行智慧化创造，又充当信息沟通的高效桥梁促进不同主体间的彼此反馈。

5 结论

5.1 未来城市空间的趋势与议题

基于前述分析，进一步归纳总结未来城市空间发展的十大趋势以及值得学界、业界相关领域共同深入探讨研究的八大议题，为未来城市研究与创造响应的创新思维及战略方向带来启示。

5.1.1 十大趋势

趋势一：日益增长的屏幕使用行为影响人们对空间的认知；趋势二：个体工作与生活的时空自由度提升；趋势三：自由、混合的未来城市空间组织与开发模式转变；趋势四：空间极化与扁平化的对立统一；趋势五：实体与虚拟空间深度融合下数字孪生城市和元宇宙发展；趋势六：城市空间旧问题的解决与新问题的涌现；趋势七：数据驱动的追踪式未来城市空间研究；趋势八：城市空间的新旧共存，不同时代的城市拼贴；趋势九：城市空间使用与管理的运营化；趋势十：以数字创新为核心的城市空间技术层叠加。

5.1.2 八大议题

议题一：未来城市空间的整体演化趋势与特征研究；议题二：未来城市人居尺度及模式研究；议题三：新兴技术对未来城市空间的影响及挑战研究；议题四：新兴技术应用背景下未来城市空间的跨区域协同路径与机制研究；议题五：城市实体空间与数字空间的匹配及融合机制研究；议题六：未来城市空间下的数据生态建设研究（采集、使用、共享、保护、治理）；议题七：面向未来的城市空间设计创造方法研究；议题八：未来城市数字空间建设与运营模式研究。

5.2 主要贡献及局限

本文回顾了技术发展对城市生活及空间的影响，梳理当代对城市空间正在或预计产生深远影响的新兴技术，总结技术驱动下未来城市空间的主要趋势，进而展望未来区域、城市及设施尺度的潜在应用场景，引发更深入的讨论与研究。然而，未来城市空间本身的不可预测性较强，本文对技术发展在产业空间的影响考虑有限，针对欠发达城市地区及不同人群的讨论不足，对影响未来城市空间发展的其他因素考虑亦为有限。

未来，新兴技术的发展应顺应国家相关政策理念与指导思想，并考虑积极融入当下国土空间规划、城市更新与城市设计等具体的实践框架，强化技术应用的顶层设计与宏观指导，从而更加科学、可持续、以人为本地为未来城市空间的高质量发展提供积极有序的引导与作用。而未来城市空间的发展研究与探索，必将以实践的形式予以响应。在此过程中，对于新兴技术应趋利避害，引导技术向善以及其对于未来城市空间的正面作用，对技术潜在的负面效应进行及时评估预警，平抑潜在的技术风险，让每个城市、每个空间以及每个个体人最终受益。

致谢

本文的研究工作得到国家自然科学基金面上项目（52178044）、清华大学—丰田联合研究院基金专项（20213930029）的资助，同时获得腾讯研究院的合作支持以及刘瑜、茅明睿、王鹏、张宇星、甄峰、周榕、周向红等专家的建议，在此一并表示感谢。

参考文献

[1] BATTY M. The new science of cities[M]. Cambridge: The MIT Press, 2013.

[2] BATTY M. Inventing future cities[M]. Cambridge: The MIT Press, 2018.

[3] CASTELLS M. The informational city: information technology, economic restructuring, and the urban-regional process[M]. Oxford: Blackwell, 1989.

[4] CASTELLS M. The rise of the network society[M]. Cambridge. MA: Blackwell Publishers, 1996.

[5] JIN X, LONG Y, SUN W, et al. Evaluating cities' vitality and identifying ghost cities in China with emerging geographical data[J]. Cities, 2017, 63: 98-109.

[6] KELLY K. The inevitable: understanding the 12 technological forces that will shape our future[M]. New York: Viking Press, 2016.

[7] LONG Y. Redefining Chinese city system with emerging new data[J]. Applied Geography, 2016, 75: 36-48.

[8] MA S, Long Y. Functional urban area delineations of cities on the Chinese mainland using massive didi ride-hailing records[J]. Cities, 2020, 97: 102532.

[9] SCHLAPOBERSKY P, PIEPRZ D. Smart cities start with smart design[J]. Landscape Architecture, 2020, 27(5): 110-116.

[10] WU K, TANG J, LONG Y. Delineating the regional economic geography of China by the approach of community detection[J]. Sustainability, 2019, 11(21): 6053.

[11] 邓庆尧, 邹德侬. "信息化乌托邦"思想批判——论信息时代城市体系的极化现象[J]. 新建筑, 1999(6): 1-3.

[12] 顾朝林. 转型发展与未来城市的思考[J]. 城市规划, 2011, 35(11): 23-34+41.

[13] 贺晓青, 凌佳颖, 孟祥巍, 等. 构建智慧零售完整图景——2018 年智慧零售白皮书[J]. 科技中国, 2018(7): 63-70.

[14] 胡鞍钢, 周绍杰. 新的全球贫富差距: 日益扩大的"数字鸿沟"[J]. 中国社会科学, 2002(3): 34-48+205.

[15] 李伟健, 龙瀛. 技术与城市: 泛智慧城市技术提升城市韧性[J]. 上海城市规划, 2020(2): 64-71.

[16] 李伟健, 龙瀛. 空间智能体: 技术驱动下的城市公共空间精细化治理方案[J]. 未来城市设计与运营, 2022(1): 61-68.

[17] 刘泉. 奇点临近与智慧城市对现代主义规划的挑战[J]. 城市规划学刊, 2019(5): 42-50.

[18] 刘泉, 钱征寒, 黄丁芳, 等. 技术驱动下智慧城市空间产品的模块化组织逻辑[J]. 国际城市规划, 2022, 37(4): 83-91.

[19] 龙瀛. (新)城市科学: 利用新数据、新方法和新技术研究"新"城市[J]. 景观设计学, 2019, 7(2): 10-23.

[20] 龙瀛. 颠覆性技术驱动下的未来人居——来自新城市科学和未来城市等视角[J]. 建筑学报, 2020(Z1): 34-40.

[21] 龙瀛, 沈尧. 数据增强设计——新数据环境下的规划设计应对与改变[J]. 上海城市规划, 2015(2): 81-87.

[22] 龙瀛, 张恩嘉. 数据增强设计框架下的智慧规划研究展望[J]. 城市规划, 2019, 43(8): 34-40+52.

[23] 牛强, 易帅, 顾重泰, 等. 面向线上线下社区生活圈的服务设施配套新理念新方法——以武汉市为例[J]. 城市规划学刊, 2019(6): 81-86.

[24] 仇保兴. "韧性"——未来城市设计的要点[J]. 未来城市设计与运营, 2022 (1): 7-14.

[25] 孙施文. 城市规划不能承受之重——城市规划的价值观之辨[J]. 城市规划学刊, 2006(1): 11-17.

[26] 汪明峰. 互联网使用与中国城市化——"数字鸿沟"的空间层面[J]. 社会学研究, 2005(6): 112-135+244.

[27] 王鹏. 城市的第一性原理与数字化转型[J]. 未来城市设计与运营, 2022(1): 76-78.

[28] 吴康, 龙瀛, 杨宇. 京津冀与长江三角洲的局部收缩: 格局、类型与影响因素识别[J]. 现代城市研究, 2015(9): 26-35.

[29] 伍蕾, 谢波. "技术"与"人本"理念下未来城市的空间发展模式[J]. 规划师, 2020, 36(21): 14-19+44.

[30] 武廷海, 宫鹏, 李嫣. 未来城市体系: 概念、机理与创造[J]. 科学通报, 2022, 67(1): 18-26.

[31] 武廷海, 宫鹏, 郑伊辰, 等. 未来城市研究进展评述[J]. 城市与区域规划研究, 2020, 12(2): 5-27.

[32] 杨保军, 陈鹏, 吕晓蓓. 转型中的城乡规划——从《国家新型城镇化规划》谈起[J]. 城市规划, 2014, 38(S2): 67-76.

[33] 杨德进. 大都市新产业空间发展及其城市空间结构响应[D]. 天津: 天津大学, 2012.

[34] 张恩嘉, 龙瀛. 空间干预、场所营造与数字创新: 颠覆性技术作用下的设计转变[J]. 规划师, 2020, 36(21): 5-13.

[35] 张京祥, 张勤, 皇甫佳群, 等. 未来城市及其规划探索的"杭州样本"[J]. 城市规划, 2020, 44(2): 77-86.

[36] 张睿, 吕衍航. 国外"合作居住"社区——基于邻里、可支付、低影响概念的居住模式[J]. 建筑学报, 2013(S2): 60-65.

[37] 甄峰, 谢智敏. 技术驱动下未来城市情景与规划响应研究[J]. 规划师, 2021, 37(19): 11-19.

[38] 中共中央, 国务院. 国家新型城镇化规划(2014—2020年)[EB/OL]. 2014-03-16[2020-09-14]. http://www.gov. cn/zhengce/2014-03/16/content_2640075. htm.

[欢迎引用]

龙瀛, 李伟健, 张恩嘉, 等. 未来城市的空间原型与实现路径[J]. 城市与区域规划研究, 2023, 15(1): 1-17.

LONG Y, LI W J, ZHANG E J, et al. The spatial prototype and realization path for future city[J]. Journal of Urban and Regional Planning, 2023, 15(1): 1-17.

未来城市的运行机制与建构方法

王　鹏　付佳明　武廷海　夏成艳

Operation Mechanism and Planning
Method of Future Cities

WANG Peng[1], FU Jiaming[2], WU Tinghai[1], XIA
Chengyan[1]
(1. School of Architecture, Tsinghua University,
Beijing 100084, China; 2. School of Urban and
Environmental Sciences, Peking University,
Beijing 100871, China)

Abstract A city of the future is not simply
something predicted, but also something created
through practice. Based on the further development
of digital technology, cities will undergo a deeper
spatial transformation, to be reflected in the
connection between people and people, people and
objects, and people, time and space. This paper
summarizes the spatial organization mechanism of
future cities by sorting out the mechanism changes
in urban material, energy, and information in the
four industrial revolutions, and discusses the
formation of flows, fields, and networks in future
cities and the role of digital ties in connecting
supply and demand, systems and time and space
based on the aggregation characteristics of
information, and physical and social spaces. Based
on a review of the existing research and practical
cases at home and abroad, this paper proposes a
basic approach to the construction of future cities
based on three aspects (supply and demand
matching mechanism within a single system,
multi-system linkage, regional multi-subject
collaboration), and explains the creation logic of
future cities from the perspective of system theory
and ontology, to effectively guide the planning
practice of future cities.
Keywords future cities; operating mechanism;
planning method

作者简介
王鹏、武廷海、夏成艳，清华大学建筑学院；
付佳明，北京大学城市与环境学院。

摘　要　未来城市并非单纯通过预测而来，更需要通过实践以创造。基于数字技术的进一步发展，城市将发生更深层次的空间变革，并体现于人与人、人与物、人与时空的连接关系中。文章通过梳理四次工业革命中城市物质、能量与信息的机制变化，总结未来城市的空间组织机制，基于信息、物理和社会空间的集合体特征，探讨未来城市中流、场、网的形成以及数字纽带在连接供需、连接系统和连接时空中的作用。基于国内外已有研究和实践案例的梳理，从单个系统内部的供需匹配机制、多系统间联动、区域多主体协同三个方面，提出未来城市构建的基本方法，以系统论和本体论的视角阐释未来城市的创造逻辑，进而有效引导未来城市的规划实践。

关键词　未来城市；运行机制；规划方法

1　引言

人口增长、城镇化率、互联网流量的增速同时开始下降，标志着我们从实体经济到数字经济已经全面进入存量发展阶段。快速城镇化中出现的资源枯竭、生态脆弱、交通拥堵等问题，都亟须新型的城市思维范式来研究和解决。以数字技术为基础的智慧规划被认为是实现城市可持续发展目标的关键（Bibri and Krogstie，2017）。而之前以移动互联网为代表的数字技术完成的只是浅层的人、物和流程的连接，或者说基本的数字化改造。在物联网和人工智能技术为代表的新发展阶段，即将对社会空间和物理空间进行更深层次的解耦与重组，创造新的产业逻辑和空间价值

（Batty et al.，2012）。毕竟，基于计算与连接的存量资源供需精确匹配，才是数字技术的核心价值，也是思考未来城市发展方向的核心。

科技进步驱动的城市发展已经引起了广泛思考，有关未来城市的概念不断涌现（Khan and Zaman，2018）。从智慧城市到数字孪生城市，都体现出围绕信息与通信技术进行需求整合的未来城市运转模式（巴蒂，2014）。未来城市实际上指未来在城市中的生活或技术愿景，是信息革命背景下对未来城市进行的理性思考。既代表着人类对幸福生活的向往，又作为解决人类发展问题的希望（武廷海等，2022）。无论是叫元宇宙还是全真互联网或Web3.0，XR（扩展现实）、NFT（非同质化代币）和区块链技术都仅是表象，其本质都并非简单的交互方式、交易方式与娱乐方式变化，而代表了人与空间的全新关系以及新的数字原生、虚实相生的产业和社会组织形态。

未来城市的空间组织机制与传统、现代城市在物质、能量和信息的生产与转移方式上有着明显差异，并且将作为一个信息空间、物理空间和社会空间的综合体呈现出不同于传统的组织特征。已有研究多集中探讨未来城市的概念定义（武廷海等，2022）、空间发展模式（伍蕾、谢波，2020）和实践领域（武廷海等，2020），虽有学者关注到未来社区、基础设施建设的基本路径等（武前波等，2021；吴琳等，2021），但鲜有对于未来城市整体建构方法的探讨，基于第一性原理进行的基本方法论的研究尚属空白。对于未来城市，应避免以传统的认知方式和规划方法进行不符合未来发展方向的构建与规划。基于对"数字纽带"的统一逻辑，笔者认为应从"连接—计算"的本质视角，对未来城市进行认知层面的解构，围绕"供需匹配、系统联动、多主体时空协同"建构未来城市体系。

2 未来城市的空间组织机制

2.1 物质、能量与信息的生产和转移机制发生变化

构成客观世界的三大基础是物质、能量与信息。任何一个复杂大系统都主要由相关元素、环节与子系统及其密切相关的物质、能量与信息所组成（黄素逸、高伟，2004），且系统在其内部之间及与外部环境之间都在进行着物质、能量与信息的不断交换（龙妍，2009）。回顾科技与城市的发展历史，科技的进步一直在影响城市的发展（刘泉，2019）。我们在探讨科技革命的时候，一般更倾向于关注新的生产工具与生产力要素的变化。但实际上，每次科技革命带来的，都是人们对物质、能量与信息生产与转移方式的巨大变化。城市作为人类文明的载体，也会在这三个方向受到科技进步的全面影响。

在工业革命之前，农业社会中的人们生产和运输物质主要依靠手工、依赖人畜，以柴草等生物质能烧饭取暖，信息交流以面对面交谈的语言以及可以跨越时空交流的文字为主。第一次工业革命发生于18世纪60年代至19世纪中期，以蒸汽机、火车为代表，机器生产开始代替手工业，以蒸汽为动力的交通运输方式得以发明，标志着工业社会的开始。物质的生产与运输可以依靠机器进行初级辅助，

从生物能逐渐转变为使用化石能源，书刊、报纸等印刷物的大量传播扩大了信息生产与转移的时空尺度。第二次工业革命发生于 19 世纪 70 年代至 20 世纪初，以电力、内燃机、飞机、汽车为代表，电力、石油的应用，带来了能源革命。物质的生产与运输可以借助机器的初级辅助，化石能源和电力成为主要能源形式，电报、电话、电视的发明再次拓宽了信息生产与转移的时空尺度，同时实现远程同步通信。第三次工业革命发生于 20 世纪 70 年代，以计算机、原子能、航空航天、遗传工程为代表，电子计算机推动了信息控制技术革命，开启了信息社会。物质的生产与运输可以借助机器的高度辅助，实现大规模的自动化生产。可再生能源开始普及，电脑和手机的发明进一步加快了信息的时空传播速度。

前三次工业革命总体上都是机器解放人的体力，是在生产效率和工业生产方式上的变革，并没有大规模地解放人的智力。而第四次工业革命发生于 21 世纪初至今（Feshina et al.，2019），是数字化和信息技术为基础，以技术快速发展为驱动力，以物理类、数字类和生物类门类为主的全新技术革命，以信息数字技术嵌入社会生活为主要特征（赵丽虹、王鹏，2020）。数字技术具有实时获取地理位置、用户状态等信息并转译为数据的能力，进一步突破了原有的时空距离，提高了信息作为一种媒介的运行效率（武廷海等，2022）。

表 1　农业、工业、信息社会的物质、能量、信息生产与转移特征

		农业社会	工业社会	信息社会
物质	生产	手工	机器初级辅助	C2M、自主机器（人）
	转移	人工—机械	驾驶交通工具	自动驾驶
能量	生产	生物能	化石能	可再生能源
	转移	生物化学作用	物质运输、电网	能源互联网—多能协同
信息	生产	语言—书写	多媒体—数据	XR、Web3.0
	转移	语言—文字	电信网络	5G、星链为代表的空天地一体化万物智联

2.2　信息空间作用于物理空间和社会空间

"空间"一般是指通过一定的长、宽、高所围合，具有容纳一定"事物"的体积，是一种三维概念。在传统的物理、地理意义上，空间需要依托于实体物质而存在，人们可以在这种相对固定且稳定的边界中，进行有限的活动。随着信息通信技术的发展，传统的、绝对的空间概念受到了极大的挑战，逐渐出现了实体和虚拟并存的空间形态（张小娟，2015）。自从亨利·列斐伏尔提出空间是一种社会存在形式，"空间转向"影响了几乎所有城市研究领域（赵倩，2017），"空间"可以被分为物理空间、社

会空间和信息空间三种属性。其中，物理空间主要由自然环境空间和人工环境空间构成，社会空间主要是指人的社会经济活动。信息空间又可以称为数字空间"赛博空间"（Cyberspace），其概念最早出现于科幻小说《神经网络人》，作为一种由计算机生成的虚拟景观，通过网络连接全球各种信息资源。因此，正是计算机之间的远距离交互产生了网络信息空间。钱学森在 1995 年指出，信息空间是"人—机结合"的思维，是思想活动的世界，可称为"智慧大世界"（高春东等，2019）。对于现代城市系统，信息要素和信息流共同构成了信息社会的城市信息空间，其并非地域角度的空间，而是以城市信息要素为载体，以信息流实现城市信息贯通、互联的虚拟空间（徐静、陈秀万，2013）。

随着人类社会的更迭更加频繁，信息带来的正反馈将改变城市的实体布局，信息化是城市空间重构的新动力（王成新等，2012），信息空间逐渐成为信息交换等各种经济和社交活动的主要载体，未来城市发展必将摆脱物理惰性结构的支配，形成虚实交互的特征（戴智妹等，2022）。信息空间与实体空间的联系愈发紧密，信息的介入推动了产业结构变革，进而推动城市产业空间重构，改变了人与人交流的成本和方式，进而改变了人类时空行为模式（冯健、沈昕，2021）。随着城市中各要素之间联系的流动速度逐渐加快，城市中各要素联系所需要的距离和空间不断压缩，城市将进入一个周期波动变化越来越快、波段越来越短、波动越来越强烈的高频城市阶段（龙瀛，2020）。未来城市实际上是物理空间、社会空间和信息空间的融合体，打破了物理空间与社会空间之间的边界隔阂并重组交织（图 1）。

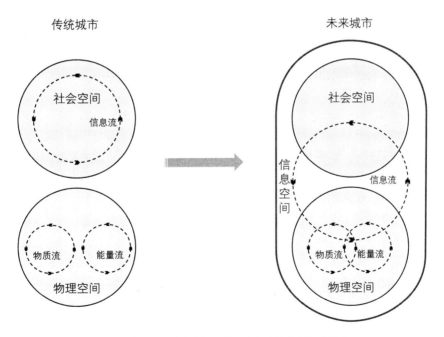

图 1　未来城市信息空间、物理空间和社会空间的关系

3　流、场、网的形成和数字纽带

数字化、虚拟化的不断发展，打破了传统物理惰性结构的未来城市运行需要新的认知模型。以传统物理网络认识城市经济与社会功能的物质流动已经有较为深厚的研究基础（张闳，2009），而数字时代的信息交流是无形的，增加了认知城市复杂性和理解城市的难度。巴蒂提出通过城市中各种相互联系的"流"来观察城市，并将城市看作一个复杂的网络系统，即未来城市是由高度移动的流和网络组成的动态系统（Batty，2013，2018）。因此，在高频的未来城市中，物质与能量及其时空信息变成了大量可描述和计算的流，类似属性集结而成场，交织而成网，形成了一套新的描述时空属性的特征维度，也衍生出新的时空数据平台和城市计算引擎架构，与传统城市有很大差异。

我们越来越发现，交通、能源、气象、环境、公共服务等领域所使用的数据及其承载的时空信息记录、建模、预测、推演和调整，是人居环境各子系统研究方法的共同演进方向。这种方法同样可以用来描述系统间的互相影响和干预，使人居环境变成一个真正紧密联系而且有共性方法论的大系统。这样的共性系统或逻辑框架可以称为"数字纽带"，即数字技术对城市各系统以体系的方法进行重新组织。未来城市的社会空间与物理空间之间的能量和物质流动将在信息调度下实现供给与需求的匹配，通过全真互联的数字纽带，通过数字技术的计算与连接能力，充分发挥既有系统的能力，以系统能力而非单一技术和设施去解决需求问题。

3.1　连接供需

基于城市的第一性原理，未来城市将通过计算与连接实现设施和服务的供需匹配（王鹏，2022）。传统的增长型发展是以创造更多的城市空间来满足需求。而在信息时代，要使有限的存量资源发挥更大的效率，需要通过高效地连接供需双方来实现更加精准的匹配。未来城市中，"人＋信息终端"使得人的需求能够被精准地感知（武廷海等，2022），大量供需信息不断互动能够深嵌于城市之中，在个体层面提供更高质量的服务，在整体层面提供更高效率的运作。物联网、大数据等数字技术应用于城市多尺度的运行服务中，能够全时、高效采集和发布供需数据，通过统一的数据中台针对城市多系统针对性地输出匹配方案，精准地匹配"人—空间—物"的连接。

这种供需匹配的逻辑正在改变着我们所有的城市系统，最典型的就是交通系统和能源系统，分别代表了信息空间作用下物质和能量新的供需匹配方式（卡斯特，2000）。在交通系统中，自动驾驶技术不仅作为汽车本身的技术变化，更是带来了人和空间新的关系。车辆就是移动的功能空间，道路不再只是起连接作用。出行即服务（Mobility as a Service，MaaS）理念下，以自动驾驶为核心的各种交通设施和服务，围绕人的出行需求即时匹配。在能源系统中，随着"双碳"战略推动，风光等可再生能源发电比例迅速提高，成本大幅下降，但对储能和电网调峰的需求也快速增加，这就要求我们建设可以动态调配多种能源供需的能源互联网平台，响应能源供需双方的高频动态变化。

3.2 连接系统

从系统论的视角来看，城市是一个开放的复杂巨系统。钱学森将城市概括为以人为主体，以空间和自然环境的合理利用为前提，以聚集经济效益和社会效益为目的，集约人口、经济、科技、文化的空间地域大系统（徐静、陈秀万，2013）。作为一个信息物理系统（Cyber-Physical Systems，CPS），城市中由数据相互连接的信息还可以看作是各系统之间的纽带（Lom and Pribyl，2021）。除了将城市作为整体系统进行解读，在对城市进行研究、治理和管控时，都需要把复杂系统进行还原和分解。在进行城市规划编制时，规划重点常分解为产业经济、公共服务、建筑空间、绿地景观、道路交通、生态环境、市政基础设施等若干子系统进行研究。在进行城市治理与监管时，管理部门常分为产业、商业、建设、土地、环保、教育、医疗、交通、公共安全等进行分类管控。在具体建设过程中，又会将空间规划研究的核心内容细化为建筑、绿地、公共空间等。城市系统分类的方法虽不尽相同，但逐渐形成合乎自身逻辑的还原方法，是学科成熟的标志。

控制论的基本逻辑是基于感知系统获取的信息揭示成效与标准之间的差，采取相应的纠正措施，通过循环反馈使系统在预定的目标状态稳定，而感知与控制（在城市领域更多是干预）是其中两个核心环节（腾讯研究院等，2017）。智慧城市的逻辑其实就是用数字技术为核心的新技术方法对城市空间进行改造。未来解决现实的问题、满足人的需求，其演进路径都不是在现有的系统基础上量的扩展，而是利用互联网、物联网、人工智能等技术重新把各系统下相对独立的网络、技术，重新组合成一个分布式、松耦合的新系统，实现"不是一张网才是一张网"的目标。按照城市所提供的服务领域，城市的人居、交通、能源、通信、生态环境、公共服务和治理等子系统将会随着信息深度渗透到城市空间而发生改变，如未来城市交通系统将成为人、车、路、网、云融合的交通生命体，自动驾驶将深刻影响传统城市道路改造（Yan et al.，2020）；能源系统将以新能源为主体，收集系统、储能系统、负荷等组成微型能源网络，为终端设备提供动力支持；人居系统则实现生产生活的虚拟化、景观数字化，促使物理空间向有生命、可持续过程发展等。

3.3 连接时空

数字技术的基本能力是"连接"和"计算"，并通过"连接"改变要素之间的关系，尤其是时空关系，这是所有信息化问题研究的基本命题。时空关系是社会空间与物质空间之间连接的纽带。在低速、低频场景中，简单的时空维度下，二者更多表现为静态的耦合关系。当信息空间叠加于物质空间、社会空间之上时，拓展了此二者的维度和连接方式的可能性，呈现了更丰富的时空特性，最基本的表现就是对时空的压缩、解耦与重组。随着物联网和高精地图的需求出现，时空概念随之发生改变，需要更高精度的空间和更高频度的时间，也是时空数据平台的主要演进方向。传统意义上的时空数据是以低频时间和中宏观精度为主，实际上是一种地理信息，包括 GIS、BIM 等低维时空数据平台。这类时空数据的"时间"概念比较长，往往以日、月、年为单位去衡量，基本可以算是静态数据。多维、高频、高精度的时空数据将是未来发展的趋势，目前一些大规模的应用场景已经出现，比如共享单车、打车软件、外卖配送的实时服务等。

在技术发展的不同阶段，数字技术连接的对象、连接的强度以及消除信息不对称的能力是不同的。时空要素的解耦并通过数字空间纽带重组的逻辑，给空间形态和功能带来更多的可能性，对于城市规划、建筑设计、景观设计等人居空间营造领域，空间干预工具也变得更为多样和丰富。未来城市的基底仍然离不开实体空间的形态构建，但更重要的是，"实体—社会—数字"三重空间叠合以后，如何去设计、建构、干预，将是人居环境科学新的命题，甚至还会在很大程度上引导数字技术的演进方向。随着静态智慧城市建设中种种短板的暴露，如仅重视线下流程的在线迁移，尚未完善数据资源调度秩序等，未来城市将更加注重信息空间在时间维度上的实时、持续、动态刻画，实现物理空间和社会空间在时间维度上的纵深关联，强化即时、全时的感知、统筹和响应能力，推动建立真正的数字孪生城市，从而实现"时空动态"的未来城市图景。

具体来说，则涉及海量多元异构数据实时处理、时序时空数据存储、时空数据网格、高频时空计算、时空人工智能等技术，这也决定了城市信息模型（City Information Modeling，CIM）平台并非 GIS 与 BIM 的简单叠加，而是需要基于高频时空数据需求进行重构。

4　未来城市体系建构的基本方法

4.1　建立基本单元内部的供需匹配机制

未来城市子系统基本单元内部进行要素互联来构建供需匹配机制。主要通过全过程的环节结构，厘清人在各个环节中的需求，促进主动用户的需求侧网络形成，并基于全尺度构建"社区—城市—区域"的供给侧网络，形成从基本构成单元到区域单元的内部响应机制。各系统内部往往采用循环动态的规划模式，基于"全面感知、全时计算、全景交互"的联合应用，提供高效及时的规划和处理方案（图 2）。全面感知，即利用物联网感知体系构建掌握时空行为的大规模、精细化数据信息，并对信息、物理及社会空间的不同监测要素进行主动全面感知与定向反馈。全时计算，即基于网络设施、数据存储和计算设施构建高速算力保障，通过大规模云计算中心和临时边缘计算机制进行协同计算，构建以设备层、数字层、处理层和应用层一体的时空数据中台，实现城市混合运算和人机协同决策。全景交互，即实现不同主体的深度参与和交互，使城市各系统内部实现数实融合。

以交通系统为例，其具有强感知和强干预的属性。交通工具本身作为机电装置完全可实现自动驾驶，道路工程也与建筑物类似可以实现比较完善的感知—控制闭环。其供需匹配机制主要可以通过收集实时的人口流动、公共交通等各类出行轨迹数据，分析客运和货运的出行需求，结合城市道路系统的供给能力，进行 MaaS 等综合出行服务优化（张晓春等，2018），并且基于移动边缘计算节点（Mobile

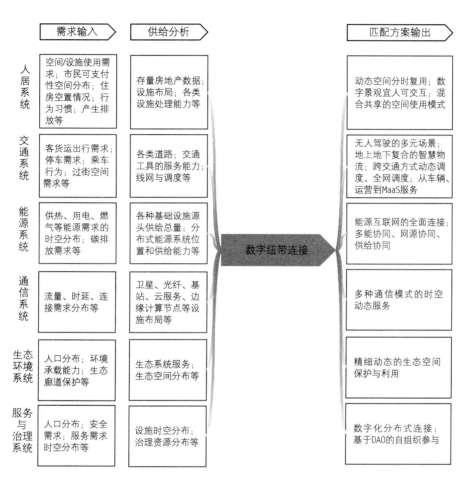

图 2　城市各子系统供需匹配机制

Edge Computing，MEC）兼容多传感器融合和智慧交通大脑，实现防止拥堵的线路优化、人车穿越的合作调度以及线路引领的智慧停车等功能。以能源系统为例，作为保障城市运行必不可少的基础设施，在碳达峰和碳中和的要求下亟须实现生产、消费、储能的结构转型，转变以供给为导向的被动式的能源供应模式（卡尔德隆、罗德里格斯，2014）。其供需匹配机制主要基于微电网群实现不同场景的需求导向分析，通过无接触物联设备实现能源输配、存储、应用的全面监控，用多能互补模型算法，结合数字孪生管控系统，进行用能侧的全时分析优化、重点能耗设备监控、能耗费率分析等，叠加消费端用户端碳积分的管理应用，进行创新式的能源运营管理，基于区块链完成生产、运输、消费全生命周期碳资产计算、分析与管理。生态环境系统属于强感知和弱干预系统，城市生态系统对外部系统的依赖性也决定了其脆弱性。城市的可持续发展是最根本的城市问题之一，大气、水、垃圾等环境污染与保护问题也是城市要解决的基本问题。其供需匹配机制应基于以更低的成本进行更高密度和更实时的环境监测。一方面，更好地理解污染物等生产和传播的规律以及城市对温度、气候等产生影响、正负的反馈机制；另一方面，对突发的人为环境污染事件，可以及时发现、溯源和主动干预。

4.2　以基本系统为中心的多系统联动

数字技术的引入，使得能源、建筑、交通、环境等多系统之间的交互联动更为智能，跨领域协同能力得到提高。未来城市中的各系统将由于信息快速交互的作用而愈发联系紧密，界限模糊，最终形成更为体系的集合系统。其中空间要素将作为技术与人性需求结合的基本系统，将作为核心与其他系统进行多种方式的联动。而其他子系统除了与空间的相互作用外，也需要进行相互之间更频繁的联合或协作，以实现资源的最大化匹配与利用。

以城市能源系统与交通系统的联动为例，随着 V2G（Vehicle to Grid）的应用，车辆可以给电网放电，实现双向互联。通过"光储直柔"，让灯具等景观装置作为分布式光伏发电设备，智能充电桩连接智慧电网，而电动汽车中的电池成为待开发配电网的分布式储能设备。以"削峰填谷"方式，在用电低谷充电，用电高峰放电，可减少电网增容压力，减小电网功率需求，保障用电安全。通过多系统的集成联动，构建多种能源优化互补、供需互联开放共享的能源生态系统（Venturini et al.，2019）。

城市人居系统将面临未来机器人的大规模应用，但目前城市空间和各子系统尚未做好与各类机器人协同的准备。智能机器人作为全面连接时空的智能执行体，单台机器人"单打独斗"的模式使得应用效率低下且不够广泛。"多机协作"模式通过多台机器人智能调度，中央管理、独立控制，实现相同或不同类型的多台机器人的协作，如任务分配、路径规划、调度协同、交通管制和机器人管控等功能，并与其他外围系统无缝对接，构建信息闭环，实现安全运营。同时，机器人所需的空间需要进行改造，解决基础设施、道路规划中通过性、安全性、感应性和持续性的问题，从而实现机器人的高效服务和人机互动友好的空间。

在城市公共服务与治理系统中，以往垂直部门主导的智慧城市建设中，各部门构建物联感知体系时，往往仅考虑自身部门的业务，而产生了大量的重复建设，如摄像头、传感器等。近年来，智慧灯杆的广泛应用一定程度上解决了各种路侧终端安装载体和电力、网络接入能力的共享问题（王鹏，2022），而进一步建立一体化的城市感知网，需要更深层次的顶层设计和系统联动。社区层面的治理也需要多系统的联动，如清华"云视"系统通过优化传统社区可视对讲场景实现多元管理的新功能，基于云大脑、室外单元机、室内机等模块构成，通过物联网、大数据、AI 技术集成应用，促进人与空间、设备的高效互联。

4.3　区域空间治理多主体协同

当今的智慧城市项目和计划往往存在"孤岛"概念化等问题，缺乏将上述子系统联结并真正协同公民等利益相关者参与的有效机制（Marsal et al.，2016）。构建未来城市还需要覆盖多尺度，以多主体共同参与和协调来完成共同目标的迈进，从而实现在各个尺度上的空间协同。其中，多尺度主要涵盖了区域、城市、组团、社区等不同空间尺度形态。

在宏观层面，未来城市各系统的协同是协调复杂利益主体的过程，需要调动社会多方主体的资源和能力共同完成（郭骅、邓三鸿，2021），以构建共同的战略框架来保障区域空间的协调衔接。如欧盟通过制定"十年网络发展计划"（Ten Years Network Development Plan）的持续更新战略规划，基于场景分析与系统需求研讨，有效指导各个利益相关主体的项目推进与实施，最终实现能源的多主体协同（Angelidou，2015），为区域尺度的能源互联提供参考。在中观层面，未来城市还需关注跨界地区的协调，以具有约束力的准则和有效沟通的合作平台促进区域统筹协调发展，最终推动实现区域一体化。在微观视角，各系统之间存在产业链、要素流动等上下游关系，保障互动行为发生的空间场所，能够实现由多点分散、碎片化转向上下一体、网络化的模式转变，从而有效整合多尺度的资源要素，实现空间集群的优化。

受限于公众参与的传统决策模式和不可控的深度范围，"以人为本"导向的城市规划与建设往往停留于"自上而下"满足大部分人群的需求现象，而缺少实质的"自下而上"参与的多样化表达（Cardullo and Kitchin，2019）。未来城市将依靠云计算、大数据、人工智能、区块链、5G 等数字技术的发展，通过更精确对人的连接，让多主体以多种方式有效参与到城市运行的决策过程中，实现从公民到城市的真正智慧（Chao et al.，2019）。其中，多主体主要涵盖了社会公众、政府相关部门、创新企业等多元复杂利益主体。

随着大中台、小前台的云原生思想改变了智慧城市应用的开发方式，在兼顾数据资源汇聚、打通以及公众隐私保护的基础上，面对越来越丰富的数字化场景需求，开发者可以迅速开发各种高时效性甚至应急响应类应用，大大提高企业和个人开发者参与城市数字创新的可能性。腾讯、阿里巴巴、百度、华为等科技公司正在持续布局智慧城市、未来城市等相关业务，如腾讯提出 WeCity 未来城市，阿里巴巴推出 ET 城市大脑等智慧城市解决方案。云原生架构和快速开发能力，使自下而上广泛参与的城市数字创新具备了技术条件，可以实现供需信息的高效发布和快速匹配，尤其在应急、救灾等场景下可以发挥巨大作用。在传统的 119、110、12345 等热线电话平台之外，基于小程序的一键式呼救和响应平台将以更丰富的信息与更高效的匹配能力成为城市应急响应系统新的基本配置。智慧城市也会因而进入一个自上而下与自下而上方式融合互促的新时代。未来城市的共同创造与治理将基于区块链、去中心化组织（Decentralized Autonomous Organization，DAO）等 Web3.0 技术，产生多方参与和分布式决策机制的创新组织形式（Singh and Kim，2019）。社区将形成一个达成某个共识的群体自发产生的组织形态，实现去中心化的共创、共建、共治、共享的协同行为。

5　结语

　　本文通过回顾四次工业革命中技术导向下的城市物质、能量与信息生产和转移的转变特征，梳理城市信息、物质与社会空间的关系转变，总结出未来城市将演变为信息、物质与社会空间相互融合的集合体，形成流、场、网的运行机制，这也是对未来城市的基础认识论。因此，本文提出通过数字纽带的基本平台连接供需、系统和时空作为基础方法论，进而延展出三种构建未来城市体系的基本方法，即建立各个子系统基本单元内部的供需匹配机制，以空间为中心进行多系统的联动，以多主体协同为导向实现多尺度的空间治理。诚然，城市作为社会物理信息系统（CPSS）有着成倍放大的随机性（Cassandras，2016），给规律发现和模型预测带来艰巨的挑战。但通过推进技术的发展，实现未来城市的可持续发展等美好图景，依然是我们可以达成的主要目标。除了技术层面的思考，还需要多学科、多部门在实践中的不断探索，而不囿于理论化的顶层设计。此外，在国家政策和相关战略的指导下，积极结合国土空间规划等重点方向，聚焦规划学科的重要引领作用，也能为创造未来城市带来更为系统化的实践平台基础。

参考文献

[1] ANGELIDOU M. Smart cities: a conjuncture of four forces[J]. Cities, 2015, 47: 95-106.

[2] BATTY M. The new science of cities[M]. Cambridge: The MIT Press, 2013.

[3] BATTY M. Inventing future cities[M]. Cambridge: The MIT Press, 2018.

[4] BATTY M, AXHAUSEN K W, GIANNOTTI F, et al. Smart cities of the future[J]. The European Physical Journal Special Topics, 2012, 214(1): 481-518.

[5] BIBRI S E, KROGSTIE J. Smart sustainable cities of the future: an extensive interdisciplinary literature review[J]. Sustainable Cities and Society, 2017, 31: 183-212.

[6] CARDULLO P, KITCHIN R. Being a "citizen" in the smart city: up and down the scaffold of smart citizen participation in Dublin, Ireland[J]. GeoJournal, 2019, 84(1): 1-13.

[7] CASSANDRAS C G. Smart cities as cyber-physical social systems[J]. Engineering, 2016, 2(2): 156-158.

[8] CHAO F A, CHENG Z A, AY B, et al. Disaster city digital twin: a vision for integrating artificial and human intelligence for disaster management[J]. International Journal of Information Management, 2019: 56.

[9] COOKE P N, HEIDENREICH M. Regional innovation systems: the role of governances in a globalized world[M]. Routledge, 2003: 1-18.

[10] FESHINA S S, KONOVALOVA O V, SINYAVSKY N G. Industry 4.0—transition to new economic reality[M]// Industry 4. 0: Industrial Revolution of the 21st Century. Springer, Cham, 2019: 111-120.

[11] KHAN S, ZAMAN A U. Future cities: conceptualizing the future based on a critical examination of existing notions of cities[J]. Cities, 2018, 72: 217-225.

[12] LOM M, PRIBYL O. Smart city model based on systems theory[J]. Int J Inf Manage, 2021, 56: 102092.

[13] MARSAL-LIACUNA M L, SEGAL M E. The intelligenter method (I) for making "smarter" city projects and plans[J]. Cities, 2016, 55: 127-138.

[14] SINGH M, KIM S. Blockchain technology for decentralized autonomous organizations[J]. Advances in Computers, 2019, 115: 115-140.

[15] VENTURINI G, HANSEN M, ANDERSEN P D. Linking narratives and energy system modelling in transport scenarios: a participatory perspective from Denmark[J]. Energy Research & Social Science, 2019, 52: 204-220.

[16] YAN J, LIU J, TSENG F M. An evaluation system based on the self-organizing system framework of smart cities: a case study of smart transportation systems in China[J]. Technological Forecasting and Social Change, 2020, 153: 119371.

[17] 巴蒂. 未来的智慧城市[J]. 赵怡婷, 龙瀛, 译. 国际城市规划, 2014, 29(6): 12-30.

[18] 戴智妹, 华晨, 童磊, 等. 未来城市空间的虚实关系: 基于技术的演进[J/OL]. 城市规划: 1-8[2022-10-02]. http://kns.cnki.net/kcms/detail/11.2378.TU.20220728.1542.002.html.

[19] 冯健, 沈昕. 信息通讯技术(ICT)与城市地理研究综述[J]. 人文地理, 2021, 36(5): 34-43+91. DOI: 10.13959/j.issn.1003-2398.2021.05.006.

[20] 高春东, 郭启全, 江东, 等. 网络空间地理学的理论基础与技术路径[J]. 地理学报, 2019, 74(9): 1709-1722.

[21] 郭骅, 邓三鸿. 城市大脑的定位、溯源、创新和关键要素[J]. 人民论坛·学术前沿, 2021(9): 35-41. DOI: 10.16619/j.cnki.rmltxsqy.2021.09.004.

[22] 黄素逸, 高伟. 能源概论[M]. 北京: 高等教育出版社, 2004.

[23] 卡尔德隆, 罗德里格斯. 城市能源系统改造模拟方法: 泰恩河畔纽卡斯尔的当前实践和未来挑战[J]. 路宁, 李铠, 译. 国际城市规划, 2014, 29(2): 13-21.

[24] 卡斯特. 网络社会的崛起[M]. 夏铸九, 王志弘, 译. 北京: 社会科学文献出版社, 2000.

[25] 刘泉. 奇点临近与智慧城市对现代主义规划的挑战[J]. 城市规划学刊, 2019(5): 42-50. DOI: 10.16361/j.upf.201905004.

[26] 龙妍. 基于物质流、能量流与信息流协同的大系统研究[D]. 武汉: 华中科技大学, 2009.

[27] 龙瀛. 颠覆性技术驱动下的未来人居——来自新城市科学和未来城市等视角[J]. 建筑学报, 2020(Z1): 34-40.

[28] 腾讯研究院, 中国信息通信研究院互联网法律研究中心, 腾讯 AI Lab, 腾讯开放平台. 人工智能[M]. 北京: 中国人民大学出版社, 2017.

[29] 王成新, 王明苹, 王格芳, 等. 新城市时代特大城市空间重构研究——以济南市为例[J]. 城市发展研究, 2012, 19(7): 41-46.

[30] 王鹏. 城市的第一性原理与数字化转型[J]. 未来城市设计与运营, 2022 (1): 76-78.

[31] 伍蕾, 谢波. "技术"与"人本"理念下未来城市的空间发展模式[J]. 规划师, 2020, 36(21): 14-19+44.

[32] 吴琳, 周海泉, 张斌. 未来城市发展逻辑下新型基础设施建设规划思考与实践[J]. 规划师, 2021, 37(1): 11-20.

[33] 武前波, 郭豆豆, 接栋正. 新科技革命下未来社区产生的逻辑及其内涵辨析[J]. 现代城市研究, 2021(10): 3-8+14.

[34] 武廷海, 宫鹏, 李嫣. 未来城市体系: 概念、机理与创造[J]. 科学通报, 2022, 67(1): 18-26.

[35] 武廷海, 宫鹏, 郑伊辰, 等. 未来城市研究进展评述[J]. 城市与区域规划研究, 2020, 12(2): 5-27.

[36] 徐静, 陈秀万. 现代城市系统及其信息空间分析——以北京市为例[J]. 开发研究, 2013(4): 19-21. DOI: 10.13483/j.cnki.kfyj.2013.04.012.

[37] 张闯. 城市网络研究中的数据与测量[J]. 当代经济科学, 2009, 31(3): 106-112+127-128.

[38] 张小娟. 智慧城市系统的要素、结构及模型研究[D]. 广州: 华南理工大学, 2015.

[39] 张晓春, 邵源, 孙超. 面向未来城市的智慧交通整体构思[J]. 城市交通, 2018, 16(5): 1-7. DOI: 10.13813/j.cn11-5141/u.2018.0501.

[40] 赵丽虹, 王鹏. 对 ICT 背景下城市规划技术方法变革方向的思考[J]. 当代建筑, 2020(12): 51-55.

[41] 赵倩. 走向可持续的城市空间组织与量化方法研究[D]. 南京: 东南大学, 2017.

[欢迎引用]

王鹏, 付佳明, 武廷海, 等. 未来城市的运行机制与建构方法[J]. 城市与区域规划研究, 2023, 15(1): 18-30.

WANG P, FU J M, WU T H, et al. Operation mechanism and planning method of future cities[J]. Journal of Urban and Regional Planning, 2023, 15(1): 18-30.

智慧化公共空间设计的系统性案例研究

李伟健　吴其正　黄超逸　胡鸿熙　白颖豪　刘峰吕　贾洪婷　张嘉宸　龙　瀛

A Systematic Case Study of Smart Public Space Design

LI Weijian[1], WU Qizheng[1], HUANG Chaoyi[1], HU Hongxi[1], BAI Yinghao[1], LIU Fenglyu[1], JIA Hongting[1], ZHANG Jiachen[1], LONG Ying[1,2,3]
(1. School of Architecture, Tsinghua University, Beijing 100084, China; 2. Hang Lung Center for Real Estate, Tsinghua University, Beijing 100084, China; 3. Key Laboratory of Eco-Planning & Green Building, Ministry of Education, Tsinghua University, Beijing 100084, China)

Abstract Technological developments have had a profound impact on public space and its smart design. Most of the existing studies focus on a limited number of design case analyses, and there is a lack of systematic large-scale case studies and reviews. This study attempts to propose a systematic case study methodology for smart public space design, systematically retrieves and sorts out 594 relevant design cases, as well as analyses and summarizes the multi-dimensional characteristics of different cases. The results show that smart public space design has received wide attention from a variety of social subjects, and its development has been accelerated after 2015, with technologies such as photoelectricity/projection/screen display and machinery/robot/automation widely applied. Design cases are more concentrated on buildings and facilities of medium or small scales, and built environment carriers and urban furniture/facility carriers are also used frequently. Ultimately, Smart technologies bring core effects to public space, such as enhancing interactive participation and beautifying

摘　要　技术发展对公共空间及其设计的智慧化产生了深刻的影响。现有研究多关注于设计个案分析，缺乏相对系统的大规模案例研究与梳理。文章尝试提出一种适用于智慧化公共空间设计的系统性案例研究方法，系统检索整理得到 594 个相关的设计案例，并分析归纳不同案例间多维度的规律特征。结果表明，智慧化公共空间设计已受到多种社会主体的广泛关注，其在 2015 年后呈现出加速涌现的发展趋势，以光电/投影/屏幕显示以及机械/机器人/自动化为代表的部分智慧技术得到了重点应用。设计案例更多地集中于建筑、设施等中小尺度，并在建成环境载体以及城市家具/设施载体中有较为突出的选择倾向。最终智慧技术为公共空间带来增强互动参与以及美化环境形象等核心作用效果，并在沉浸式空间营造等应用场景中得到具体体现。研究期望为未来的智慧化公共空间设计提供参考与启发。

关键词　智慧技术；公共空间；空间设计；案例研究；方法论

1　引言

公共空间是面向居民日常使用与社会交往的城市空间，也是城市风貌与意象、地域文脉及场所认知的重要载体（陈竹、叶珉，2009）。在诸如欧盟的《莱比锡宪章》、联合国的可持续发展目标（Sustainable Development Goals）、《新城市议程》以及我国城市更新、美丽街区等政策理念中，打造高质量公共空间在城市发展过程中的重要性均得到突显，其在优化城市功能、提升居民生活质量、

作者简介
李伟健、吴其正、黄超逸、胡鸿熙、白颖豪、刘峰吕、贾洪婷、张嘉宸，清华大学建筑学院；龙瀛（通讯作者），清华大学建筑学院，清华大学恒隆房地产研究中心，清华大学生态规划与绿色建筑教育部重点实验室。

the image of the environment, and are reflected in application scenarios such as immersive space creation. The study expects to provide reference and inspiration for future smart public space design.

Keywords smart technology; public space; spatial design; case study; methodology

保障居民健康安全等方面均发挥着积极作用（Barbosa et al.，2007；邹德慈，2006；郭恩章，1998）。

如今，第四次工业革命背景下一系列智慧技术的发展成熟对传统公共空间产生了深远影响。一方面，技术给公共空间本体带来了冲击。通过更加多元的线上与线下、虚拟与现实的交互，公共空间逐渐摆脱形式与功能间的简单线性关系，线下空间面临着线上虚拟活动所带来的活力争夺（徐苗等，2021；李昊、王鹏，2018；Hampton and Gupta，2008），滞后于技术迭代的传统公共空间发展亟须转型（周榕，2016）。另一方面，技术作为一种工具，更已成为一种思维，为公共空间的设计带来全新赋能。在新数据环境下，公共空间中个体行为活动将会得到更加精细化的感知与智能反馈，而数字创新将与传统的空间干预、场所营造更好地结合，提升公共空间的使用效能（张恩嘉、龙瀛，2020）。因此，未来的公共空间设计势必应考虑技术发展所带来的影响，重新理解公共空间并积极拥抱新的趋势变化将成为一种必然。

尽管目前在结合智慧技术进行公共空间设计方面已有相对广泛的探索，但不同方案在设计尺度、技术方法等方面仍存在较大差异，进而导致彼此间的可比性与借鉴意义有限，缺乏整体性的规律认知。事实上，除了"数字化城市设计"（王建国，2018；杨俊宴，2018）、"数据增强设计"（龙瀛、沈尧，2015）、"计算性设计"（孙澄等，2018）、"智能规划"（吴志强，2018）等数据或模型驱动下的量化分析、循证设计（evidence-based design）（郭庭鸿等，2015）与生成式设计（generative design）（黄蔚欣、徐卫国，2013）外，案例研究借鉴也是一种常用的设计参考方法。与基于二手资料及主观感知的个案分析不同，对一定规模的案例对象进行结构化分析将更能提炼并总结相关领域的整体特征与差异化特质。然而，诸如"空间基因"（段进等，2019）、"形态基因"（赵万民等，2021）、"量化案例借鉴"（甘欣悦、龙瀛，2018）等案例对象研究仍大多聚焦于城市宏观尺度分析，针对更为具体的智慧化公共空间设计的案例研究仍显匮乏。围绕其进行大规模、系统化的案例研究分析显得尤为重要。在这样的背景下，本文提出针对智慧化公共空间设计的系统性案例研究方法，以期洞察当下相关设计方法的趋势特征，为未来的智慧化公共空间设计提供具体参考。

2　系统性案例研究框架

案例研究能为方案设计提供多维度与具体的经验参考（王金红，2007；Dubois and Gadde，2002），而系统性案例研究则在一般案例研究的基础上，兼具大规模案例收集与量化分析优势，洞察相关领域内案例的整体性规律，进而为方案的设计优化提供更具有普适性与前瞻性的科学依据。

本文在量化案例借鉴研究相关方法框架的基础上，提出更适用于智慧化公共空间设计的系统性案例研究框架，具体可分为如下三个步骤（图1）：第一步，明确案例研究对象的具体范围，通过不同信息渠道与策略对相关案例进行系统性检索，初步获取原始的案例信息，并对案例进行审查筛选；第二步，围绕案例对象的特征确定要分析的要素维度（如基本信息要素、空间本体要素、空间效能要素），对筛选后的案例进行结构化分析，根据分析结果归纳不同维度的特征规律；第三步，在具体的方案设计过程中，根据场地现状特征与设计条件要求，匹配案例库中已有案例及相关规律结论，进而为最终设计方案的生成提供多维度的启发与支撑。鉴于对于公共空间定义的不尽相同（陈竹、叶珉，2009），且智慧技术辅助设计的应用场景较为多元，本框架相较于以往的案例研究方法具有更多的包容性，在案例系统检索方法、分析要素选取等方面可进一步结合智慧化公共空间设计的特征进行针对性细化。

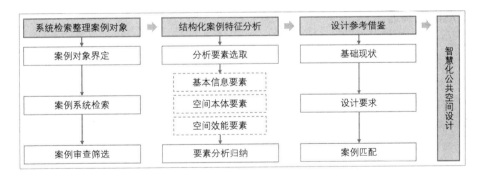

图 1　系统性案例研究框架

2.1　案例对象界定

本研究聚焦智慧化公共空间设计，即运用到智慧化技术、理念或设施的公共空间设计，其往往能较好地反映技术应用以及公共空间与人行为活动交互的新趋势。同时，研究力求为当下及近未来的设计实践提供启示，重点关注在公众开放性、多元群体复合性等方面具有代表性的城市室外公共空间，以及部分具有较高可拓展性的综合体、园区或展厅内部公共空间的设计案例。与之对比，使用传统空间干预设计手法、室内半封闭、完全虚拟化或科幻场景畅想式的公共空间设计则不包含在本研究对象的范围内。

2.2　案例系统检索

为最大化保证案例检索的系统性与代表性，研究以案例的核心设计主体为主要线索进行案例的收集工作。经过初步的案例收集与调研，相关的核心设计主体主要包含设计公司/事务所、科技公司、跨界公司、高校机构、艺术家/小型工作室团队以及政府。以不同主体相对权威的世界排名榜单为主要的参考依据，如通过 WA（World Architecture）TOP100 榜单、ENR（Engineering News-Record）TOP 500 Design Firms 等榜单来检索设计公司/事务所相关的设计案例。

在检索渠道方面，主要通过不同设计主体的官网或官方媒体平台（如 Facebook、Twitter 等）检索案例相关的关键词（如"智慧化公共空间设计/Smart public space design"等）来寻求符合要求的原始案例信息。此外，亦通过 Google、Pinterest、ArchDaily、gooood、Web of Science 以及中国知网等搜索引擎或平台来辅助进行关键词的检索，对已有案例进行一定的补充。

案例系统检索工作在 2021 年 2～12 月逐步开展。前后共有 8 名受过针对性训练的建筑或城乡规划专业的同学作为志愿者参与到该项工作中来。志愿者以不同核心设计主体为线索进行案例分工收集，最终共有 772 个相关案例被纳入初步的检索结果之中。

2.3　案例审查筛选

不同的信息检索渠道以及志愿者将不可避免地影响案例检索结果的质量，因此，进一步对所收集的案例进行审查。其中，与所研究的智慧化公共空间设计对象相吻合的案例将得到保留，而重复的案例（如同一案例被不同渠道收集多次）、未运用智慧化技术、理念或设施的案例（如传统的空间干预设计案例），与既定空间类型有较大差异的案例（如封闭道路空间的设计案例），以及过于科幻、短期不可实现的案例（如科幻场景畅想式的概念设计方案）将被逐步剔除，以保障最终案例的质量与可比性。最终筛选得到 594 个符合要求的案例进入到后续的多要素结构化分析过程（图 2）。

3　结构化案例特征分析

传统上公共空间案例研究多从公共空间的布局类型、空间组织、景观或设施要素、场所营造方法、公众参与机制、运营管理策略等方面进行分析研究（沈娉、张尚武，2019；李芳晟，2012；杨震等，2017）。考虑到大规模系统性案例研究中对于不同维度分析要素信息的可获得性，结合案例对象的特征，最终选取基本信息要素（如案例名称、核心设计主体、提出时间、主要依托的智慧技术、信息来源等）、

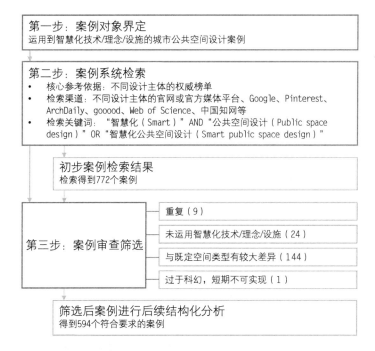

图2　系统检索整理案例对象的流程

空间本体要素（如规模尺度、主要依托的空间要素载体）以及空间效能要素（如主要/次要作用效果、应用场景）作为结构化案例特征分析的要素维度（表1）。每个分析要素中的具体属性类别则在已有研究的基础上，结合案例收集过程中的分析结果进行适度丰富补充。

表1　结构化案例特征分析所选取的分析要素

	序号	该案例在案例库中的序号
	案例名称	设计案例的名称
	核心设计主体	对应设计主体的具体名称
基本信息要素	核心设计主体类型	包含设计公司/事务所、科技公司、跨界公司、高校机构、艺术家/小型工作室团队、政府
	提出时间	设计案例提出的年份
	主要依托的智慧技术	包括移动互联网（4G/5G）、物联网、VR/AR/MR等智慧技术
	案例简述	对设计案例的概括陈述
	信息来源	网址或文献/报告索引等

续表

空间本体要素	规模尺度	包含城市、街区、建筑、设施
	主要依托的空间要素载体	包含自然环境载体、建成环境载体、城市家具/设施载体中的具体要素
空间效能要素	主要作用效果	设计案例对周边区域起到的作用，包含美化环境形象、增强互动参与、保障健康安全、提供便民服务、优化交通出行、绿色能源生态
	次要作用效果	
	应用场景	不同作用效果下更具体的应用场景

3.1 基本信息要素特征分析

3.1.1 核心设计主体分析

设计主体的类型与数量可反映不同社会力量对智慧化公共空间设计领域的关注与探索，将不同案例的核心设计主体名称汇总进行词云分析（图3），可以发现，将智慧技术、理念或设施与传统公共空

图3 设计案例的核心设计主体词云

间设计相结合已逐渐成为世界范围内一种势不可挡的趋势。诸如 d'strict 等数量众多的世界顶级设计公司/事务所已在此方面进行了广泛而积极的探索。其他多元社会主体同样参与到了相关的设计实践过程中，例如 Wonderlabs Studio、teamlab、Jason Bruges Studio 等创意工作室团队是未来愈加不可忽略的创新力量。

进一步量化分析统计的结果显示（图 4），设计公司/事务所仍然是智慧化公共空间设计过程中的核心力量。与之相比，包括艺术家在内的工作室团队以及跨界公司往往融合设计师、工程师、程序员等各个领域内不同的创新群体，能够激发出更加鲜活的创意灵感与先锋体验，因而同样贡献出较多的设计成果。值得一提的是，已有越来越多诸如甲板智慧、幻方科技、唠丁科技等科技公司开始踏足公共空间的智慧化设计领域，凭借相对突出的技术资源优势，在互动装置、智能交互场景等方面进行着深入探索实践。

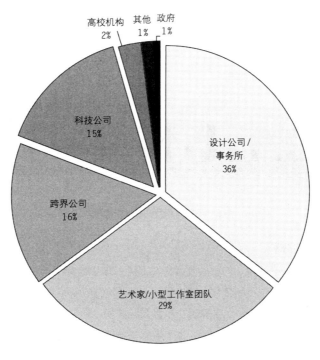

图 4　设计案例的核心设计主体比例

3.1.2　提出时间分析

案例库中最早的智慧化公共空间设计出现在 2000 年初，初期的设计案例大多以公共空间中景观标志物的打造以及形象提升为主要目的，同时已开始考虑利用数字技术增强公共空间中人与空间的互动。例如由 Umbrellium 设计的 18 层楼高的交互式漂浮结构 Open Burble 早在 2006 年的新加坡双年展便得到应用，巨型装置的形态和色彩可随着人群的互动干预而发生改变。此后设计案例的数量开始逐年波动增加，在 2015 年后随着物联网、VR/AR/MR 等技术应用的井喷式发展，相关设计实践案例开始加速涌现，并在 2020 年左右达到峰值。在此过程中，多元技术渗透并投影在公共空间功能形态及人群的行为活动当中，丰富了公共空间的使用场景，重塑了人与空间的交互方式，使得公共空间更加开放、活跃与高效（张恩嘉、龙瀛，2020）。受限于新冠疫情的影响以及案例检索工作的阶段时效性，案例数量在 2020 年后呈现出一定的回落（图 5）。

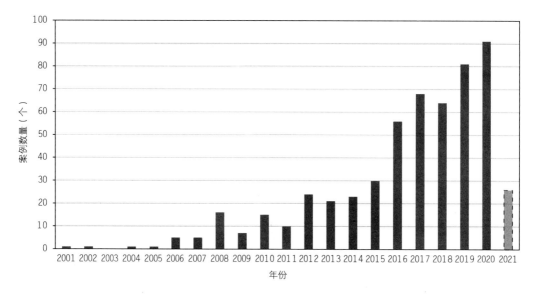

图 5　不同年份提出的案例数量

3.1.3　智慧技术要素特征分析

智慧技术是智慧化公共空间设计的核心要素之一，其一方面能为创新的空间使用及交互方式提供科学的可行性支持，另一方面也不断催化公共空间与人群行为活动需求的转型。同时，相较于产业、交通等其他城市功能场景中的技术，公共空间中所涉及的技术往往与公众日常活动有着更为密切的联系。结合应用场景的差异对不同案例所依托的主要智慧技术进行归类与部分合并（图 6），可以发现光电/投影/屏幕显示相关的技术应用远超其他类别，由此可见与视觉感官相关的公共空间意象与氛围营造仍是当下智慧化公共空间设计的主要途径。机械/机器人/自动化技术的应用也占有较大比例，其在提升空间使用效率以及交互反馈体验的智能性方面有显著优势。除此之外，新能源/能源转化、物联网以及 VR/AR/MR 技术也得到普遍应用，而人工智能仍有较大的普及应用潜力。

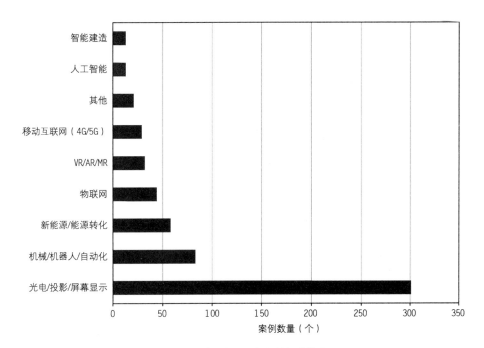

图6 设计案例主要依托的智慧技术

3.2 空间本体要素特征分析

公共空间设计可被视为结合场地周边的空间要素，对场地内的公共及社会生活场景进行的系统设计。设计案例的规模尺度在一定程度上表征了该设计场景的辐射范围，其与场地内的空间要素载体也有着密不可分的关系。因此，研究中将规模尺度与设计案例依托的空间要素载体结合进行综合分析，并绘制出如图7所示的桑基图（Sankey Diagram）。图中不同色带的宽度代表着对应类别案例的数量，而不同的流向则代表不同要素之间的联系。

规模尺度根据公共空间设计的实际范围被划分为城市、街区、建筑及设施四个类别。受到设计建设成本、权属管理难度等方面的影响，案例库中设计案例的数量与其规模尺度呈现出一定的负相关关系。大多数案例集中在中微观的建筑与设施尺度，其中设施尺度的案例应用占比最高，这也侧面体现出作为公共空间的重要组成要素，城市家具的智慧化设计具有广泛的应用。

智慧化公共空间设计所依托的空间要素载体则主要包括将传感器、执行器等在内的智慧设备直接应用的空间界面或设施节点，具体可划分为自然环境载体、建成环境载体以及城市家具/设施载体三个类别。其中，自然环境载体包含植被、水体、天空等自然要素界面；建成环境载体包含街道、广场、街巷节点等硬质界面以及建筑/构筑物的外立面或立柱；而城市家具/设施载体则包含艺术景观设施、照明设施、公共休闲设施、交通设施等多种小尺度的设施类别。在桑基图中对空间要素载体的三个类

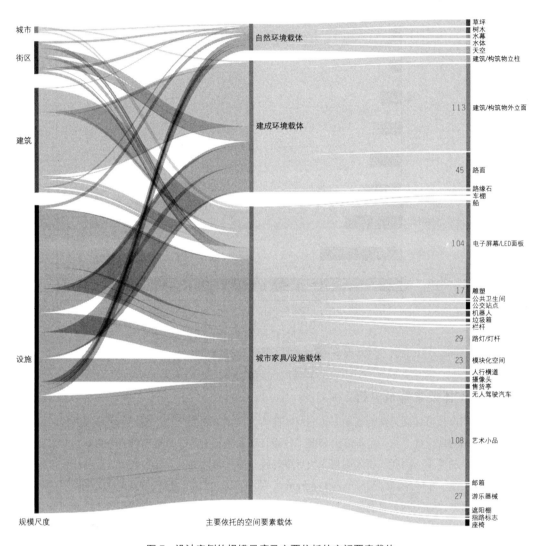

图 7　设计案例的规模尺度及主要依托的空间要素载体

别及其对应的细分子类均进行了分析。其中，城市家具/设施载体仍然占比最高，而自然环境载体的应用相对较为有限。建筑/构筑物外立面（113 个案例）、艺术小品（108 个案例）以及电子屏幕/LED 面板（104 个案例）在众多细分要素中占有显著更高的比例。整体而言，街区及建筑尺度的设计案例均倾向于依托建成环境载体，而设施尺度的设计案例则显著倾向于依托城市家具/设施载体。

3.3 空间效能要素特征分析

根据智慧化公共空间设计案例对周边区域起到的作用效果差异可将其划分为六个方面：美化环境形象、增强互动参与、保障健康安全、提供便民服务、优化交通出行以及绿色能源生态（图8）。

a. 美化环境形象	b. 增强互动参与	c. 保障健康安全
d. 提供便民服务	e. 优化交通出行	f. 绿色能源生态

图 8　设计案例的不同作用效果

资料来源：a、b、c、d、e、f 图片分别来源于以下网站：https://ars.electronica.art/aeblog/en/2016/08/16/drone100-in-linz/；https://studionowhere.com/wintersports/；https://www.trendhunter.com/trends/lights-for-pedestrians；https://www.trendhunter.com/trends/free-wifi-spot；https://www.studioroosegaarde.net/project/van-gogh-path；https://www.specsolarsolutions.com.au。

在美化环境形象方面，无人机集群技术的发展将城市天空变成新的公共艺术展示舞台。SOM 事务所利用编程程序控制的动态立面来进行建筑形象提升。此外，部分公共空间中的装置或建筑立面通过变换的灯光与投影效果，实现对周边环境感知数据的动态映射。数字创新也为传统的公共空间带来更多维度的拓展空间，如利用裸眼 3D、全息沉浸式技术将传统的二维平面空间变得更加丰富立体。在增强互动参与方面，现有的物联传感技术及 App、小程序交互控制为实体空间和公众间搭建了更加智慧化的互动桥梁。例如公共空间中装置或灯光随着行人的行为活动差异或手机操控来实现形态与色彩明暗的变化。此外，可以通过公共空间内居民友好型、可互动反馈的噪声、空气质量监测、智能废物回收或视觉引导提示装置来达到保障公众健康安全的目的。另外，智慧技术的集成可以丰富和完善现有公共空间中各类基础设施的服务功能，例如提供交互性信息展示的公交站台屏幕，提供户外开放 Wi-Fi 网络的景观装置以及各类智能化改造的公共桌椅。在优化交通出行方面，主要通过智能化的灯光引导系统或弹性可变的空间使用，来实现公共空间内出行的安全便捷、趣味性以及周边交通空间的高效组织。最后，在绿色能源生态方面，现有案例中通过太阳能灯柱、自行车骑行或行人步行的动能踏板等设施或技术理念，在增强空间交互性的同时提供了部分能量的积累与转化。通过灯光、微型涡轮机或监测传感器的结合，实现能源利用、环境感知可视化、景观化与互动化的交融。

在实际的智慧化公共空间设计与实践中，不同的作用效果间亦会彼此组合、重叠覆盖，最终根据不同的场地特征以及设计需求差异灵活组织，达到公共空间智慧空间、智慧设计与智慧人本使用的完美结合。进一步对案例的主要作用效果及部分拥有的次要作用效果进行统计（图9），可以看出增强互动参与以及美化环境形象两个维度拥有显著更高的占比，对于保障居民健康安全等方面的案例相对较少。约47%的案例同时拥有次要作用效果，其占比分布特征与主要作用效果趋于一致。总体而言，当下智慧化公共空间设计仍以体验性功能为侧重，服务性功能仍有较大的提升空间。

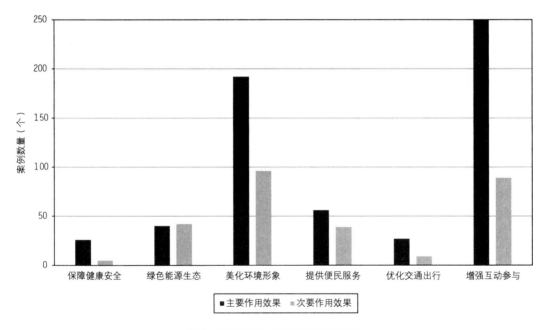

图9 设计案例的主要及次要作用效果

在设计案例作用效果的基础上，可进一步概括出不同作用效果对应下的若干典型应用场景（图10）。尽管不同场景间会存在一定重叠，其数量仍然可以度量智慧技术在公共空间设计中的场景应用倾向。其中，沉浸式空间营造（101个案例）、对人群行为活动类型与强度进行映射（62个案例）、建筑立面与形象装饰（60 个案例）以及景观标志物打造（53 个案例）占据了最高的比例。不同场景的应用差异也为未来的智慧化公共空间设计提供了创新思路与借鉴经验。此外，也可以发现，在智慧技术对部分传统公共空间造成冲击，使其空间活力下降的同时，也有部分公共空间通过与智慧技术、理念或设施相结合，增强空间的吸引力与体验感，进而充分释放实体空间潜力（张恩嘉、龙瀛，2022）。一方面，通过手机小程序或其他智能物联交互设备，周边环境或人群行为活动的特征或诉求得以被实时精准感知，进而通过空间形态功能等方面的自适应调节实现动态反馈，并不断适应未来空间使用的发展变化；另一方面，实体公共空间通过与智慧互动设施、**AR/VR/MR** 或虚拟直播等多元数字创新要素结合，增强其交互、沉浸式、虚实融合的个性化体验，这也为未来的公共空间设计提供多样化的可能。

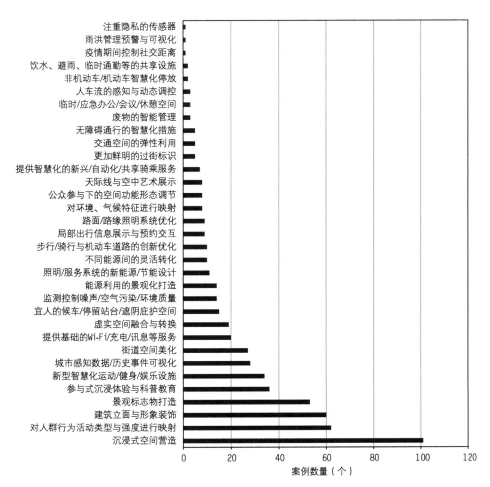

图 10　设计案例的典型应用场景

4　结论与讨论

4.1　案例库特征启示

智慧技术对公共空间的使用及设计带来巨大冲击，为增强对公共空间的理解并为智慧化公共空间设计提供更好的路径参考，本文提出一种系统性案例研究方法，通过多渠道的系统检索与审查筛选得到用于后续分析的设计案例。从基本信息要素、空间本体要素及空间效能要素三方面的多个视角出发对其进行结构化特征分析，归纳不同视角下公共空间设计的规律特征。结果表明，智慧化公共空间设计已受到多种社会主体的广泛关注，其中设计公司/事务所仍然是核心参与力量，而艺术家/小型工作室团队以及跨界公司等同样贡献出较多力量。设计案例在2015年后呈现出加速涌现的发展趋势，以光电/投影/屏幕显示技术以及机械/机器人/自动化技术为代表的部分智慧技术得到了重点应用。与此同时，设计案例更多地集中于建筑、设施等中小尺度，并在建成环境载体以及城市家具/设施载体中有较为突出的选择倾向。最后，增强互动参与以及美化环境形象成为设计案例的核心作用效果类别之一，并在沉浸式空间营造等应用场景中得到具体体现。持续更新的案例库将为未来的智慧化公共空间设计与分析研究提供进一步支持。

4.2　案例库应用潜力

在系统检索整理案例对象及结构化案例分析后，智慧化公共空间设计的案例库得以构建。案例库可以以动态更新的网站栏目的形式对外开放共享①，使用者可结合场地的基础现状与设计要求，选择不同的标签属性对案例库进行分类检索，高效精准地匹配自己所需的案例内容，为方案设计生成与优化提供一定参考。另外，智慧技术、理念或设施在公共空间设计中的应用同时也受到诸如技术发展、政策管控、疫情变化等多方面要素综合影响而呈现出不同的阶段性特征。通过案例库的持续跟踪记录，可以针对不同的研究话题形成周期性的洞察分析报告，以此来进一步挖掘不同时期智慧化公共空间设计的趋势与规律特征，增强对于智慧化公共空间设计的认知与理解。

4.3　案例库发展展望

面向未来，本文所提出的系统性案例研究方法仍然存在一定局限。例如，对于不同公共空间设计过程中的政策管控、利益博弈、多方参与机制等方面的差异缺乏探讨；大规模案例之间的质量权重评估及可比性仍有待进一步加强，而其在实际方案设计过程中的具体应用效果仍待进一步验证。此外，智慧技术、理念或设施与公共空间功能使用的互动作用机制有待结合针对性的调研进行更加深入的研究分析，这些也为未来的系统性案例研究提供了更多的探索空间。

致谢

本研究得到国家自然科学基金面上项目"城市收缩背景下城市空置的智能测度、机理认知与规划设计响应研究"（52178044）以及腾讯"WeCityX 科技规划研究"、华为"泛智慧城市技术在未来中国城市空间发展方向分析"项目资助。

注释

① 目前部分案例已在北京国际设计周专题网站（https://www.futurecities.org.cn/projects）进行共享，更多相关研究也可访问北京城市实验室专题版块（https://www.beijingcitylab.com/projects-1/53-digital-innovation-for-urban-design/）进行查阅。

参考文献

[1] BARBOSA O, TRATALOS J A, ARMSWORTH P R, et al. Who benefits from access to green space? A case study from Sheffield, UK[J]. Landscape and Urban Planning, 2007, 83(2-3): 187-195.

[2] DUBOIS A, GADDE L E. Systematic combining: an abductive approach to case research[J]. Journal of Business Research, 2002, 55(7): 553-560.

[3] HAMPTON K N, GUPTA N. Community and social interaction in the wireless city: Wi-Fi use in public and semi-public spaces[J]. New Media & Society, 2008, 10(6): 831-850.

[4] 陈竹, 叶珉. 西方城市公共空间理论——探索全面的公共空间理念[J]. 城市规划, 2009, 33(6): 59-65.

[5] 段进, 邵润青, 兰文龙, 等. 空间基因[J]. 城市规划, 2019, 43(2): 14-21.

[6] 甘欣悦, 龙瀛. 新数据环境下的量化案例借鉴方法及其规划设计应用[J]. 国际城市规划, 2018, 33(6): 80-87.

[7] 郭恩章. 高质量城市公共空间的设计对策[J]. 建筑学报, 1998(3): 10-12+65.

[8] 郭庭鸿, 董靓, 孙钦花. 设计与实证康复景观的循证设计方法探析[J]. 风景园林, 2015(9): 106-112.

[9] 黄蔚欣, 徐卫国. 参数化和生成式风景园林设计——以清华建筑学院研究生设计课程作业为例[J]. 风景园林, 2013(1): 69-74.

[10] 李芳晟. 国外公众参与型社区公共空间设计研究[D]. 大连: 大连理工大学, 2012.

[11] 李昊, 王鹏. 移动互联网时代公共空间的重构与变革[J]. 城市建筑, 2018(10): 40-42.

[12] 龙瀛, 沈尧. 数据增强设计——新数据环境下的规划设计回应与改变[J]. 上海城市规划, 2015(2): 81-87.

[13] 沈娉, 张尚武. 从单一主体到多元参与: 公共空间微更新模式探析——以上海市四平路街道为例[J]. 城市规划学刊, 2019(3): 103-110.

[14] 孙澄, 韩昀松, 任惠. 面向人工智能的建筑计算性设计研究[J]. 建筑学报, 2018(9): 98-104.

[15] 王建国. 基于人机互动的数字化城市设计——城市设计第四代范型刍议[J]. 国际城市规划, 2018, 33(1): 1-6.

[16] 王金红. 案例研究法及其相关学术规范[J]. 同济大学学报(社会科学版), 2007(3): 87-95+124.

[17] 吴志强. 人工智能辅助城市规划[J]. 时代建筑, 2018(1): 6-11.

[18] 徐苗, 陈芯洁, 郝恩琦, 等. 移动网络对公共空间社交生活的影响与启示[J]. 建筑学报, 2021(2): 22-27.

[19] 杨俊宴. 全数字化城市设计的理论范式探索[J]. 国际城市规划, 2018, 33(1): 7-21.

[20] 杨震, 于丹阳, 蒋笛. 精细化城市设计与公共空间更新: 伦敦案例及其镜鉴[J]. 规划师, 2017, 33(10): 37-43.

[21] 张恩嘉, 龙瀛. 空间干预、场所营造与数字创新: 颠覆性技术作用下的设计转变[J]. 规划师, 2020, 36(21): 5-13.

[22] 张恩嘉, 龙瀛. 面向未来的数据增强设计: 信息通信技术影响下的设计应对[J]. 上海城市规划, 2022(3): 1-7.

[23] 赵万民, 廖心治, 王华. 山地形态基因解析: 历史城镇保护的空间图谱方法认知与实践[J]. 规划师, 2021, 37(1): 50-57.

[24] 周榕. 硅基文明挑战下的城市因应[J]. 时代建筑, 2016(4): 42-46.

[25] 邹德慈. 人性化的城市公共空间[J]. 城市规划学刊, 2006(5): 9-12.

[欢迎引用]

李伟健, 吴其正, 黄超逸, 等. 智慧化公共空间设计的系统性案例研究[J]. 城市与区域规划研究, 2023, 15(1): 31-46.

LI W J, WU Q Z, HUANG C Y, et al. A systematic case study of smart public space design[J]. Journal of Urban and Regional Planning, 2023, 15(1): 31-46.

城市机器人的应用与空间应对研究综述

梁佳宁　龙　瀛

Review of Studies on Robot Application in Urban Space and Its Response

LIANG Jianing[1], LONG Ying[1,2,3]
(1. School of Architecture, Tsinghua University, Beijing 100084, China; 2. Hang Lung Center for Real Estate, Tsinghua University, Beijing 100084, China; 3. Key Laboratory of Eco-Planning & Green Building, Ministry of Education, Tsinghua University, Beijing 100084, China)

Abstract Robots are entering from factories and laboratories into the urban space, to improve its smart governance and service, alleviate the aging pressure, and promote sustainable and resilient urban development. The application of urban robots has become an inevitable trend in the future development of cities. Like other disruptive technologies, its application will reshape urban life and urban space, but the existing research lacks a discussion on its relationship with urban space. Our research defines the concept of "urban robots" and constructs a feature analysis framework to describe the workflow of urban robots, covering its physical, social, and digital attributes, through a systematic literature review of 78 WoS core collection literatures. Based on the framework, this paper further summarizes the characteristics of urban robots, six of their application areas as well as spatial problems they face such as diverse obstacles, lack of structural rules, and a high likelihood of cross interference. Finally, in order to solve the spatial problems faced by urban robots and place some limits on their behaviors, this paper, based on design cases, proposes exploratory strategies for urban space response and coordination, so as to promote thinking about future urban space design.
Keywords urban robots; future cities; smart cities; spatial response; literature review

作者简介

梁佳宁，清华大学建筑学院；

龙瀛（通讯作者），清华大学建筑学院，清华大学恒隆房地产研究中心，清华大学生态规划与绿色建筑教育部重点实验室。

摘　要　机器人正由工厂和实验室进入城市空间，提高城市智慧治理和服务水平，缓解老龄化压力，促进城市可持续韧性发展等。城市机器人的应用已成为城市未来发展的必然趋势。与其他颠覆性技术相同，其应用也将重塑城市生活与城市空间，但既有研究缺乏对其与城市空间关系的讨论。文章界定了"城市机器人"的概念，通过对78篇WoS核心合集文献进行系统性文献综述，构建了描述城市机器人工作流程并涵盖其物理、社会、数字属性的特征分析框架；进一步基于框架总结出城市机器人的特征及六大应用领域和面临的障碍繁杂、缺乏结构规则、易产生交叉冲突等空间问题；最后，为解决其面临的空间问题同时对其行为作出一定限制，结合设计案例提出城市空间应对协调的探索性策略，以期为未来城市空间设计提供思考。

关键词　城市机器人；未来城市；智慧城市；空间应对；文献综述

1　引言

20世纪90年代以来，机器人开始在工业领域补充、取代甚至拓展人类的工作，而当下，机器人及自动化系统（Robotics and Autonomous Systems，RAS）技术已被认为是对世界产生重大影响的颠覆性技术之一（Manyika et al.，2013）。随着第四次工业革命中物联网、5G、人工智能、云计算等技术的进步，机器人的感知定位、人机交互和智能控制能力均得到巨大提升，并从工厂内部走向更开放和复杂的城市空间：送货机器人和无人机在街道及空中加快配送货物的速度（Lavaei and Atashgah，2017），机器人成为救援队伍中的抢险队员（Messina and Jacoff，2007），各类社交机器人承担起警察（Rahman et al.，2016）和社区医生（Grigorescu et al.，2019）的角色，为弱势群体提供了更多便利（Wei et al.，2013）等，这不仅极大地提升了城市的生产水平和城市居民的生活品质，也有助于提升能源效率并降低服务业的碳排放（Grau et al.，2018）。疫情期间，为满足无接触要求，机器人承担了更多的工作，如消杀、无接触配送货物甚至社交距离监督（Bruno et al.，2019）等，可以有效增强城市韧性以应对诸多突发状况。

　　许多国家和地方政府已经开始将机器人技术作为提高城市智慧治理水平的重要手段。例如，纽约构建水质机器人监测网络，作为城市智能基础设施的一部分；迪拜提出基于机器人技术的自动交通战略（Golubchikov and Thornbush，2020）；日本在"社会 5.0 愿景"（Society 5.0）中提出城市机器人的应用将有助于建成"以人为本的超智能社会"（周利敏、钟海欣，2019）。大量智慧城市项目也将机器人纳入未来城市生活的场景，如"编织城市"（Woven City）描绘了使用机器人建造建筑，送货机器人在城市中穿梭的场景（Toyota，2020）；"釜山智慧城市"（Busan Eco Delta Smart City）应用多种机器人提高市民生活质量，包括提高生活体验、保障弱势群体（Smart City Korea，2018）。

　　在我国，机器人产业是国家长期推动的重点领域之一，《"十四五"机器人产业发展规划》（工信部联规〔2021〕206 号）提出"机器人应面向家庭服务、公共服务、医疗健康、养老助残、特殊环境作业等领域需求"，并强调机器人在城市中应用可有效应对人口老龄化问题，提高生产水平和生活品质，促进经济和社会可持续发展。我们与机器人共同生活工作的场景，将在不远的未来成为常态。

　　规划师应超前认识到其对城市可能产生的影响和挑战。一方面，机器人作为颠覆性技术之一将从多个维度重构城市生活，如自动化生产流程和无人化服务提供将改变城市生产与消费的过程，"机器代人"又将影响人们工作的行为方式，其在提供服务的过程中将可能与人类产生交流和互动进而改变传统的互动与空间使用方式（特别是公共空间）等，这些过程最终将投影于城市物理空间的变化；另一方面，机器人本身作为空间实体将占据物理空间，并与既有主体产生空间的交叉共享，进而以类似于汽车重新安排街道的方式影响城市空间，因此，城市面临为机器人实验和推广再次分配空间的挑战。

　　既有关注机器人与城市关系的研究多从伦理道德（Sanfeliu et al.，2010；Sindi et al.，2018）、人群接受度（Hayashi et al.，2011）、技术应用（Liu et al.，2020；Tiddi et al.，2020）以及落地实践（While et al.，2021）等方面进行讨论，但对其与城市空间的关系缺乏关注。针对这一研究空白，本文通过系统性文献综述的方法，构建基于描述城市机器人工作流程的特征分析框架，总结机器人应用现状及空间需求，并结合落地实践或未来城市空间构想案例提出城市空间应对策略，以期为未来城市空间设计提供探索性思考。

2　研究方法与设计

　　对本文研究核心"城市机器人"进行概念界定，即在"城市空间"中执行任务的"机器人"。"城市空间"主要包括城市公共空间（城市街道、广场绿地及公共建筑周边）（Pratt et al., 2002）以及城市基础设施内外部空间。而"机器人"为可自主感知、决策并实施动作的物质实体（Tiddi et al., 2020）。虽然无人驾驶车辆具有相似的工作流程和特点，但其具有相同的物理设计（可容纳乘客的内部空间及车轮）和空间影响（主要为交通空间），且既有研究讨论较充足，因而不纳入本文研究范围。

2.1　系统性文献综述

为全面梳理城市机器人应用情况,本文采用系统性文献综述法(Systematic Literature Review, SLR)（图1),选取 WoS 核心合集数据库（ Web of Science Core Collection),初期检索发现 2000 年前机器人尚未广泛应用于城市环境,且机器人技术发展迅速,较早文献借鉴意义不大,因此选择 2000 年 1 月1日～2022 年 6 月1日的文献进行检索。选取关键词"robot*"(以涵盖 robot〔s〕、robotic〔s〕、robot-based 等) 与 "city OR urban"进行检索,并对文献类型、语言类别等加以限制。根据检索标准进行初步检索,共检索到 311 篇文献,通过对题目、摘要、全文进行详细阅读后,剔除掉不满足上文对"城市空间"和"机器人"定义的文献,最终选取符合要求的 78 篇文献。

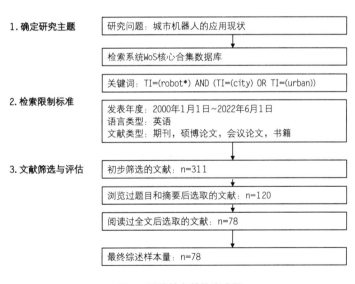

图 1　系统性文献检索流程

2.2　城市机器人特征分析框架

为得出城市机器人的工作属性特征及其面临的空间问题,本文从城市机器人工作流程角度出发,建立一个特征分析框架对文献进行深入分析。

框架构建参考了既有文献中的相似研究和概念定义,如"城市—机器人互动过程"（Robot-City

Interaction）包括三个互动主体，即机器人、城市和信息数据（Tiddi et al.，2020）；服务机器人是连接数字、物理和社会空间的智能执行体，可建立人、环境和机器人三者的互联机制（徐一平、董怀文，2021）等。在此基础上，本文进一步将城市机器人的特征分析框架解构为三个属性（图2）：物理属性，指城市机器人作为空间实体，在工作过程中会表现出对城市空间不同的适应性（1. 形态特征），执行任务时如何感知物理空间并移动（2. 导航方式）；社会属性，即其执行任务时与人的关系，包括其活动空间与人群活动的交叉程度（3. 活动空间）以及服务时与人如何交互（4. 与人互动）；数字属性，指其在导航或服务对象的数据采集过程中是否与数字基础设施或其他机器人进行数据共享（5. 信息共享）。整体特征分析框架如表1，各特征的具体分类则在既有理论基础上结合本次样本文献分析进行了调整。

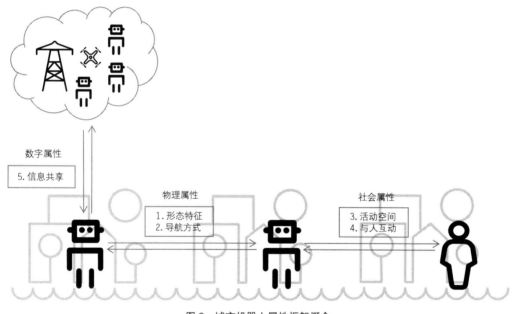

图2　城市机器人属性框架概念

3　城市机器人应用现状

3.1　文献计量分析

对 78 篇文献发表年份进行统计（图 3），机器人与城市相关的研究多集中在近十年（56 篇，71.79%）。"9·11"事件中机器人辅助搜救发挥出巨大作用，这也带动了21世纪初对军事机器人进入城市环境的研究热潮（Pratt et al.，2002）。而随着物联网、人工智能技术成熟以及"工业 4.0""智慧城市"等概念的提出，相关文献数量在 2010 年、2018～2020 年两次出现大幅增长的情况。

表 1　城市机器人特征分析框架

属性	特征指标及理论支持	具体分类		
物理属性	1. 形态特征 （Scholtz，2003）	地面	不可移动式	
			可移动类人形	
			可移动轮式	
			腿式机器人	
			履带机器人	
		空中		
		水中		
	2. 导航方式	射频识别导航		
		激光导航		
		视觉导航		
		GPS 导航		
		超声波导航		
社会属性	3. 活动空间 （吴伟，2012）	公共性高	城市空域	
			城市街道	
			城市广场公园	
		公共性较高（公共建筑周边及内部空间）		
		公共性低（如城市基础设施内外部空间，非管理人员不得进入的空间）		
	4. 与人互动 （Hüttenrauch et al.，2006）	亲密互动（如操作界面或交换物品等）		
		社交互动（互动过程中需采集一定人类信息，如手势互动、语言沟通、面部识别等）		
		公共互动（如通过灯光、蜂鸣声等进行互动）		
		不互动		
数字属性	5. 信息共享 （Tiddi et al.，2020）	同类型机器人共享信息		
		不同类型机器人/设施共享信息		
		不共享信息		

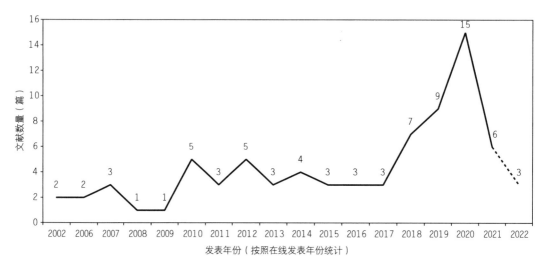

图 3　文献计量分析：发表年份

对样本文献研究领域进行统计（图 4），主要研究来自计算机科学（40 篇，51.28 %）、工程学（31 篇，39.74 %）、机器人学（30 篇，38.46 %）、自动化和控制系统（14 篇，17.95 %）几个领域，少数研究来自城市研究（4 篇，5.13 %）和建筑学领域（2 篇，2.56 %），证明城市研究领域对于机器人的应用关注仍较少，但呈上升趋势（其中 3 篇发表于 2020 年）。

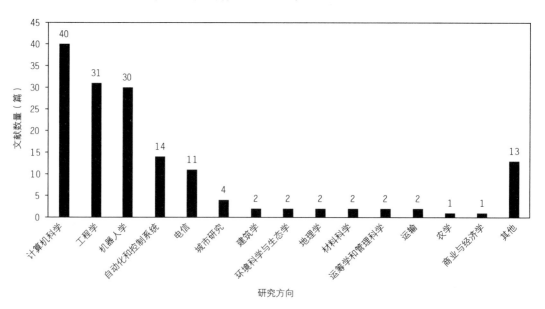

图 4　文献计量分析：研究方向

　　研究国家多为英国（9篇，11.54%）、美国（7篇，8.97%）、中国（6篇，7.69%）和韩国（6篇，7.69%）等（图5），这些国家的机器人产业基础较好，并多将机器人技术应用作为智慧城市发展策略的一部分，如"智慧伦敦我们在一起"（Smarter London Together）（Greater London Authority，2018），"更绿色更美好的纽约"（A Greener, Greater New York）（City of New York，2007），"釜山智慧城市"（Smart City Korea，2018）等。

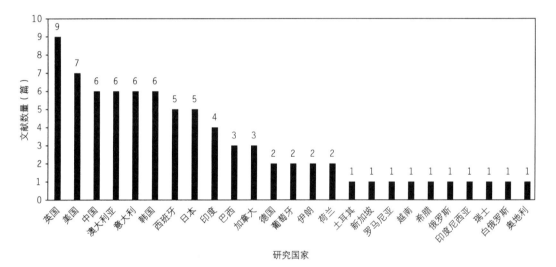

图5　文献计量分析：研究国家

注：优先按照实验地点统计，若文中未作说明则按第一作者国籍进行统计。

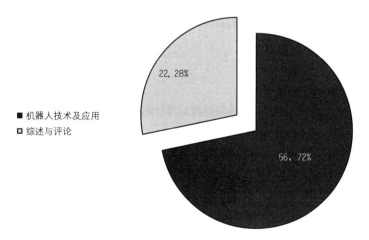

图6　文献计量分析：研究内容

样本文献中，大多数研究关注机器人本身的技术及应用（56 篇，72%），其余文献则关注城市机器人应用产生的影响，包括对使用人群的心理影响（Tay et al.，2018；Hayashi et al.，2011），对隐私伦理等问题的讨论（Sanfeliu et al.，2010；Sindi et al.，2018），以及对相关法律法规的讨论（Salvini et al.，2010），对生态环境的影响（Goddard et al.，2021）等（图 6）。

3.2　特征分析结果

通过 2.2 中的特征分析框架对关注城市机器人技术及应用的 56 篇样本文献（图 6）进行特征提取，结果如图 7 所示。

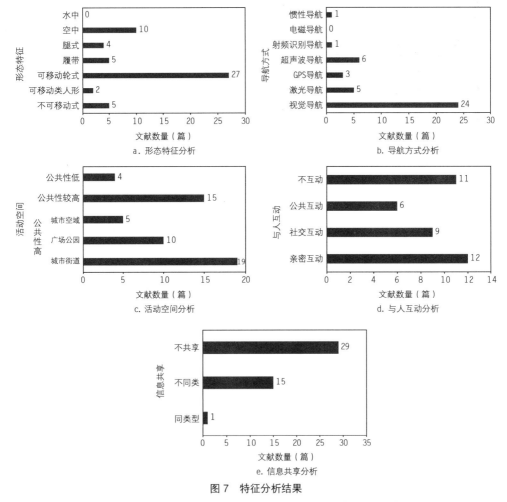

图 7　特征分析结果

注：若一篇文章提及多个机器人则对其特征属性进行分别计数，未提及该属性则不计数。

物理属性方面，城市机器人形态以地面轮式机器人为主，而空中机器人数量也在增加。导航方式多以视觉为主，多种传感器辅助，由于在城市地区，复杂的建筑遮挡导致机器人仅使用 GPS 定位性能显著下降（Georgiev and Allen，2002），因此呈现出与其他户外机器人不同的导航方式。但在条件允许时（如开敞空间），GPS 导航方法仍适用（Capi et al.，2014）。社会属性方面，公共性高的街道空间是最常见的城市机器人活动空间，其多使用人行道空间进行移动或提供服务，与人群活动的交叉度很高。在与人互动方面，以界面操作和交换物品为主，多为亲密互动。但也存在很多城市机器人不与人互动的情况，如负责基础设施维护等工作的机器人。数字属性方面，大多数城市机器人仍采用独立采集信息并执行任务的工作方式，但随着物联网技术的成熟，越来越多机器人开始与同类机器人或多元异构设施共享数据。

总体而言，城市机器人目前主要以轮式形态为主，将街道尤其是人行道空间作为主要的移动和提供服务的空间，并需要与人群进行高频的亲密互动，且具有联网共享数据的发展趋势。

3.3 城市机器人应用领域及特征

本文进一步按照城市机器人的不同应用领域对文章进行分类梳理，并介绍各领域城市机器人的应用现状及特征。结合既有研究分类方法（Golubchikov and Thornbush，2020；Kapitonov et al.，2019；Macrorie et al.，2021；Puig-Pey et al.，2017；Rivera et al.，2020；Tiddi et al.，2020）（表 2）及本次样本文献情况，本文将其归纳为：城市安全警务，基础设施建造与维护，陪伴与帮助，场所营造，城市治理，智慧交通。统计得出城市机器人较多应用于城市安全警务以及陪伴与帮助领域（图 8），这与军事机器人和室内服务型机器人发展较成熟并较早进入城市空间的发展路径相符。进一步通过 2.2 特征分析框架对各应用领域文献分别进行特征提取，以便更清晰全面地展示城市机器人在不同领域的应用现状。

3.3.1 城市安全警务

该领域既包括灾害时期对救援对象的定位、医疗和解救工作（Urban Search and Rescue，USAR），也包括日常维护城市安全工作。在灾后救援过程中，城市机器人任务一般包括自主导航进入倒塌建筑中，找到受害者并监测人员生命体征，提供食物和通信，识别后续可能的危险（声、热、危险品、地震等），必要时需提供结构支撑（Dissanayake et al.，2006）。此类城市机器人包括多种形态，如水中、空中、地面，以执行不同类型工作（Messina and Jacoff，2007），其中地面型多为履带和轮式（图 9），履带可以帮助其越过楼梯等障碍，适应复杂的灾后环境。在数字和社会层面，多采用同种或多种机器人的团队作业方式，常与消防员进行数据共享或远程操控。此类城市机器人需要通过监测体温或识别声音、运动状态等方式来识别被困者，因此常搭载多种传感器，包括（红外）照相机、声呐、激光扫描仪、雷达等。

表2　城市机器人应用领域分类依据

既有研究	类别	信息与通信技术（ICT）	智慧交通（Mobility）	城市基础设施（Infrastructure）	社会服务（Citizen Assistance）	城市安全警务（Urban Security and Policing）	医疗健康（Health Care）	旅游与环境（Tourism and environment）	城市治理（Governance）	农业（Agriculture）	经济活动（Economy）	教育（Education）
Puig-Pey et al.,2017	3	√	√	√								
Rivera et al.,2020	10	√	√		√	√	√	√		√		√
Tiddi et al.,2020	6		√		√			√	√		√	
Kapitonov et al.,2019	3		√			√	√				√	
Macrorie et al.,2021	6		√	√	√	√						
Golubchikov and Thombush, 2020	5	√	√	√					√			√
频次		3	6	3	3	3	2	2	2	1	2	2

注："√"表示该文献分类包含此项。

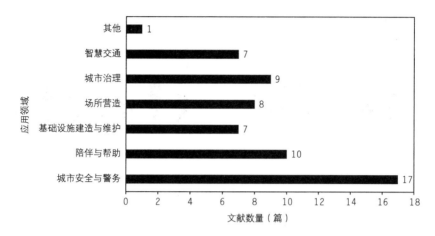

图8 样本文献各领域分类数量

注：若一篇文章同时探讨城市机器人在多个领域中的应用则重复计数。

日常城市安全维护工作则包括对特定环境巡逻（Choe and Chung，2012；Ermacora et al.，2016；Rahman et al.，2016），追踪特定目标人员（Leong et al.，2021；Merino et al.，2012），通过无人机或地面机器人监测危险气体（He et al.，2019；Liu et al.，2011）等。疫情期间，城市机器人也被用于监测并提醒人群保持安全社交距离（Bruno et al.，2019）。此类机器人多为轮式或腿式，以达到快速移动的目的。

3.3.2 陪伴与帮助

城市机器人应用有助于提高城市包容性，即对老年人、残疾人等弱势群体提供援助或陪伴。比如通过自移动小型车辆或自移动轮椅（Hashimoto et al.，2014；Yokozuka et al.，2012）提高弱势群体移动性；电子导盲犬式机器人则通过绳索或操纵杆实现为视障人士的导航（Wei et al.，2013）。此外，日常医疗服务也可通过机器人提供，如移动健康亭（Grigorescu et al.，2019），并可进一步建立健康物联网（Internet of Health Things，IoHT）（Calp et al.，2022）构建分布式医疗体系。此类机器人需要与人类进行亲密互动，如通过接触和压力感应检测血氧饱和度、体重指数等体征信息，或识别面部获得人的情绪状态（Grigorescu et al.，2019），因此常搭载热像仪、压力传感器并具备声音和自然语言识别及回答功能（Capi et al.，2014）。

3.3.3 基础设施建造与维护

机器人在危险、精细或枯燥的工作方面常常表现优于人类，因此越来越多地被应用于城市基础设施建造与维护。建筑工程施工中已广泛应用机器人进行砌砖、混凝土打印或木材制造，既可提高生产效率，也可进行定制化设计，如利用砌砖机器人建造非标准化立面（Fleckenstein et al.，2022），或未来使用无人机进行模块化建造（Willmann et al.，2015）。在基础设施日常维护方面机器人同样发挥着作用，如高层建筑检查、喷漆、核设施维护、飞机的检查（Saboori et al.，2007），城市架空线路的检

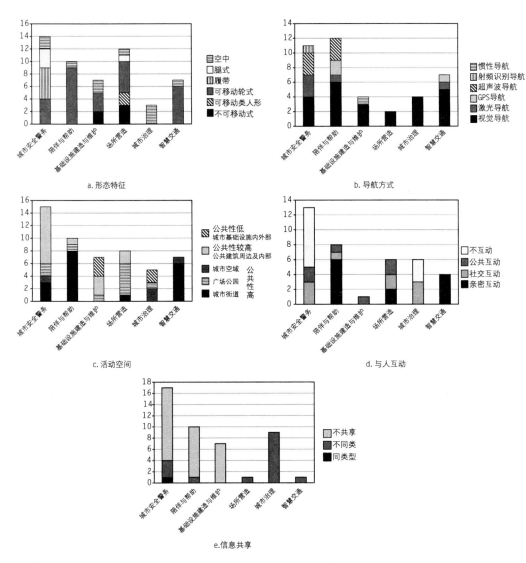

图 9　各领域城市机器人特征分析

测（Bianchi Filho et al.，2018），下水道检查和维护（Grau et al.，2017；Le and Ngo，2019），绿地的浇灌维护（Gravalos et al.，2019）等。此类机器人多在基础设施内外部空间活动，因此与人的互动程度低，并较少进行数据共享（图 9）。

3.3.4　场所营造

场所营造指通过人机互动过程，增强场所的娱乐趣味性和舒适性。具体包括：提供语音导览和问询服务（Sato-Shimokawara et al.，2008）；基于屏幕的互动与展示，作为碎片化媒介替代传统的展示方式，如无人机群、带有屏幕的地面移动机器人等（Hoggenmueller et al.，2019）；基于机械活动的互动，如感知人群活动而改变形态的天花板机器人（Ergin et al.，2018），或在地面作画的机器人（Hoggenmueller and Hespanhol，2020）。这类人机互动被证明可以促进人群的心理健康（Biloria and Dritsa，2018；Kim et al.，2010）。此类城市机器人需要与人群互动，因此常具有识别手势和语言的能力（Sato-Shimokawara et al.，2008）。

3.3.5　城市治理

新型智慧城市治理旨在运用信息技术手段解决目前城市中各类资源调控不佳所带来的如环境污染、交通堵塞等问题。在物联网（Internet of Things，IoT）技术已广泛应用的当下，机器人作为新兴分布式设备，具有传感、计算及执行能力，可作为物联网的节点，采集相比传统静态传感器更大范围、更高频率的数据（Bardaro et al.，2022）。机器人物联网（the Internet of Robotic Things，IoRT）的概念由此出现（Liu et al.，2020），这不仅有助于更广泛的数据采集，也可以降低机器人自身的运算负荷，利用来自其他智慧城市的基础设施信息（Beigi et al.，2017）及多元异构互联网提供商的开放数据（Ermacora et al.，2016），有效拓展机器人的能力。如机器人移动过程可以使用来自智能交通信号灯的数据来优化路线，管理者也可以根据机器人监测人群活动的数据对不同区域采取不同安保措施。具体而言，分布式城市机器人可实时收集交通、行人、气候和污染的数据，以支持停车位分配、街道清洁、公园管理、货物运输等工作（Abbasi et al.，2018；Roldán-Gómez et al.，2020）。在人员密集的公共场所内，城市机器人可不间断巡逻，采集视频数据，并与固定摄像头结合，支持特定人员追踪（Merino et al.，2012），统计特定场所人数（Beigi et al.，2017），向人群提供引导服务（Rahman et al.，2016）等，人们也可以使用智能设备发送求助信息等（Ermacora et al.，2016）。空中机器人是组成机器人物联网的主要形态类型（图9）。

3.3.6　智慧交通

机器人自身的灵活移动性可作为城市交通的补充，包括对人和货物的运输，以及作为智慧化交通调节手段减少交通拥堵，提高运输效率和安全性。目前机器人已广泛应用于货物的运输配送，如采用无人机运送货物以及药品等紧急物品（Lavaei and Atashgah，2017），使用地面轮式机器人运送食品外卖或快递等（Byun et al.，2010；Corno and Savaresi，2020；Silvestri et al.，2019；Valdez et al.，2021；Bakach et al.，2021）。已有许多机器人货运方面的商业实践，如"Starship"（Valdez et al.，2021）、"Kiwi"（While et al.，2021）等公司已将其部署于大学校园或部分城市道路。一般使用传统货车运输机器人和货物到中转站，后由城市机器人负责最后一公里的无人化交付（Bakach et al.，2021）。疫情期间，无接触要求下机器人配送发挥了极大作用，这是对市场、政府和志愿者主导下供给网络的有效补充，对弱势群体尤其重要（Valdez et al.，2021）。除货物配送外，城市机器人还可通过与交通设施交互，采集交通流量信息，引导行人安全通过路口（Shut and Kasyanik，2013）等。此类城市机器人多使用街道空间中的人行道空间，并需要与人类进行接触类的亲密互动。

3.4 城市机器人应用产生的争论

尽管机器人应用于城市各领域并被认为可以解决诸多城市问题，仍有很多学者对其持怀疑态度。结合关注城市机器人应用产生影响的22篇文章（图6），本文将目前存在的主要争论总结为两方面：

一方面，城市机器人与人的关系存在争议。第一，其广泛应用可能反而会加剧不平等现象。智能机器人可能变为财富集中者的新玩具，进而占用更多的城市空间并区别化地提供城市服务（Loke，2019）。而对弱势群体来说，其使用在线资源的能力较差，更难以获得自动化服务（Valdez et al.，2021）。第二，在伦理道德方面，城市机器人在采集人群信息时面临可能侵犯数据所有权、隐私权等诸多问题（Sanfeliu et al.，2010；Sindi et al.，2018）。第三，在人与城市机器人共享城市空间的过程中，机器人的被接受程度仍较低，人也许并不希望与机器人沟通或为其提供方便，甚至可能会无意识产生"欺凌"行为，如对其打击或阻挡等，进而为机器人在城市环境中大量部署造成困难（Salvini et al.，2010）。

另一方面，城市机器人的应用缺乏法律法规支持。城市机器人虽具有自主能动性却仍属于财产物品，对人和物品造成损害的责任存在缺失（Salvini et al.，2010）。同时，其对城市空间的占用普遍缺少法规支持：我国仅部分区域颁发管理办法，如北京市高级别自动驾驶示范区发布《无人配送车管理实施细则》试行版；意大利不允许自主移动机器人在公共道路上行驶（Salvini et al.，2010）；美国仅部分州允许机器人在人行道上进行运营（While et al.，2021）。

4 城市机器人应用下城市的空间应对

城市机器人作为空间实体将占据物理空间，与人互动方式决定了其与人群的空间划分，而其数字属性将影响智慧城市建设的数字基础设施底座。在历次技术变革中，汽车、电梯等技术已经对人们的生活方式和城市形态结构产生了颠覆性改变，而当下，城市机器人的广泛应用已势不可挡，城市空间可能会被再次重塑。

纳根堡（Nagenborg，2020）提出疑问："我们应该为机器人建造城市，还是为城市建造机器人？"答案可能并非是单一选项。机器人已不断地在外观、技术等层面迭代更新以适应城市环境（Förster et al.，2011），同时机器人服务将会切实提高居民生活的便捷指数且将影响城市空间，双向的适应与应对也许是最终的答案。城市空间可以一定程度上解决其面临的空间问题，同时也需要对其行为作出一定限制，以规避技术应用的负面影响。建筑师和规划师在解决城市机器人应用产生的空间问题中将扮演重要的角色（Nagenborg，2020）。

本文基于样本文献特征分析总结出城市机器人在应用过程中面临的空间问题，并尝试提出空间应对策略。由于目前对于城市空间应对的研究文献较缺乏，本文进一步以"机器人"和"空间"等为关键词补充查找了相关落地实践或未来城市空间构想案例，以支撑应对策略的提出。

4.1　城市机器人应用面临的空间问题

通过上文对城市机器人的特征分析，可以发现其将工作场景转换至城市环境面临诸多不适应（图 10）。物理空间层面，城市环境相对一般户外环境具有更细碎复杂的障碍，包括路缘、楼梯、管道和电线等（Pratt et al.，2002），这对多为轮式形态的城市机器人并不友好。同时，城市机器人活动的空间缺乏结构和规则，加剧了其行动的困难（Sabatini et al.，2018），并易造成城市空间的混乱。社会层面，目前城市机器人的主要活动空间为街道空间和低空空域，这不仅可能"侵犯"市民的空间权利，也在二者活动交叉时带来安全隐患。而数字层面，多数城市机器人在工作时并不进行数据共享，可能导致异构机器人在同一空间工作时存在空间冲突，并降低其工作效率。同时，城市环境是高度动态且信息量巨大的，这些不确定性（如突然出现的车辆、人群）会给单个城市机器人带来巨大的计算压力（Tiddi et al.，2020）。

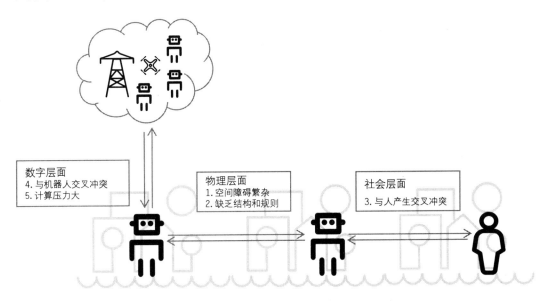

图 10　城市机器人面临的空间问题

4.2　城市空间应对策略

针对上述城市机器人应用面临的空间问题，本文提出营造无障碍专用空间及完善公共空间治理规则策略以解决物理和社会层面问题，配套新型智慧基础设施策略以解决数字层面问题，设置优先试验区域以支持城市机器人应用的空间过渡（图 11）。

4.2.1　营造无障碍专用空间

针对城市机器人面临的障碍过多、结构不清、与人交叉冲突的问题，可结合既有空间为机器人创造利于其移动的无障碍空间，并将其视为城市基础设施中的一环，具体包括地下空间、垂直设施空间和地面空间。

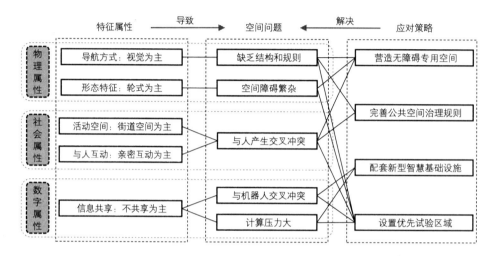

图 11　城市机器人特征属性、面临的空间问题及城市空间应对策略间的关系

城市地下空间开发是目前城市建设的热点，也是提高土地利用效率的有效措施，同时地下空间具有相对隔离、对建成环境影响较小的优势。城市机器人可进一步提高地下空间利用率并实现移动无障碍和导航简易化。瑞典 Cargo Sous Terrain 项目即在区域尺度建设地下系统利用机器人实现快速货运，地下空间将与现有物流中心形成新的枢纽（Cargo Sous Terrain，2017）（图 12）。智慧城市多伦多（Sidewalk Toronto）项目中地下隧道与社区内建筑连接，机器人可通过货运电梯到达各个楼层进行全时段货物配送及提供服务（Sidewalk Labs，2019）。实践层面，城市机器人地下空间可结合地铁空间、地下综合管廊空间（中国雄安，2020）等既有地下空间，进一步降低应用成本。

机器人在垂直空间的移动也可利用现有的垂直设施空间解决。韩国科技公司 Naver 在"世界第一座机器人友好大楼"（Robot-friendly Building）核心筒中设置专供机器人使用的电梯和走廊（Kim，2021），或依托建筑物墙体集成机器人坡道，保证机器人可以到达各层区域，并与人员路线分离（Archdaily，2021）（图 13）。

地面空间中人行道空间是目前城市机器人活动的主要空间，因此首先需对现状人行道情况进行提升，减少移动障碍，具体提升指标可参考科尔诺等（Corno and Savaresi，2020）对人行道"可行性指数"（Feasibility Index）的研究，包括提升人行道的宽度、减少穿过人行道的车道和人行道的数量以及人行道表面的坑洞数量。创造连续无高差宽阔平整的人行道空间也符合世界卫生组织对于"老龄友好城市"的要求（World Health Organization，2007）。其次，在道路结构上，可利用地面交通空间为机器人设置专用移动路线，如设置机器人、自行车共享车道或机器人专用道（Smart City Korea，2018）

（图 14），或在机器人与人的共享空间中布设高饱和色彩专属地标或线条等，便于其视觉导航。

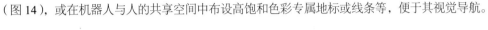
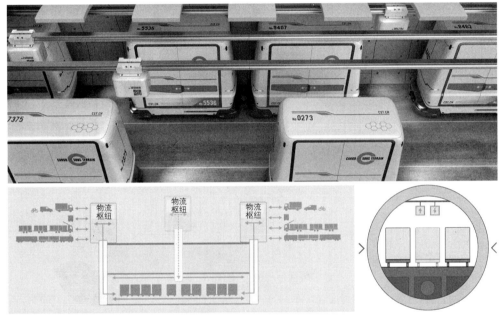

图 12　城市机器人利用地下空间示意：Cargo Sous Terrain

资料来源：Cargo Sous Terrain（2017）。

4.2.2　配套新型智慧基础设施

　　一方面，高频多变的城市环境要求机器人具备强大的计算能力，而基础设施智能数字网络的搭建能够满足机器人与城市环境之间高频巨量的数据交换的需求，使分布式城市机器人动态收集信息，并融合多源数据，最终确定最佳行动路线并执行任务。具体应保证交通信号灯、固定监控摄像头、出入口、电梯等各种城市设施均可与城市机器人进行通信，实现其在数字层面的行动便利。另一方面，城市机器人的数量和种类将随着技术发展与时间推移逐渐增长及丰富，运营阶段还将面临新旧机器人更替迭代的问题。这需要数字网络平台对其进行统一调度，加强不同运营商下机器人群体的工作协调与融合，确保共享空间的高效使用，并有助于异构多功能机器人聚集互补，共同完成一些临时且大型的工作，提升单个机器人利用效率和机器人系统的综合能力。许多项目配套了此类数字网络平台，如"釜山智慧城市"（Smart City Korea，2018）设置机器人控制中心，美国国家航空航天局（NASA）在硅谷构建无人机管制平台（Unmanned Aircraft Systems Traffic Management）（Blake，2021），用于实时监测运营的服务机器人的安全及运行状态等。

图 13 城市机器人利用垂直空间示意：Naver Robot-friendly Building

资料来源：Archdaily（2021）。

图 14 城市机器人利用地面空间示意：Smart City Korea

资料来源：Smart City Korea（2018）。

除去数字层面的基础设施提升，还需要新建实体基础设施用于机器人管理和使用，如作为室外机器人充电及提供服务场所的机器人服务站等，并有机会整合在既有城市设施中，如路灯、公交站台、长椅等智慧化街道家具。最终，城市机器人群体本身即为新型智慧基础设施的重要组成部分。

4.2.3 完善公共空间治理规则

城市机器人对公共空间的占据存在着"空间商业化、不平等"等隐患，其在公共空间提供服务或与人交互时，可能会对其他人群产生打扰和影响甚至排斥，从而影响该空间的公共属性。因此，除去对物理公共空间的再利用和再设计，在未来大量部署机器人时，公共空间的治理规则也亟须完善，包括规定不同公共空间的准入规则以及如何规范该空间内的行为。

在准入规则方面，结合托马森（Thomasen，2020）的研究，可根据机器人功能分类管理机器人在公共空间的应用：一般情况下，机器人进入公共空间不应优先于人类，以保证弱势群体的公共权利；对于有助于增强空间可达性和公共性的机器人应用（如引导老人和视障人士的机器人）以及人类难以到达的空间（如空域）可适当放松准入规则，并构建空间移动规则，减少人与机器人的交叉冲突。在行为规范方面，要求机器人在满足正确的设计功能行为时还需满足法规管辖行为，甚至良好的社会行为（如为行人让路、与人类进行必要沟通等）（Loke，2018）。

4.2.4 设置优先试验区域

机器人的大面积部署将面临诸多实践中的困难，而这些问题需要在真实城市环境中解决，因此可通过开辟试验区域的方式实现城市机器人应用的空间过渡。在城市建成区内，优先考虑半控制半监管区域，如大学校园（加州大学伯克利分校的 Kiwi 食品配送机器人）、企业园区（Intuit 园区 Starship 配送机器人）、特殊用途区（东京奥运会园区内提供各类机器人服务）（While et al.，2021）等。此外，新城与郊区的物理空间组成较为简单，也有潜力成为机器人试验区，如加州的郊区城市山景城（Mountain View）、雷德伍德城（Redwood city）以及英国新城米尔顿·凯恩斯（Milton Keynes）均开始进行城市机器人试验。这些区域内以汽车为主的基础设施较为简化，人行道更宽，行人更少，有利于降低机器人的部署难度（Valdez et al.，2021）。

5　总结与讨论

本文构建了基于描述城市机器人工作流程的特征分析框架，并详细介绍了其在六个应用领域的应用现状，得出目前城市机器人主要在街道空间进行活动，以轮式形态为主，多需要与人类接触互动，且具有数据共享趋势的特征结论。在此属性特征基础上总结城市机器人在城市空间中应用时面临的问题，包括：障碍繁杂，缺乏空间移动的结构和规则，与人和机器人易产生交叉冲突，计算压力大。技术与城市空间的适应是双向的，随着机器人进入城市领域，其完成任务所需的空间也将不断依据城市的需求而变化，需要我们解决其空间问题也同时对其行为作出一定的限制。针对上述问题，结合落地实践或未来城市空间构想案例，本文提出城市空间应对的四个策略：营造无障碍专用空间，配套新型智慧基础设施，完善公共空间治理规则，设置优先试验区域。

然而，城市空间正在被各类颠覆性技术和人们的生活方式重塑，机器人技术仅是其中一种，其发展速度和对空间的影响程度也尚未可知。同时，本文对不同领域机器人的空间影响同样缺乏更细致的分类探讨，针对其工作流程中各项具体技术所产生的空间影响和空间需求考虑有限。机器人应用对城市空间的影响路径还包括对人们生产生活方式的重塑，也有待后续研究深入地推演分析。

机器人技术已成为未来城市智慧化发展中的重要部分，城市自动化的趋势已势不可挡。规划人员应该超前认识到这些技术对于城市空间可能的影响以及给规划带来的挑战，理解、拥抱并利用新的技术和机遇，提升和丰富城市生活，最终营造高品质人居环境。

参考文献

[1] ABBASI M H, MAJIDI B, MANZURI M T. Deep cross altitude visual interpretation for service robotic agents in smart city[C]//2018 6th Iranian Joint Congress on Fuzzy and Intelligent Systems (CFIS). IEEE, 2018: 79-82.

[2] BAKACH I, CAMPBELL A M, EHMKE J F. A two-tier urban delivery network with robot-based deliveries[J]. Networks, 2021, 78(4): 461-483.

[3] BARDARO G, DAGA E, CARVALHO J, et al. Introducing a smart city component in a robotic competition: a field report[J]. Frontiers in Robotics and AI, 2022: 24.

[4] BEIGI N K, PARTOV B, FAROKHI S. Real-time cloud robotics in practical smart city applications[C]//2017 IEEE 28th Annual International Symposium on Personal, Indoor, and Mobile Radio Communications (PIMRC). IEEE, 2017: 1-5.

[5] BILORIA N, DRITSA D. Social robotics and human computer interaction for promoting wellbeing in the contemporary city[C]//International Conference on Human-Computer Interaction. Springer, Cham, 2018: 110-124.

[6] BLAKE T. What is unmanned aircraft systems traffic management? [EB/OL]. (2021-05-28)[2022-08-01]. https://www.nasa.gov/ames/utm.

[7] BRUNO D R, DE ASSIS M H, OSÓRIO F S. Development of a mobile robot: robotic guide dog for aid of visual disabilities in urban environments[C]//2019 Latin American Robotics Symposium (LARS), 2019 Brazilian Symposium on Robotics (SBR) and 2019 Workshop on Robotics in Education (WRE). IEEE, 2019: 104-108.

[8] BYUN J, KIM S H, ROH M C, et al. Autonomous navigation of transport robot in the urban environment[C]//2010 15th International Conference on Methods and Models in Automation and Robotics. IEEE, 2010: 76-81.

[9] CALP M H, BUTUNER R, KOSE U, et al. IoHT-based deep learning controlled robot vehicle for paralyzed patients of smart cities[J]. The Journal of Supercomputing, 2022: 1-36.

[10] CAPI G, KITANI M, UEKI K. Guide robot intelligent navigation in urban environments[J]. Advanced Robotics, 2014, 28(15): 1043-1053.

[11] CARGO SOUS TERRAIN. What is CST?[EB/OL]. (2017-03-01) [2022-08-01]. https://www.cst.ch/en/what-is-cst/.

[12] CHOE Y, CHUNG M J. System and software architecture for autonomous surveillance robots in urban

environments[C]//2012 9th International Conference on Ubiquitous Robots and Ambient Intelligence (URAI). IEEE, 2012: 535-536.

[13] CITY OF NEW YORK. PlaNYC: a greener, greater New York[J]. City of New York, 2007.

[14] CORNO M, SAVARESI S. Measuring urban sidewalk practicability: a sidewalk robot feasibility index[J]. IFAC-PapersOnLine, 2020, 53(2): 15053-15058.

[15] DISSANAYAKE G, PAXMAN J, MIRO J V, et al. Robotics for urban search and rescue[C]//First International Conference on Industrial and Information Systems. IEEE, 2006: 294-298.

[16] ERGIN E, AFONSO A G, SCHIECK A F G, et al. Welcoming the orange collars: robotic performance in everyday city life[C]//Proceedings of the 7th ACM International Symposium on Pervasive Displays. 2018: 1-7.

[17] ERMACORA G, TOMA A, ANTONINI R, et al. Leveraging open data for supporting a cloud robotics service in a smart city environment[M]//Intelligent Autonomous Systems 13. Springer, Cham, 2016: 527-538.

[18] FILHO J F B, SIEBERT L C, MARIANI V C, et al. A conceptual model of a stereo vision system to aid a teleoperated robot in pruning vegetation close to overhead urban power lines[C]//2018 International Symposium on Power Electronics, Electrical Drives, Automation and Motion (SPEEDAM). IEEE, 2018: 1119-1124.

[19] FLECKENSTEIN J, MOLTER P L, CHOKHACHIAN A, et al. Climate-resilient robotic facades: architectural strategies to improve thermal comfort in outdoor urban environments using robotic assembly front[J]. Built Environment, 2022, 8: 856-871.

[20] FÖRSTER F, WEISS A, TSCHELIGI M. Anthropomorphic design for an interactive urban robot—the right design approach?[C]//2011 6th ACM/IEEE International Conference on Human-Robot Interaction (HRI). IEEE, 2011: 137-138.

[21] GEORGIEV A, ALLEN P K. Vision for mobile robot localization in urban environments[C]//IEEE/RSJ International Conference on Intelligent Robots and Systems. IEEE, 2002, 1: 472-477.

[22] GODDARD M A, DAVIES Z G, GUENAT S, et al. A global horizon scan of the future impacts of robotics and autonomous systems on urban ecosystems [J]. Nature Ecology & Evolution, 2021, 5(2): 219-230.

[23] GOLUBCHIKOV O, THORNBUSH M. Artificial intelligence and robotics in smart city strategies and planned smart development[J]. Smart Cities, 2020, 3(4): 1133-1144.

[24] GRAU A, BOLEA Y, PUIG-PEY A, et al. Robotic solutions for sewage systems in coastal urban environments[C]//OCEANS 2017-Aberdeen. IEEE, 2017: 1-5.

[25] GRAU A, BOLEA Y, PUIG-PEY A, et al. Sustainable robotics solutions in smart cities. The challenge of the ECHORD++ project[C]//2018 IEEE 23rd International Conference on Emerging Technologies and Factory Automation (ETFA). IEEE, 2018, 1: 1291-1296.

[26] GRAVALOS I, AVGOUSTI A, GIALAMAS T, et al. A robotic irrigation system for urban gardening and agriculture[J]. Journal of Agricultural Engineering, 2019, 50(4): 198-207.

[27] GREAT LONDON AUTHORITY. Smarter London together[A]. London, UK, 2018.

[28] GRIGORESCU S D, ARGATU F C, PATURCA S V, et al. Robotic platform with medical applications in the smart city environment[C]//2019 11th International Symposium on Advanced Topics in Electrical Engineering (ATEE).

IEEE, 2019: 1-6.

[29] HASHIMOTO N, TOMITA K, KAMIMURA A, et al. Technology evaluations of personal mobility vehicles in Tsukuba-city mobility robot designated zone—an experimental approach for personal mobility for sharing[C]// 2014 International Conference on Connected Vehicles and Expo (ICCVE). IEEE, 2014: 773-774.

[30] HAYASHI K, SHIOMI M, KANDA T, et al. Are robots appropriate for troublesome and communicative tasks in a city environment?[J]. IEEE Transactions on Autonomous Mental Development, 2011, 4(2): 150-160.

[31] HE X, BOURNE J R, STEINER J A, et al. Autonomous chemical-sensing aerial robot for urban/suburban environmental monitoring[J]. IEEE Systems Journal, 2019, 13(3): 3524-3535.

[32] HOGGENMUELLER M, HESPANHOL L. Woodie, an urban robot for embodied hybrid placemaking[C]// Proceedings of the Fourteenth International Conference on Tangible, Embedded, and Embodied Interaction. 2020: 617-624.

[33] HOGGENMUELLER M, HESPANHOL L, WIETHOFF A, et al. Self-moving robots and pulverized urban displays: newcomers in the pervasive display taxonomy[C]//Proceedings of the 8th ACM International Symposium on Pervasive Displays. 2019: 1-8.

[34] HÜTTENRAUCH H, EKLUNDH K S, GREEN A, et al. Investigating spatial relationships in human-robot interaction[C]//2006 IEEE/RSJ International Conference on Intelligent Robots and Systems. IEEE, 2006: 5052-5059.

[35] KAPITONOV A, LONSHAKOV S, BERMAN I, et al. Robotic services for new paradigm smart cities based on decentralized technologies[J]. Ledger, 2019. DOI: 10.5195/ledger.2019.177.

[36] KIM J. Naver says it's constructing world's first robot-friendly building [EB/OL]. (2021-07-05)[2022-08-01]. https://www.kedglobal.com/artificial-intelligence/newsView/ked202107050013.

[37] KIM M S, CHA B K, PARK D M, et al. Dona: urban donation motivating robot[C]//2010 5th ACM/IEEE International Conference on Human-Robot Interaction (HRI). IEEE, 2010: 159-160.

[38] LE N T, NGO T Q. Proposal of a sewerage cleaning robot to collect garbage applying for Ho Chi Minh City[C]//2019 IEEE/SICE International Symposium on System Integration (SII). IEEE, 2019: 216-221.

[39] LAVAEI A, ATASHGAH M A. Optimal 3D trajectory generation in delivering missions under urban constraints for a flying robot[J]. Intelligent Service Robotics, 2017, 10(3): 241-256.

[40] LEONG W L, MARTINEL N, HUANG S, et al. An intelligent auto-organizing aerial robotic sensor network system for urban surveillance[J]. Journal of Intelligent & Robotic Systems, 2021, 102(2): 1-22.

[41] LIU Y, ZHANG W, PAN S, et al. Analyzing the robotic behavior in a smart city with deep enforcement and imitation learning using IoRT[J]. Computer Communications, 2020, 150: 346-356.

[42] LIU Z Z, WANG Y J, LU T F. Odor source localization using multiple robots in complicated city-like environments[C]//Advanced Materials Research. Trans Tech Publications Ltd, 2011, 291: 3337-3344.

[43] LOKE S W. Are we ready for the internet of robotic things in public spaces?[C]//Proceedings of the 2018 ACM International Joint Conference and 2018 International Symposium on Pervasive and Ubiquitous Computing and Wearable Computers. 2018: 891-900.

[44] LOKE S W. Towards robotic things in society[J]. arXiv e-prints, 2019: arXiv: 1910.10253.

[45] MACRORIE R, MARVIN S, WHILE A. Robotics and automation in the city: a research agenda[J]. Urban Geography, 2021, 42(2): 197-217.

[46] MANYIKA J, CHUI M, BUGHIN J, et al. Disruptive technologies: advances that will transform life, business, and the global economy[M]. San Francisco, CA: McKinsey Global Institute, 2013.

[47] MERINO L, GILBERT A, CAPITAN J, et al. Data fusion in ubiquitous networked robot systems for urban services [J]. Annals of Telecommunications, 2012, 67(7-8): 355-375.

[48] MESSINA E R, JACOFF A S. Measuring the performance of urban search and rescue robots[C]//2007 IEEE Conference on Technologies for Homeland Security. IEEE, 2007: 28-33.

[49] NAGENBORG M. Urban robotics and responsible urban innovation[J]. Ethics and Information Technology, 2020, 22(4): 345-355.

[50] PRATT S S, ALIBOZEK F, FROST T, et al. Applications of tactical mobile robot technology to urban search and rescue: lessons learned at the World Trade Center Disaster[C]//Unmanned Ground Vehicle Technology IV. SPIE, 2002, 4715: 13-20.

[51] PUIG-PEY A, BOLEA Y, GRAU A, et al. Public entities driven robotic innovation in urban areas [J]. Robotics and Autonomous Systems, 2017, 92: 162-172.

[52] RAHMAN A, JIN J, CRICENTI A, et al. A cloud robotics framework of optimal task offloading for smart city applications[C]//2016 IEEE Global Communications Conference (GLOBECOM). IEEE, 2016: 1-7.

[53] RIVERA R, AMORIM M, REIS J. Robotic services in smart cities: an exploratory literature review[C]//2020 15th Iberian Conference on Information Systems and Technologies (CISTI). IEEE, 2020: 1-7.

[54] ROLDÁN-GÓMEZ J J, GARCIA-AUNON P, MAZARIEGOS P, et al. Swarm City project: monitoring traffic, pedestrians, climate, and pollution with an aerial robotic swarm[J]. Personal and Ubiquitous Computing, 2020, 26(4): 1-17.

[55] SABATINI S, CORNO M, FIORENTI S, et al. Vision-based pole-like obstacle detection and localization for urban mobile robots[C]//2018 IEEE Intelligent Vehicles Symposium (IV). IEEE, 2018: 1209-1214.

[56] SABOORI P, MORRIS W, XIAO J, et al. Aerodynamic analysis of city-climber robots[C]//2007 IEEE International Conference on Robotics and Biomimetics (ROBIO). IEEE, 2007: 1855-1860.

[57] SALVINI P, TETI G, SPADONI E, et al. An investigation on legal regulations for robot deployment in urban areas: a focus on Italian law [J]. Advanced Robotics, 2010, 24(13): 1901-1917.

[58] SANFELIU A, LLÁCER M R, GRAMUNT M D, et al. Influence of the privacy issue in the deployment and design of networking robots in European urban areas[J]. Advanced Robotics, 2010, 24(13): 1873-1899.

[59] SATO-SHIMOKAWARA E, FUKUSATO Y, NAKAZATO J, et al. Context-dependent human-robot interaction using indicating motion via virtual-city interface[C]//2008 IEEE International Conference on Fuzzy Systems (IEEE World Congress on Computational Intelligence). IEEE, 2008: 1922-1927.

[60] SCHOLTZ J. Theory and evaluation of human robot interactions[C]//36th annual Hawaii International Conference on System Sciences, 2003. Proceedings of the IEEE, 2003: 10.

[61] SHUT V, KASYANIK V. Mobile autonomous robots—a new type of city public transport[J]. Transport and Telecommunication, 2013, 14(1): 39-44.

[62] SIDEWALK LABS. Toronto tomorrow: a new approach for inclusive growth[R]. Toronto: Sidewalk Labs, 2019.

[63] SILVESTRI P, ZOPPI M, MOLFINO R. Dynamic investigation on a new robotized vehicle for urban freight transport[J]. Simulation Modelling Practice and Theory, 2019, 96: 101938.

[64] SINDI Y H O, ASCENCIO R L, EMES M. Towards ethics in robotic cities[C]//2018 IEEE Global Conference on Internet of Things (GCIoT). IEEE, 2018: 1-7.

[65] SMART CITY KOREA. Busan Eco Delta Smart City[EB/OL]. (2018-12-26)[2022-08-01]. https://smartcity.go. kr/%ED%94%84%EB%A1%9C%EC%A0%9D%ED%8A%B8/%EA%B5%AD%EA%B0%80%EC%8B%9C%EB%B 2%94%EB%8F%84%EC%8B%9C/%EB%B6%80%EC%82%B0-%EC%97%90%EC%BD%94%EB%8D%B8%ED %83%80-%EC%8A%A4%EB%A7%88%ED%8A%B8%EC%8B%9C%ED%8B%B0/.

[66] TAY T T, LOW R, LOKE H J, et al. Uncanny valley: a preliminary study on the acceptance of Malaysian urban and rural population toward different types of robotic faces[C]//IOP Conference Series: Materials Science and Engineering. IOP Publishing, 2018, 344(1): 012012.

[67] THOMASEN K. Robots, regulation, and the changing nature of public space[J]. Ottawa Law Review, 2020, 51(2): 275.

[68] TIDDI I, BASTIANELLI E, DAGA E, et al. Robot-city interaction: Mapping the research landscape—a survey of the interactions between robots and modern cities[J]. International Journal of Social Robotics, 2020, 12(2): 299-324.

[69] TOYOTA. TOYOTA woven city [EB/OL]. (2020-01-09)[2022-08-01]. https://www.woven-city.global/.

[70] VALDEZ M, COOK M, POTTER S. Humans and robots coping with crisis—starship, COVID-19 and urban robotics in an unpredictable world[C]//2021 IEEE International Conference on Systems, Man, and Cybernetics (SMC). IEEE, 2021: 2596-2601.

[71] WEI Y, KOU X, LEE M C. Smart rope and vision based guide-dog robot system for the visually impaired self-walking in urban system[C]//2013 IEEE/ASME International Conference on Advanced Intelligent Mechatronics. IEEE, 2013: 698-703.

[72] WHILE A H, MARVIN S, KOVACIC M. Urban robotic experimentation: San Francisco, Tokyo and Dubai[J]. Urban Studies, 2021, 58(4): 769-786.

[73] WORLD HEALTH ORGANIZATION. Global age-friendly cities: a guide[M]. World Health Organization, 2007.

[74] WILLMANN J, GRAMAZIO F, KOHLER M. If robots conquer airspace: the architecture of the vertical city[J]. Future City Architecture for Optimal Living, 2015, 102: 1.

[75] YOKOZUKA M, SUZUKI Y, HASHIMOTO N, et al. Robotic wheelchair with autonomous traveling capability for transportation assistance in an urban environment[C]//2012 IEEE/RSJ International Conference on Intelligent Robots and Systems. IEEE, 2012: 2234-2241.

[76] ArchDaily. "特斯联科技集团人工智能城市先行区 AI PARK/行之建筑设计工作室" [EB/OL]. (2021-12-16) [2022-08-01]. https://www.archdaily.cn/cn/973635/te-si-lian-ke-ji-ji-tuan-ren-gong- zhi-neng-cheng-shi-xian-xing-qu-ai-park-xing-zhi-jian-zhu-she-ji-gong-zuo-shi.

[77] 工信部. "十四五"机器人产业发展规划[EB/OL]. (2021-12-21)[2022-08-01]. http://www.gov.cn/zhengce/ zhengceku/2021-12/28/content_5664988. htm.

[78]吴伟. 城市公共空间公共性及相关设计策略研究[D]. 重庆: 重庆大学, 2012.

[77]徐一平, 董怀文. 服务机器人能为智慧城市做什么? [J]. 大数据时代, 2021(7): 6-1.

[80]中国雄安. 地下管廊, 未来之城"大动脉"——"地下雄安"建设探访(二)[EB/OL]. (2020-11-10)[2022-08-01]. http://www.xiongan.gov.cn/2020-11/10/c_1210880046. htm.

[81]周利敏, 钟海欣. 社会 5.0, 超智能社会及未来图景[J]. 社会科学研究, 2019(6): 1-9.

[欢迎引用]

梁佳宁, 龙瀛. 城市机器人的应用与空间应对研究综述[J]. 城市与区域规划研究, 2023, 15(1): 47-71.

LIANG J N LONG Y. Review of studies on robot application in urban space and its response[J]. Journal of Urban and Regional Planning, 2023, 15(1): 47-71.

适应自动驾驶技术演进的城市空间策略研究

王　鹏　徐蜀辰　苏奎峰

Research on Urban Spatial Strategies Adapting to the Evolution of Autonomous Driving Technology

WANG Peng[1], XU Shuchen[2], SU Kuifeng[3]
(1. School of Architecture, Tsinghua University, Beijing 100084, China; 2. Tongji Architectural Design (Group) Co., Ltd., Shanghai 200000, China; 3. The Department of Digital Twin Product, Tencent, Beijing 100101, China)

Abstract Autonomous vehicle may become an important catalyst for the transformation of cities and urban space. Starting from the possible changes of urban space brought about by autonomous driving, this paper discusses the internal space and space use logic of vehicles, the information catalyst of urban space, the vehicle energy storage network, the change of urban physical space and the change of community space and behavior. On this basis, this paper suggests that the key issue of autonomous driving in the urban context may not be a technical one; instead, it is an issue of urban planning. This paper discusses the feasible strategies and directions of urban space reform under the background of autonomous driving from such dimensions as "point, line, plane, flow and strategy", and elaborates the specific design and practice of our team in the Tencent WeCityX project. Autonomous driving will promote the reform of urban space, and urban planning in turn will promote the landing of autonomous driving.
Keywords autonomous vehicle; autonomous driving; urban design; urban planning; spatial transformation

作者简介

王鹏，清华大学建筑学院；

徐蜀辰，同济大学建筑设计研究院（集团）有限公司；

苏奎峰，腾讯数字孪生产品部。

摘　要　自动驾驶汽车有可能成为城市和城市空间转型的重要催化剂。文章从自动驾驶对城市空间的可能改变着手，探讨了载具的内部空间和空间使用逻辑、城市空间的信息触媒、车辆储能网络、城市物理空间的改变以及社区空间和行为的改变。在此基础上，提出自动驾驶在城市背景下的关键问题可能不是技术问题，而是城市规划的议题。文章从点—线—面—流—策五个维度，探讨了自动驾驶背景下城市空间变革的可行策略和方向，并阐述了笔者团队在WeCityX项目中进行的具体设计和实践。自动驾驶将促进城市空间变革，城市规划又会推进自动驾驶落地。

关键词　自动驾驶汽车；自动驾驶；城市设计；城市规划；空间变革

1　引言

近年来，自动驾驶汽车（以下简称"AVs"）已经开始在中国的开放道路上进行测试和使用，甚至在个别区域实现"主驾无人、副驾有人"方式上路，并已经批准部分"前排无人，后排有人"阶段测试（曹政，2022）。

但是，自动驾驶在安全性、监管和商业模式方面面临重重挑战，需要极大地提升现有自动驾驶汽车的感知和决策控制能力。而技术之外，与自动驾驶有关的法律法规、城市基础设施和交通问题也同样是其进一步普及的重要议题（洪伟权等，2021）。

可以类比勒·柯布西耶在《明日之城市》（*The City of Tomorrow and Its Planning*）中认为的，"汽车可能颠覆所有有关城市规划的旧观念"（Cars would overturn "all our old ideas of town planning"）。虽然当下整个 AVs 行业都聚焦于单车智能与车路协同的技术发展，但由于"自动+人工"混合驾驶状态将长期存在于城市道路交通系统中（Montanaro et al.，2019），漫长的演变过程会经历三个阶段：人工驾驶阶段、交通结构转型阶段、自动驾驶为主阶段（裴玉龙等，2021）。不同阶段城市规划与管理将面临不同的问题，所以，城市规划行业专家们已经意识到汽车向自动驾驶演进的关键问题可能不只是技术问题，也是城市规划与空间的动态变革和响应。这不仅涉及具体空间、功能的使用，也涉及自动驾驶如何在城市空间中平稳过渡的方案。

王维礼等（2018）基于无人驾驶规模化前景的预测研究，从微观层面探究未来城市街道空间的布局方式，如街道尺度、行人过街方式及街道公共空间设计等。徐小东（2020）等认为，AVs 带来的超级流动性会从根本上改变城市交通模式，可能重构城市空间结构、街道空间和社区生活方式，改变绿色廊道、停车空间和街道断面等设施的设计。徐晓峰和马丁（2021）以中国（上海）自由贸易试验区临港新片区规划为例，提出无人驾驶主导的城市模型以及适用无人驾驶的全新道路网体系。张望（2017）认为以无人驾驶技术为核心的智能交通技术发展将会给城市空间发展带来变革，包括城市道路和社区空间建设上。张森和郭亮（2021）分析了无人驾驶技术发展会对城市交通工具拥有量、出行交通特征及出行交通结构产生重要影响，继而导致道路设施系统、步行和非机动车系统、公交设施系统及停车设施系统需求的变化，并将体现在城市职住时空平衡性提高、空间活力点的分散化、公共空间需求增加和空间布局形态变化等方面。

现有自动驾驶与城市空间的关系研究主要聚焦于城市空间和街道空间的规划，或城市道路系统的变革，而较为综合、全面阐述城市各尺度空间响应以及城市各系统的联动变化的研究较少，尤其是真正具备可落地实施的综合性实践更为罕见。

2 自动驾驶对城市空间的可能改变

2.1 载具的内部空间及其使用逻辑

随着自动驾驶技术的演进，车辆载具内部的空间逻辑也产生了变化。现有的自动驾驶技术方案已经催生了大量车辆内部空间的变革。车辆内部不再只有传统 2+3 的座位布局，而成为可以灵活配置的空间场域。除了交通功能，AVs 也可能成为城市系统中动态的公共空间，为市民提供会议、聚会、社交等功能空间。国内 PIXmoving、UPower 等创业公司都提出了基于滑板底盘可灵活定制车体的 AVs 方案，丰田和 PIXmoving 还提出了利用自动驾驶车辆塑造灵活可变城市空间的具体方案。

虽然未来的 AVs 形态尚很难预测，但当前汽车的一般形态对于实现 AVs 重塑我们的生活方式和城市设计的全部潜力是一个制约因素。而 AVs 的变化可能为车辆设计甚至城市和建筑设计开辟新的思路。

2.2　城市空间的信息触媒

与依靠人类感官感知环境的传统车辆不同，AVs 逐步具备了精确感官与运算、判断决策能力。激光扫描、物体检测、毫米波雷达和计算机视觉技术使 AVs 能够测量相对距离，躲避障碍物，并保持在既定路线上。尽管学者依然在争论，在雨雪、紧急避险等极端情况下，AVs 是否能够达到与人类驾驶行为同等的驾驶表现和应急处理能力（Cord and Gimonet，2014）。但依然有较多学者认为，AVs 是一种"有知觉"的平台，结合感知和通信技术，通过请求和获取其他汽车及静态道路基础设施信息，通过三维点云、雷达和视觉数据实现对行人、车辆、物理实体的感知与识别，这些能力增强了 AVs 对空间与环境的理解（Kumar et al.，2012）。

AVs 在未来将能够感知周围的环境，并与其他车辆、移动设备和基础设施进行沟通与数据交互，以便更好地在城市环境中进行无人驾驶运转。正如马萨罗（Massaro）等人所证明的，通过收集 900 个车内汽车控制器区域网络（CAN）的数据，人们可以了解司机的行为和来自 AVs 周边环境的时空数据（Massaro et al.，2016）。这种感知能力也将成为城市物理空间与数字空间之间的重要纽带，是实现数字孪生城市的重要手段（王鹏、付佳明，2022）。

2.3　车辆储能网络

AVs 自身携带了大容量的电池，可存储大量电能，这使其有可能成为城市储能网络的一部分，实现车辆与能源系统的互动（V2G），从而充分利用风力发电、光伏发电等原本不易储存的可再生能源。江亿院士提出的"光储直柔"系统中，车载电池双向充放电是重要的环节（江亿，2021），而 AVs 使得这种储能能力还同时具备了能量时间—空间转移腾挪的能力，可以同时在时间上和空间上调控城市能源。

尽管目前多数新能源汽车尚不具备与电网系统实现双向充电的功能，电动汽车与电网的融合也还没有统一的技术标准，用户的经济效益也还不是十分明确，与自动驾驶的融合的讨论更少。但长期来看，"新能源 + 自动驾驶 + 储能"的模式仍有较大探索空间，尤其在根据城市用电需求主动进行充放电时空统筹方面（胡泽春等，2022）。

2.4　城市物理空间的改变

汤森（Townsend，2012）、拉蒂和比德曼（Ratti and Biderman，2017）等学者认为，AVs 在汽车共享项目中越来越多的使用也改变了汽车用户的习惯和城市空间的使用逻辑。在前人研究的基础上，我们有理由相信，无人车的逐渐转换和替代，也将会改变城市空间的规划逻辑、规划指标、空间逻辑和空间布局及尺度。

现代城市对自动驾驶车辆和机器人还并不友好。以目前主流的自动驾驶技术水平，依靠多传感器协同与深度学习技术，其实可以基本上解决常规道路条件下的绝大多数问题，在低速、封闭道路、非载人场景下已经有了非常好的表现。然而，技术全面普及应用需要的是近乎绝对的安全性。只要与人类驾驶汽车和行人混行，各种极小概率的突发事件和人类行为的不确定性，使自动驾驶车辆几乎不可能基于现有道路系统，通过混行演进到完全取代传统车辆的状态（徐晓峰、马丁，2021）。因此，专用车道成为自动驾驶应用早期重要的规划方式（秦波等，2019），由于行驶精确性的提高，车道也可以容纳更多的车辆（Shladover，2012）。

车路协同（V2X）技术思想的出现，通过对道路基础设施的数字化改造，实现对整体路网和车辆态势更全面的感知与群控，实现比单车智能更高的安全性和整体效率，然而还是无法根本解决混行的安全问题。因此，沃特金斯（Watkins）提出了以公交、步行和自行车为基础，辅以无人驾驶的未来交通系统，并基于此逐步扩展（Watkins，2018）。除了路网结构以外，从用地结构到道路断面形式，也都需要重新考虑。具体包括：停车场等车用设施转变为公共空间（王维礼等，2018），将精准驾驶释放的车道空间转为植物为主的透水空间（罗亚丹，2019），通过设施改造创造"人车混合街道"（徐小东等，2020）等。

多伦多滨水区是 Sidewalk Labs 公司 2017 年开始在多伦多进行的一项未来城市实践，已于 2020年 5 月宣布中止。在其规划方案中，提出了行人优先通行的道路，在原则上禁止除 AVs 以外的车辆。另外，他们认为只要将最高时速限制在能确保行人和自行车安全的水平上后，AVs 则能在任何地方畅通无阻。而丰田 Woven City 的方案将道路分为互不影响的三种，来实现更安全的、行人友好型的人车关系，三种交叉的道路形成的交通网络以及对应的街区是 Woven City 的基本单元。首先是为快速自动驾驶车辆优化过的自动驾驶道路；其次是休闲小道，供自行车、滑板车以及其他个人出行工具使用，包括丰田的 i-Walk，其中街道共享可供居民步行；最后是线性公园，供居民完全步行其中享受自然。这三种街道类型交织在一起，形成新的道路网格模式，以加速自动驾驶的测试和应用进程。

2.5 社区空间与行为的改变

AVs 是交通方式的一次"革命性"飞跃，将再次引发人们生活方式与居住模式的转变，并最终影响到城市社区的持续发展。按照现有出行方式和价值判断，一般离中心区耗时越短，越易到达，社区住宅的价格就越高，但 AVs 带来"点到点"的快捷服务，对现有公共交通体系和社区价格形成会构成挑战与改变。AVs 低成本、易于出行的特征使得使用者对公共交通的需求变得不再像以前那样关切，传统概念中邻近交通枢纽而获得的区位优势将不再体现在房价的明显优势上，从而推动城市结构的分散化（Orfeuil et al.，2018）。此外，AVs 提供的无缝衔接服务，可能会对社区居民的健康产生负面影响：技术过于便利会导致人们减少或放弃步行、骑自行车出行或其他绿色出行方式。因此，AVs 的转换也需要城市规划对社区空间和居民行为作出一定的引导，避免在城市场景中使用所带来的负面影响。自动驾驶时代的社区空间，更应该向紧凑高效城市、鼓励体力活动、增进社区交往、绿色出行等方向引导。

3 "点线面流策"——适应自动驾驶技术演进的城市空间策略

AVs，或者说更为广义的自主机器人系统，可能是目前可见的改变城市最为重要的技术变量。自动机器，使物质的生产和运输从机器辅助变成了真正的无人自主，代替人类完成了与物理空间交互的从感知到执行的整个闭环，成为人与物理世界交互的重要介质。

与曾经的很多发明一样，作为一个需要与整个城市体系完全耦合的应用系统，自动驾驶的全面应用，在很大程度上是一个城市规划与管理问题，需要在各个层面采取变革的策略与思考。

3.1 点——预留设施

当汽车成为主要的交通方式时，城市被重新塑造，以适应这个新来者，如街道变得更宽、更长、更直，以便让汽车发挥最佳性能。AVs 同样也需要改变道路基础设施。当 AVs 被认为是一种与其他城市基础设施整合并交换数据的技术时，城市空间与道路的设计就会出现突破和逻辑重组。

以交通灯为例。大约 150 年前，交通信号灯被设计用于解决十字交叉路口的交通冲突。未来，通过实施分布式的交通数据交换系统，则可以替代交通信号灯，如雷米等人（Remi et al., 2016）讨论的那样，作者提出了一个基于插槽的交叉口解决方案，汽车通过交换有关位置、速度和方向性的数据，可以协调车辆之间的路权。这也是目前车路协同技术思路的出发点之一，引发了将感知、通信和边缘计算等设备在多功能智能杆上集成的方式，这在各种自动驾驶示范区已经是规划设计时需要考虑的基本要素。

3.2 线——为自动驾驶的逐渐切换提供道路的可变性

自动驾驶车辆实现全面应用并取代传统车辆，必然需要对传统的道路系统进行改造，但并非一定要大拆大建。设置自动驾驶专用车道和专用断面形式是最常见的手段（陈丽烨，2020）。Sidewalk Toronto 和 Woven City 都为 AVs 的普及提出了自己的道路与空间设计方案，且都是基于专属路权和道路。但无人车网络、人行网络与现有车辆隔离，且不考虑演进过程，只适用于新建区域，且会占用较多空间。

我们希望无人车道路网络的生长不影响现有城市道路、不影响城市区域交通。基于自动驾驶对行人友好的特征，利用原有的步行系统甚至支路系统，建立一套相对独立的自动驾驶路网系统，与原有的机动车道路体系并存。这套新的路网系统可以一定程度上独立承担地块之间的交通功能，并通过逐渐增加车辆、编队行驶等方式实现扩容。传统道路的交通量会越来越小并逐渐萎缩和改变功能。在两套路网负荷实现平衡之后，可以将更多的步行系统和传统道路改造为慢行系统与自动驾驶结合的道路，最终实现完全的取代。这应该是一套可以逐步演进的动态过程，道路系统设计应该提供这种弹性（表 1）。

表 1　自动驾驶发展阶段及其路网演进的三种模式

发展阶段	人工驾驶阶段	交通结构转型阶段	自动驾驶为主阶段	特点
与人工驾驶道路混行方式	共享路权混行	共享路权混行	共享路权混行	混行方式无法解决安全问题
完全独立路网方式	自动驾驶、人工驾驶道路（、行人）专属路权断面分离	自动驾驶、人工驾驶道路（、行人）专属路权断面分离	自动驾驶、人工驾驶道路（、行人）专属路权断面分离	适用于新建区域,需占用较多空间
与慢行系统协同进化方式	利用慢行系统兼容部分 AVs，与人工驾驶路网相对独立	利用原有步行系统和支路系统，建立独立的自动驾驶路网系统，独立承担地块间的交通功能	自动驾驶道路系统逐渐扩容直至完全取代人工驾驶路网	既适用于新建区域,也可用于既有道路系统改造

3.3　面——为车库等空间的未来释放提供可能

AVs 以及共享出行方式的普及，使车辆可以连续接送乘客而无需停车，因此停车场用地将是较为直接被其释放的城市空间。目前位于市中心的车库建筑和露天停车场可以转换为其他零售业等用途，从而使市中心地区更具活力。取消路边停车位可以激发公共区域的涌现和复活，例如自 2010 年以来旧金山创建的 51 个小公园。此外，取消路边停车位可以减少车道数量，使城市更加紧凑，有助于减少与私家车相关的人均能源消耗以及私人和公共客运的总支出（Bruun and Givoni，2015）。这些空间功能的可能改变，需要城市规划提前考虑并积极利用。

3.4　流——关注不可见流的价值

AVs 及其生态系统产生的大量感知数据，可以实时全面描述道路与城市的物理空间状态。这些数据除了对 AVs 和车路协同来说是十分重要的运行基础，也可以成为城市及其子系统运行与管理的重要依据。

在我国，已经开始在各种自动驾驶示范区进行路侧传感器、高速通信设备以及边缘计算等智能设备部署，包括智能红绿灯、激光雷达和智能摄像头等设备结合高精地图来补充车端感知的不足，从而实现车路协同。在智慧城市建设中，也应该充分考虑并积极利用这些车端和路侧感知数据，在保证数据安全和隐私保护的前提下，建立共享和流转机制，使其在城市其他系统的运行以及城市管理中发挥更多价值，节约各种传统专用设备的大量投资。

3.5 策——推进政策适应变革

地方政府的政策可能会影响 AVs 的发展。除了常规的示范区设置、设备部署、测试上路等许可外，以上涉及城市空间的响应更需要政府管理和规划政策的辅助。如果城市规划与管理部门积极配合，调整相关规范与设计标准，可以最大限度地推动自动驾驶的快速发展与演进。

除此之外，另外一些与自动驾驶相关的领域，比如车辆分布式储能和反向充电、与公共交通和慢行交通的协同、车辆与功能空间的转换等，都可能对现有城市系统运行模式造成较大影响，而且受到各种现行政策法规的制约，也应该在技术测试的同时进行综合试点，推进城市空间的全面进化。

4 WeCityX 项目的探索与实验

WeCityX 是腾讯研究院基于前海湾总部园区发起的未来城市探索项目。作为一项前瞻性研究，其理念未来可能用于该园区建设甚至更广泛的未来城市实践。我们充分考虑未来自动驾驶系统的运行和演进，从点、线、面、流、策等方面综合考虑，进行了各层次的空间和设施的整体规划统筹，希望成为自动驾驶系统测试运行以及扩展应用的综合实验平台，并探索可以支持自动驾驶逐渐演进的空间模式。

4.1 从单车智能到车路协同的设施进化

腾讯前海湾总部园区位于深圳大铲湾，总面积约 1.2 平方千米，主要功能为办公及其配套设施。贯穿南北排列的五个地块中央，规划了一条折线形的架空道路，我们称为中央绿轴，作为整个园区的慢行系统的主干，并通过"绿毯"将绿地系统和慢行系统向周边延伸，可以连接每个地块和建筑物出入口。在 WeCityX 的原型规划中，我们将这条道路也作为自动驾驶的主路，AVs 与行人共板并共享路权，但在地面通过铺装和划线适当隔离。

每辆 AVs 都将配备完善的激光雷达、毫米波雷达和视觉感知能力。而为了实现编队行驶、超视距感知、全局调度等车路协同能力，实现更高安全性，我们也在设计阶段就充分预留了各种路侧设施的安装空间。在中央绿轴上，按需设计了数十根多功能灯杆，并将部署 5G 专用网络基站、路测感知、边缘计算等设备，同时在供电容量、光纤带宽、信号遮挡等方面进行了多专业协调，确保其工程合理性（图 1）。车侧和路侧各种感知设备相结合，可以对整个物理空间和人、车行为的实时感知，配合预先采集的高精度地图，就实现了整个园区的实时数字孪生系统。除了满足自动驾驶和远程驾驶、交通调度和管理等需求以外，在接入能源、环境、设施、服务等领域数据后，也成为园区综合运营管理平台的数据基础。

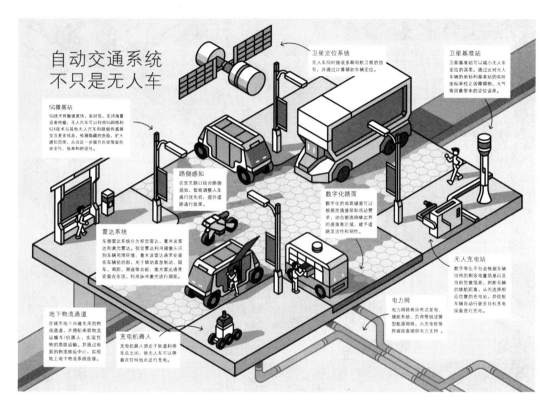

图 1　WeCityX 路侧设施

资料来源：腾讯研究院与帝都绘合作《未来城市说明书》。

4.2　道路系统与车辆协同进化

在绿毯层上，除了中央绿轴的自动驾驶主路，我们还在连接各建筑物的步行道路上设置了自动驾驶的次级路，AVs 可以更慢的速度直接在步行道路上行驶，与行人更高程度共享路权。除此之外，我们还在次级路上设置了更次一级的"末梢路"，可以直接驶入绿地和草坪内部并停留和作为移动空间临时使用。这一级道路通常设置在风景优美、视野开阔的绿地内部，通过少量透水铺装供精确驾驶的 AVs 行驶，避免车辆破坏草坪（图 2）。

除了满足自动驾驶车辆行驶以及路侧感知与通信能力以外，与绿地和慢行系统深度结合的路网设计，充分考虑了自动驾驶技术演进的需求，而且既可以用于新建区域，也适用于城市更新改造。第一步，改造原有贯穿各地块的绿道体系或者绿化隔离带、带状公园等，使其在满足慢行需求的同时，可兼容 AVs 行驶；第二步，进一步利用地块内部原有步行系统和支路系统，建立独立的自动驾驶路网系统，独立承担地块间的交通功能，与原有的机动车道路体系互不影响；第三步，通过加宽车道、编

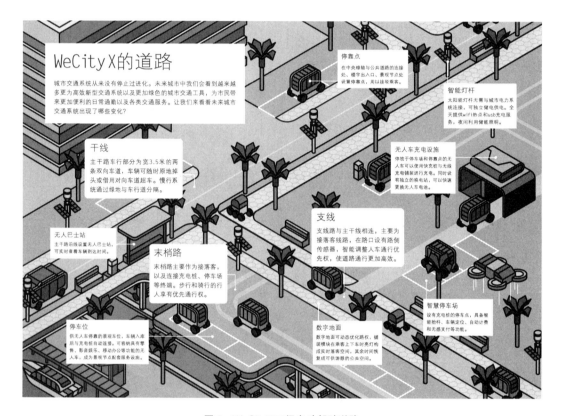

图2 WeCityX 三级自动驾驶道路

资料来源：腾讯研究院与帝都绘合作《未来城市说明书》。

队行驶等方式扩容，扩容后的绿道系统与传统道路系统并存；第四步，在两套系统平衡之后，可以将更多传统道路改造为慢行系统与自动驾驶结合的道路，最终实现完全取代（图3）。

4.3 移动的共享公共空间

在上述道路系统的设想中，"支路"和"末梢路"都并非一般意义上的交通性道路，而是专门为AVs与慢行系统结合设置的新类型。在这些道路上，"出行"已经不再是唯一或者说最重要的职能，AVs更多作为一种移动的空间载体，承载各种空间功能。

这些车辆使用统一的滑板底盘，实现微型化、可共享、单次使用时间短且对流动性容忍程度高的新型空间，其功能包括而不限于会议、游戏、医疗、餐饮、零售、产品体验等。尤其是与VR、AR等技术相结合之后，可以给人带来全新的沉浸式空间体验，并可能创造新的商业模式。

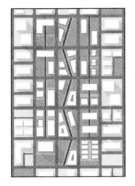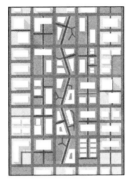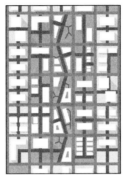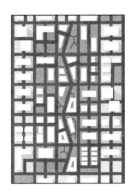

1 - 个别试点	2 - 小规模并存	3 - 平衡与扩容	4 - 更进一步
基于自动驾驶对行人友好的特征，将原有的绿轴空间设置为自动驾驶的试点，与行人共享。	进一步利用地块内部原有步行系统和支路系统，建立独立的自动驾驶路网系统，独立承担地块间的交通功能，与原有的机动车道路体系互不影响。	这套新的路网系统可以一定程度上独立承担地块之间的交通功能，开始通过加宽绿道，增加车辆并编队行驶等方式实现扩容。扩容后的自动驾驶绿道系统与传统道路并存。	在两套路网负荷实现平衡之后可以将更多的传统道路改造为慢行系统与自动驾驶结合的道路，最终实现完全的取代。

图 3　WeCityX 自动驾驶路网系统演进方式

资料来源：腾讯研究院与帝都绘合作《未来城市说明书》。

　　我们设计了一套预约自动驾驶车辆的软件，除了预约纯粹交通功能的穿梭车以外，用户还可以在工作时间预约各种功能性 AVs，在指定时间地点上车并沿支路和末梢路行驶到风景与环境较好的位置停留，利用车内的会议、虚拟现实和沉浸式游戏等设备，实现工作或者休闲体验（图4）。

4.4　与能源系统联动的交通系统

　　除了适应 AVs 系统演进的道路系统以外，WeCityX 的交通系统特别考虑了与能源系统的连接与互动。WeCityX 项目计划大规模应用光伏、风电等可再生能源技术，并建立本地化、分布式的微电网群，形成能源互联网应用。由于风光资源的时空不平衡属性，会导致可再生能源大量应用后城市能源需求与供给的时空错配，分布式储能也就成为能源互联网非常关键的环节。

　　借鉴"光储直柔"思想，WeCityX 在自动驾驶、停车场库、充电和直流配电、柔性用电等系统设计中，充分考虑 AVs 和私家车作为分布式储能设备的能力，设置双向充电桩。在白天，车辆作为分布式储能设备，与传统储能设备协同，消纳风光电能。除了供车辆使用外，在闲时还可以反向放电，用于应急照明、景观照明等场景。未来利用其自动驾驶特性，还可以在园区内各微电网之间实现能源的时空调度（图5）。

成为公共空间的车辆

这些车辆使用类似的滑板底盘，并在车内植入不同的功能，从而实现一种微型化、可共享、单次使用时间短且对流动性容忍度高的新型空间。

车内植入实体或虚拟的展示内容，使车成为展厅，乘客在路程中体验展示内容。

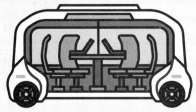

可以在路上实现基本的移动办公和会议功能，为你节约更多时间。

平稳的驾驶和宽敞的空间能让你舒适地短暂躺平休息一会儿。

搭配车载烹饪机器人，成为不断运行的流动餐车，供预约、消费。

车辆成为一台移动的无人商店（如书店），促进乘客乘坐时顺便购买。

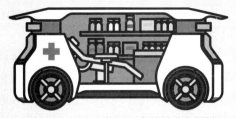

自动驾驶的急救车也兼具了流动诊所和药房的职能。

景区附近的车辆也是游客中心，在路程中为游客推荐定制化信息。

图 4　WeCityX 功能性 AVs

资料来源：腾讯研究院与帝都绘合作《未来城市说明书》。

图 5　AVs 与电网双向充电联动模式（V2G）

资料来源：腾讯研究院与帝都绘合作《未来城市说明书》。

　　总的来说，在 **WeCityX** 项目中，我们重新设计了车辆内部的空间使用逻辑，使其具备多种功能，成为移动的共享公共空间；在路侧设计安装多功能灯杆并预留多种设备的安装空间（点）；为自动驾驶的逐渐切换设计了与慢行系统相结合、可扩展的弹性道路系统（线）；使用车路协同感知系统采集的数据，形成园区实时数字孪生运营平台，满足全面精细化运营需求（流）。除此之外，我们也考虑了目前建筑设计中的大量地下停车位，在未来自动驾驶和共享出行普及后逐渐转为弹性共享空间的用途（面）。作为一项前瞻性研究，这些创新点在工程实施过程中正在面临与各种政策法规和工程经验的不匹配甚至冲突，在早期也必然会在一定程度上增加建设成本，因此各种工程和政策协调才是最大的难点，也是 **WeCityX** 团队正在努力的重点（策）。

5　结语

　　汽车及适应汽车行驶的道路系统，可以说是现代城市规划设计的重要前提和组成部分。当下，随着 AVs 的出现，我们需要重新思考城市生活、城市空间和城市设计，城市规划也再一次成为新的交通技术普及的关键。在全面理解自动驾驶相关技术的前提下，我们认为，AVs 会给城市空间带来很多变化，而城市对自动驾驶技术的主动响应也成为 AVs 顺利演进并最终成为主流的最重要因素之一。自动驾驶将促进规划变革，而规划又将推进自动驾驶的全面普及。WeCityX 项目是笔者团队在对技术发展趋势全面研判基础上的一次综合性的探索和试验，希望在城市空间规划设计中综合考虑各系统的充分协同，适应并加速自动驾驶的全面普及。

参考文献

[1] BISSELL D, BIRTCHNELL T, ELLIOTT A, et al. Autonomous automobilities: the social impacts of driverless vehicles[J]. Current Sociology, 2020, 68(1): 116-134.

[2] CHEHRI A, MOUFTAH H T. Autonomous vehicles in the sustainable cities, the beginning of a green adventure[J]. Sustainable Cities and Society, 2019, 51: 101751.

[3] CORD A, GIMONET N. Detecting unfocused raindrops: in-vehicle multipurpose cameras[J]. Robotics & Automation Magazine, 2014, 21(1): 49-56.

[4] CUGURULLO F. Urban artificial intelligence: from automation to autonomy in the smart city[J]. Frontiers in Sustainable Cities, 2020, 2: 38.

[5] CUGURULLO F, ACHEAMPONG R A, GUERIAU M, et al. The transition to autonomous cars, the redesign of cities and the future of urban sustainability[J]. Urban Geography, 2021, 42(6): 833-859.

[6] FAGNANT D J, KOCKELMAN K M. The travel and environmental implications of shared autonomous vehicles, using agent-based model scenarios[J]. Transportation Research Part C, 2014, 40(Mar): 1-13.

[7] FAGNANT D J, KOCKELMAN K M. Preparing a nation for autonomous vehicles: opportunities, barriers and policy recommendations[J]. Transportation Research Part A: Policy and Practice, 2015, 77: 167-181.

[8] FREEMARK Y, HUDSON A, ZHAO J. Are cities prepared for autonomous vehicles?[J]. Journal of the American Planning Association, 2019, 85(2): 133-151.

[9] GUERRRA E. Planning for cars that drive themselves: metropolitan planning organizations, regional transportation plans, and autonomous vehicles[J]. Journal of Planning Education and Research, 2016, 36(2): 210-224.

[10] KUMAR S, SHI L, AHMED N, et al. Carspeak: a content-centric network for autonomous driving[J]. ACM SIGCOMM Computer Communication Review, 2012, 42(4): 259-270.

[11] MASSARO E, AHN C, RATTI C, et al. The car as an ambient sensing platform [point of view] [J]. Proceedings of the IEEE, 2016, 105(1): 3-7.

[12] MONTANARO U, DIXIT S, FALLAH S, et al. Towards connected autonomous driving: review of use-cases[J]. Vehicle System Dynamics, 2019, 57(6): 779-814.

[13] RATTI C, BIDERMAN A. From parking lot to paradise[J]. Scientific American, 2017, 317(1): 54-59.

[14] REMI T, PAOLO S, STANISLAV S, et al. Revisiting street intersections using slot-based systems[J]. Plos One, 2016, 11(3): e0149607.

[15] SANTI P, RATTI C. A future of shared mobility[J]. Journal of Urban Regeneration and Renewal, 2017, 10(4): 328-333.

[16] SHLADOVER S E, SU D, LU X Y. Impacts of cooperative adaptive cruise control on freeway traffic flow[J]. Transportation Research Record, 2012, 2324(1): 63-70.

[17] TOWNSEND A. Re-programming mobility: how the tech industry is driving us towards a crisis in transportation planning[J]. New Cities Foundation, 2012: 16.

[18] WATKINS S J. Driverless cars: advantages of not owning them: car share, active travel and total mobility[J]. Proceedings of the Institution of Civil Engineers-Municipal Engineer, 2018, 171(1): 26-30.

[19] YIGITCANLAR T, WILSON M, KAMRUZZAMAN M. Disruptive impacts of automated driving systems on the built environment and land use: an urban planner's perspective[J]. Journal of Open Innovation: Technology, Market, and Complexity, 2019, 5(2): 24.

[20] ZHANG W, GUHATHAKURTA S, FANG J, et al. Exploring the impact of shared autonomous vehicles on urban parking demand: an agent-based simulation approach[J]. Sustainable Cities & Society, 2015, 19: 34-45.

[21] 曹政. "无人"在即！北京自动驾驶开启"前排无人"测试时代[EB/OL]. (2022-11-22)[2022-11-24]. https://baijiahao. baidu.com/s?id＝1750179274439263255&wfr＝spider&for＝pc.

[22] 陈丽烨. 面向自动驾驶汽车规模化应用的道路交通系统规划与设计若干思考[J]. 交通与运输, 2020, 33(S1): 205-208＋218.

[23] 韩彪, 张兆民. 交通运输与中国经济增长——基于"运输成本"的视角[J]. 经济问题探索, 2015(8): 14-21.

[24] 洪伟权, 谭华, 张海涛. 国内外自动驾驶发展态势[J]. 通信企业管理, 2021(3): 54-57.

[25] 胡泽春, 邵成成, 何方, 等. 电网与交通网耦合的设施规划与运行优化研究综述及展望[J]. 电力系统自动化, 2022, 46(12): 3-19.

[26] 江亿. 光储直柔——助力实现零碳电力的新型建筑配电系统[J]. 暖通空调, 2021, 51(10): 1-12.

[27] 罗亚丹. 从交通基础设施到绿色基础设施——无人驾驶城市中的柔性未来道路[J]. 景观设计学, 2019, 7(2): 92-99.

[28] ORFEUIL P J, M APEL-MULLER, 祖源源. 自动驾驶与未来城市发展[J]. 上海城市规划, 2018(2): 11-17.

[29] 裴玉龙, 迟佰强, 吕景亮, 等. "自动＋人工"混合驾驶环境下交通管理研究综述[J]. 交通信息与安全, 2021, 39(5): 1-11.

[30] 秦波, 陈筱璇, 屈伸. 自动驾驶车辆对城市的影响与规划应对: 基于涟漪模型的文献综述[J]. 国际城市规划, 2019, 34(6): 108-114.

[31] 邱建华. 交通方式的进步对城市空间结构、城市规划的影响[J]. 规划师, 2002(7): 67-69.

[32] 王鹏, 付佳明. 从数字孪生到元宇宙[J]. 时代建筑, 2022(4): 70-73.

[33] 王维礼, 朱杰, 郑莘荑. 无人驾驶汽车时代的城市空间特征之初探[J]. 规划师, 2018, 34(12): 155-160.

[34] 徐小东, 徐宁, 王伟. 无人驾驶背景下的城市空间转型及城市设计应对策略研究[J]. 城市发展研究, 2020, 27(1): 44-50.

[35] 徐晓峰, 马丁. 无人驾驶技术对城市空间的影响初探——基于中国(上海)自由贸易试验区临港新片区探索性方案[J]. 上海城市规划, 2021(3): 142-148.

[36] 张森, 郭亮. 无人驾驶技术发展对城市空间的影响初探[C]//面向高质量发展的空间治理——2021 中国城市规划年会论文集(06 城市交通规划), 2021: 392-403.

[37] 张望. 智能交通对城市空间的影响[J]. 规划师, 2017, 33(S1): 78-82.

[欢迎引用]

王鹏, 徐蜀辰, 苏奎峰. 适应自动驾驶技术演进的城市空间策略研究[J]. 城市与区域规划研究, 2023, 15(1): 72-86.

WANG P, XU S C, SU K F. Research on urban spatial strategies adapting to the evolution of autonomous driving technology[J]. Journal of Urban and Regional Planning, 2023, 15(1): 72-86.

数字技术与城市协同发展的智慧城市演进

刘 琼 王 鹏 黄至芃

The Evolution of Smart Cities by the Integration of Digital Technology and Cities

LIU Qiong[1], WANG Peng[2], HUANG Zhipeng[3]
(1. School of Economics and Management, Tongji University, Shanghai 200092, China; 2. School of Architecture, Tsinghua University, Beijing 100084, China; 3. Centre for Advanced Spatial Analysis (CASA), University College London, London W55RF, UK)

Abstract To achieve high-quality development of a smart city, it is necessary to analyze its development law based on the dual dimensions of history and development. From the perspective of the integration of digital technology and cities, this paper, based on the case analysis of five typical foreign cities, summarizes the development stages of smart cities and their characteristics at each stage. We find that the integration of technology and city follows the echelon evolution path of "adoption-integration-embedding", thereby promoting the evolution of smart cities from three stages. The first stage is a superficial application of technologies in public service scenarios, mainly led by the government to improve urban management efficiency. The second stage is the implementation of pilot projects under the cooperation between the government and enterprises. At this stage, technologies such as cloud computing, the Internet of Things, and big data are integrated with each other and penetrated into business processes. At the same time, more data can be acquired in real time and integrated and processed to truly solve problems and challenges in urban scenarios. The third stage is a comprehensive urban experiment in which digital technology is fully embedded. At this stage, digital technology is not just an external

作者简介

刘琼，同济大学经济与管理学院；
王鹏（通讯作者），清华大学建筑学院；
黄至芃，伦敦大学学院高级空间分析中心。

摘 要 基于历史和发展的双重维度分析智慧城市的发展规律是其高质量发展的客观要求。文章从数字技术与城市协同发展的视角，通过对国外五个典型城市的案例分析，发现技术与城市协同遵循"采纳—融合—嵌入"的梯度渐进路径，进而推动智慧城市主要按照三个阶段发展演化。第一阶段是城市对数字技术浅层采纳。智慧城市主要是在数字技术催生和拉动下，采用以政府主导政务信息化的建设模式，将数字技术与交通等不同场景结合，提升城市管理效能是主要驱动力。第二阶段是政企合作的城市创新试点。在这一阶段，云计算、物联网、大数据等技术相互融合并深入业务流程，更多的数据可以被实时获取和融合处理去真正解决城市场景中的问题与挑战。第三阶段是数字技术全面嵌入的城市综合实验。在这一阶段，数字技术不只是一种外部资源，而是与城市所内嵌的结构互相碰撞融合，进化形成全新的城市运作模式，价值共创理念引导居民的参与程度明显提升。

关键词 智慧城市；数字技术；技术嵌入

1 引言

当前，全球对智慧城市概念尚未形成统一的定义，对智慧城市的发展阶段、参与方、发展运营模式等也存在诸多观点。智慧城市概念的兴起源于几家科技公司的关注（思科，2005 年；IBM，2008 年；西门子，2004 年）。2008 年，IBM 在美国纽约发布《智慧地球：下一代领导人议程》（Palmisano，2008），首次提出"智慧地球以城市为基准"

resource but also collides and integrates with the embedded structure of the city, leading to the birth of a new urban operation mode, in which the concept of value co-creation will greatly improve the participation of residents.

Keywords smart cities; digital technology; technology embedding

的思想。在此之后，众多国家、政府开始重视对智慧城市的探索和实践。2012 年，我国住建部出台《国家智慧城市试点暂行管理办法》，正式开展国家层面的智慧城市试点工作。2021 年，数字中国的建设被写入国家"十四五"规划，涉及交通、能源、制造、数字政府等多个应用场景。

大量研究表明，对于智慧城市的认识是在不断演进的，从研究智慧城市概念、提出研究框架（Allwinkle and Cruickshank，2011；Chourabi et al.，2012），到对智慧城市或未来城市的发展模式、关键参与方、关键推动力、发展策略进行研究和总结。龙瀛等认为，当前智慧城市存在"自上而下"和"自下而上"两种发展模式，"政府、企业、高校及研究所、市民"四种关键角色，以及"单一主导型、合作型和多方参与型"三种运营模式（龙瀛等，2020）。尼古拉斯（Nicolas）等使用结构方程模型来识别智慧城市的关键推动力，量化技术基础设施、开放式治理、智慧社区和创新经济对城市表现的直接与间接影响（Nicolas et al.，2020）。针对智慧城市的发展策略，安吉利杜（Angelidou）基于对全球智慧城市政策的分析，归纳出智慧城市发展的四类策略及各自的优劣势，包括国家层面/地区层面，针对新城/已有城市，硬件/软件导向，以及依托某个行业或部门/依托某一个地理区域（Angelidou，2014）。孟凡坤等指出智慧城市的发展方案包含以 IT 为中心和整体考虑技术与社会因素（孟凡坤、吴湘玲，2022）。武廷海等认为，在信息技术和信息空间的推动下，未来城市的发展是从基于还原论的"城市作为系统的集合"向基于系统思维的"城市作为体系"转变的过程，城市子系统之间的关系将因为数据的连接而越发紧密（武廷海等，2022）。

其中，在以技术为重点去理解智慧城市的众多研究中，技术范围从数字技术到复杂的能源技术、运输系统和交通管理系统，但数字技术的使用均被提及（Lee et al.，2013；Odendaal，2003；Walravens，2012）。早在 2005 年，学者奥瑞吉（Aurigi）就认为，尽管对智慧城市有各种各样的观点，但数字技术是未来城市运作的核心这一观点是所有观点的核心（Aurigi，2006）。巴蒂（Batty）等人也因此将智慧城市定义为数字技术与传统基础设施相结合、使用新的数字技术进行协调和集成的城市（Batty et al.，2012）。回顾城市发展历史，同样可以看到数字技术对城市的重要影响。20 世纪 50 年代后，以数字技术应用为代表的第三次工业革命爆发。20 世纪 50～70 年代，西方城市化进程逐渐进入中后期阶段，人口集聚、生态环境恶化及社会隔离等现象不断加剧，数字技术被寄予厚望，希望提升城市空间活力与修复城市环境。当下，数字技术对经济社会发展全面影响加强，城市的发展也成为大量新技术得以普及的最重要平台。不过从全球看，智慧城市建设还处于试点阶段，成功案例并不多，欧美、亚洲是比较活跃的智慧城市建设地区。

基于以上背景和已有的研究成果，本文从技术与城市融合的视角，对全球范围内的相关实践进行了全面的分析研究，选择了较有代表性并能体现阶段性特征的五个典型案例，按照"采纳—融合—嵌入"的梯度渐进路径，将智慧城市分成三个阶段，归纳其特点，并展望未来的发展趋势。从新技术在城市中的散点接纳应用，到与原有城市系统的融合协同，再到新技术全面嵌入城市并形成全新的城市系统，数字技术与城市的协同大致会经历这样的过程。而在这个转变的过程中，参与其中的关键角色和发展模式也随之发生变化，从最初的政府需求主导，逐渐转为社会需求和政企合作推动，再到如今越发受到重视的市民广泛参与和价值共创。与之对应的，智慧城市的设计、运营模式也从自上而下的精英式规划和"唯技术论"变得更加以人为本，回归城市核心、本质和内核。

2 政府主导的政务信息化——数字技术在城市中的浅层应用

在这个阶段，受城市化带来的城市病问题所累，为提升城市管理效率，政府部门向大型 IT 咨询开发公司提出针对性的信息化需求。政府部门多被动被数字技术"拉动"，主要着眼于信息基础设施建设和浅层应用，对技术的采纳程度远低于数字技术本身的发展速度。这是智慧城市实践的探索阶段，解决方案大多软件驱动，例如通过打造城市多源数据可视化平台辅助决策者进行城市管理，但如何形成整个城市的智慧化仍没有找到好的路径。

2.1 里约热内卢城市运营中心

2010 年 4 月，里约热内卢暴发特大暴雨，引发的洪水导致城市运转陷入混乱，由于多个部门的管理系统相对孤立、难以协调，造成了严重的损失。为了避免类似悲剧发生，里约热内卢政府与 IBM 合作，打造了城市运营中心系统，成为建设智慧城市的经典案例。

里约热内卢在 2010 年 12 月建成城市运营中心（Rio Operations Center），旨在实现城市数据的收集、整合、展示以及后续基于数据的分析决策，以应对类似极端天气造成的后果。为消除信息孤岛，IBM 协调 30 多个城市管理部门，整合原有的交通、税务等部门的系统，实现了多源数据的接入、展示和基础的分析功能。例如，针对极端天气，运营中心建立了一套完善的应对机制，根据来自监控摄像头、雨量站、气象雷达等渠道的实时数据进行分析，启动相应的应急程序。又如在交通领域，为提高公交运行效率，运营中心对公交系统进行了通行质量与速度的优化，缓解了过去交通拥堵状况，能适时调动公交线路满足不同车辆的通行需求。

在实际运作中，市政机构管理人员在控制室内监控电子屏幕上各类数据的动态变化。借助这个平台，管理人员可以对城市运行进行统筹监控和管理，避免了子部门各自为政的管理混乱。但是，里约热内卢的城市运营中心仅实现了城市数据集成展示和辅助分析的浅层应用，人工决策仍然不可缺少。

2.2　小结

近年来在我国，通过数据汇聚共享的中枢平台整合城市不同系统也成为数字政府建设的模式之一，演进成了"一网统管"模式，并衍生出"最多跑一次""一网通办""一网协同""接诉即办"等创新应用，为产业、社会的全面数字转型打下了坚实的基础（赵勇、曹宇薇，2020）。但是，这一阶段的智慧城市实践也有明显的不足。首先，这类工程化应用主要是自上而下的模式，由政府需求驱动，市民参与度较低；其次，这一阶段智慧城市项目以政府管理部门的系统开发为主，对交通、公安、市政等业务部门主要是以数据接入、整合展示、初级分析的形式进行"智慧化"，人力运营成本依然较高，甚至陷入"信息吞吐量激增导致基层负担加重"的困境。在人工智能、大数据等技术愈发成熟的当下，这部分应用还有较大提升空间。

3　政企合作推动的城市创新试点——数字技术与城市的局部融合

在这个阶段，城市增长因素由劳动、资本、土地等向知识、信息、技术等创新要素转变，城市管理者主动推动数字技术的集成应用，使其更大范围地融入城市的运行与发展，进而驱动城市的转型升级。

3.1　韩国松岛新城

松岛新城位于韩国仁川市，占地607.5公顷，是仁川自由经济区的一部分。为彻底解决现代城市生活中的种种问题，韩国自2001年从零建设松岛新城，截至2019年，有约10万人在松岛市定居。从技术角度，松岛新城"无处不在的城市模型"U-city（U代表ubiquitous computing，指互联的传感器网络遍布于整个城市）可以看作较成功的实验田，具有实际意义的参考性。通过统一的服务平台，交通、犯罪预防、公共设施管理、灾害预警等各业务的数据隔离被打破，改善了因信息孤岛带来的城市运作效率低下问题。

相比城市浅层接纳数字技术的第一阶段，松岛新城的数据体量、精度和新颖程度都有显著提高。这些数据是实现数字技术与城市各业务深度融合，实现城市智能化的关键。为了实现城市数据的广泛获取，松岛新城在整个城市中部署了大量监控设备和传感器，用以监控交通路况信息、监测环境数据等。除此之外，还有声音监控和动作监控摄像头，用于识别求救、打斗等潜在犯罪事件。在综合运营中心的计算和反馈下，结合历史数据，做出预测性分析并及时通过多种渠道通知市民。

同时，技术群间的融合是实现数据驱动管理智能化的核心。借助传感监控网获取的大量多源数据给传统计算方法带来了挑战，需要与大数据、云计算以及对应的数据挖掘分析等技术相结合（李德仁等，2014；Su et al.，2011）。为解决各个部门数据互不相通的"数据孤岛"问题，松岛新城设立综合控制中心（Integrated Operation Center），依靠大数据技术实现多源数据的融合，并依靠整合后的数据实现更准确高效的服务。

松岛新城通过传感监控网络和综合运营中心，对城市各个部门的数据进行收集和整合，有效解决了数据孤岛问题，提高了数据利用效率，降低了城市的管理成本。与第一阶段散点应用不同的是，松岛新城从城市角度顶层设计数字技术在城市管理中的整体应用，对交通出行方式、能源利用方式等多个城市子领域都有优化，但由于过度考虑技术而忽略社会维度的需求，导致智慧城市产生了排他性和社会割裂。例如，非松岛居民由于没有官方发放的钥匙，无法使用松岛引以为豪的气动垃圾收集系统。同时，松岛新城密集的监控传感网络也存在潜在的隐私侵犯和数据所有权等问题。

3.2　阿联酋马斯达城

马斯达城位于阿联酋阿布扎比，占地面积 600 公顷。与松岛新城类似，马斯达城也是一座新建立的城市。2006 年阿联酋宣布成立该计划并投入 220 亿美元，最初计划在 2016 年建成，成为世界上第一个零碳城市和零废弃物城市。但其计划在 2008 年开始动工后因资金问题多次改变，项目完成时间从 2016 年推迟到 2030 年。一些目标也被迫降低或减小规模以减少成本，例如地下快速出行系统 PRT 停止扩建以及零碳目标调整为"2050 实现碳中和"（Griffiths and Sovacool，2020）。

马斯达城在交通出行领域的创新是其最大的亮点。为倡导无车化出行方式，马斯达城综合应用建筑设计、数字技术、电气化等。例如，建筑采用类似挑檐的设计方式，为行人提供更多的遮阴，同时提供共享自行车系统（Al Mamsha Biking）。除步行和骑行外，马斯达城 2018 年开始考虑使用共享电动车以及自动驾驶班车（Navya Autonom Shuttle）和电动公交车替换地下快速移动工具 PRT（Personal Rapid Transit）的使用，以降低后者大规模的应用成本。同时与共享汽车运营商开展合作，为市民提供电动车共享出行服务。这些出行方式与地铁和轻轨结合，并与阿布扎比的公共交通系统相连，实现出行系统的公共化、电动化和自动化。

不局限于数字技术应用，在能源系统转型方面，马斯达城预见到了化石能源的不可持续，选择了大规模利用太阳能、风能等可再生能源进行发电。虽然由于资金不足、技术不成熟等问题导致建设进展不及预期，但也为后续的智慧城市建设提供了宝贵的经验。此外，与松岛新城类似，马斯达城的建设以交通、能源等公用设施为主，对于市民公共空间等更具人文色彩的智慧化改造有所不足。

3.3　小结

在智慧城市发展的这一阶段，随着数字技术集成式发展和新应用场景的出现以及城市智能化、绿色化转型的需求，政府开始与更多的企业合作，以更全面甚至激进的解决方案推动城市创新试点以及新城建设，逐渐使新兴技术与城市的物理系统融合协同。新技术逐渐开始影响城市的交通、建筑、能源等重要领域，而不仅限于城市管理。城市多源数据的整合也基本形成，有效解决了数据孤岛的问题。以韩国松岛新城为例，政府与思科公司合作，通过物联网技术以及大数据技术的广泛应用，将城市各个子系统、政府各部门的数据打通，为数据资源的高效利用和城市的智能化转型奠定了基础。又如阿联酋的马斯达城，在交通运输体系推动公共出行和交通工具电气化，并在中小范围尝试了自动驾驶技术。

这些新兴技术一定程度上促进了这些领域的发展，但是与城市的融合尚不全面而深入。一方面，基础设施的长期性与数字技术高速发展存在周期错配。例如，马斯达城对交通出行领域的改造中，仅引入自动驾驶车辆，并未对城市道路交通结构进行深入改进，因此面临自动驾驶车辆与正常车辆和行人共同使用道路的状况，这一点在城市人口增多、道路状况越发复杂的未来可能会引起较为严重的安全隐患。另一方面，能源等非数字技术尚不成熟，数字技术仅停留在局部的外围应用。新数字技术带来的隐私和安全问题也是阻碍因素。在建设主体上，这一类新城规划方式仍然是自上而下的精英主导模式，并没有让市民广泛参与其中进行价值共创，松岛新城和马斯达城都存在市民数量明显少于预期现象。因此，认识到城市运转与单项业务流程的差异，避免城市的机械式智慧化，让市民真正参与其中，实现以人为本的智慧城市，是这一类新城建设需要解决的重要问题。

4　多方参与的城市综合实验——数字技术全面嵌入城市

随着传感器、大数据、云计算、人工智能等数字技术与能源、材料、建筑等非数字技术全面嵌入城市运行的全环节、全生命周期，且市民被越来越考虑进项目的规划中，通过解构、重构和进化实现数字技术与城市的深度耦合，智慧城市进入技术嵌入型发展阶段。此时，数字技术已不再是一种外部资源，而成为一种稳定的刚性技术，与城市各个系统发生化学反应进而形成全新的城市运作模式。

4.1　日本 Woven City

Woven City 是丰田公司提出的未来城市方案，选址于富士山下的前丰田工厂，面积约为 70.8 公顷，2021 年开工建设。Woven City 方案最大的亮点在于，基于成熟的自动驾驶技术，对交通体系进行彻底革新，以不同道路类型"编织"出适应自动驾驶的城市空间结构，这一点有别于马斯达城中仅发展自动驾驶而不改善道路体系的方案。同时，广泛应用的机器人服务和功能多样的自动驾驶车辆提高了空间利用效率与功能灵活度，交通系统和人居环境系统因而实现高度融合。

4.1.1 将自动驾驶技术应用与城市空间结构改造同步

当前世界上的道路系统大都是机动车、非机动车和行人混合使用，而且本质上是为汽车设计的。而 Woven City 的方案将道路分为互不影响的三种，从而实现更安全的、行人友好型的人车关系。第一种是为自动驾驶车辆设计专用道路，有效缓解人车混行情况下自动驾驶车辆面临的复杂环境。在降低实现高级别自动驾驶难度的同时避免了人车混行时的安全隐患。这种处理方式相较于马斯达城以及当前大部分自动驾驶的应用场景是一次大的进步。第二种道路是休闲小道，供自行车以及其他个人出行工具使用。第三种是线性公园，供居民步行其中享受自然。这三种道路的交叉形成了 Woven 街区，街区在基本单元的基础上有多种变化，例如在街区中央设置小型公园，在城市中间形成广场和大型公园。Woven City 的方案中还包含了基于自动驾驶汽车的公共空间供给。丰田 e-Palette 作为无人、清洁以及多用途的移动空间，会被用于共享出行、快递服务、移动零售、便利店、诊所、旅店、工作场所等。在这种方案下，汽车逐渐从交通工具变为可以灵活移动、功能多样的空间，这一点是对城市公共空间的数量、质量和灵活性的极大补充。

4.1.2 将机器人技术应用与工业生产和服务方式转变结合

在建造和工业生产方面，Woven City 计划将机器人、3D 打印等新兴技术大规模用于工业生产。在建筑的建造上，方案提供者 BIG 公司选用木材作为主要材料，再将日本传统手工艺、榻榻米模块与机器人制造技术相结合，最大程度上减少对环境污染的同时也让日本的建筑遗产得以延续、发扬和创新。住宅内部还配备了智能家用机器人，比如厨房内有会做菜的机器手臂、可搬运物品的机器人等，这些智能家居充分利用基于传感器的人工智能技术所实现的全面连接，来执行诸如物品传递、送洗衣物和垃圾处理等功能，在满足基本需求的同时大幅度提升幸福指数，进而实现生产和服务方式的转变。

在 Woven City 方案构想中，房屋建筑内部将配备相应的传感器，连成一个城市数据操作系统，通过这个系统将人、建筑物、车辆全部连接在一起。在人们出行之时，人工智能会智能分析人们所处环境状况，并通过系统操控自动驾驶车辆的行驶状态，保证了人车分流的安全性。

4.2 加拿大 Sidewalk Toronto

Sidewalk Toronto 是由 Sidewalk Labs 公司在加拿大多伦多的东部滨水区（Eastern Waterfront）设计的未来社区。该项目整合了前沿的城市设计思路与先进的科技手段，试图打造可持续、可负担、提供新型通勤方式与具备经济潜力的社区标杆。

在 Sidewalk Toronto 方案中，信息流整合了交通、人居、健康服务、能源等城市多个系统，将这些信息流融合后，再反馈于这些子系统，为使用者提供了众多数据驱动的软件应用，城市数据的价值得到最大程度的释放。同时，Sidewalk Toronto 的方案形成过程中广泛吸纳了城市规划师、当地社区居民、政府官员、技术专家等群体的意见，是从自上而下的精英式规划向自下而上的价值共创的创新性转变。该方案由于数据隐私争议以及疫情影响等原因，最终在 2020 年 5 月宣布中止。即便如此，Sidewalk

Toronto 仍然是智慧城市实践过程中的一个里程碑，对今后的项目具有重要的借鉴价值。

4.2.1　从未来人居环境倒推技术的合理利用

Sidewalk Toronto 方案中对建筑的建造方式和公共空间的使用方式都做出了颠覆性的创新。在建筑的建造方面，采取了模块化的方式。方案中的建筑以 Loft 为基本单元，承重梁、电梯井等组件基于 5 英尺（1.524 米）的标准单元，房间也据此进行标准化设计，例如 5 英尺×5 英尺的衣帽间，10 英尺×15 英尺的卧室等。同时，建筑使用特殊墙体材料实现室内的保温效果，达到被动式节能。在公共空间使用方面，建筑 80% 的内部用途为"中性"，功能混合，更好地满足临时活动和公共活动空间的需求。例如，医疗健康服务会被整合到社区中，形成社区健康中心（Care Collective），提供可按需预约的社区会客中心、诊所、健康图书馆、季节性屋顶花园等空间服务。

4.2.2　自动化技术全面扩散到整个交通体系

在出行方面，多源实时交通数据流是方案中 MaaS 出行服务的基础。路边停靠区的传感器，内置于人行道的传感器，车牌识别摄像头、信号灯等设备产生实时数据流，汇集在交通管理部门的数据库中，第三方出行应用软件通过 API 访问这些实时信息流，整合后提供 MaaS 服务，用户根据这些信息进行出行选择。类似于 Woven City 的方案，Sidewalk Toronto 也设计了适应自动驾驶的街道体系，让自动驾驶车辆与行人互不影响。同时，方案还对社区运输体系实现了自动化改造。通过地下管道与社区建筑的底部直接相连，社区物流体系提高了运输效率和空间利用效率，解放了社区的地面空间。

4.2.3　数据驱动促进能源体系智能化转型

在能源供给方面，分布式能源在 Sidewalk Toronto 方案的能源体系中占有重要地位。40% 的建筑屋顶将设置光伏太阳能板，可以供给 14% 的总用电量。同时 Sidewalk Toronto 计划部署 4MW 存储功率的电池，容量 4 小时，共计 16MWh，存储的电通过在夜间从多伦多主电网低价购入。每个电池的功率在 0.25～1MW，将会分布在共计 315 平方米的区域。这些电池总计可以支撑 74% 的峰值用电。在能源的管理和转移方面，多源数据驱动实现了能源互联网的基础。通过建筑内部的监测传感系统，结合天气和实时电价等外部数据，该方案得以实现对建筑能源的精确高效管理，企业、家庭和建筑能源管理部门通过该系统可对自身的能源消耗与费用支出有更好的了解，智能家居也依据这些能源数据实现智能运转。

4.3　小结

嵌入性理论最初由人类学者波兰尼（Polanyi，1944）提出并成为新经济社会学研究中的核心理论之一。国内一些学者以此为理论线索，将嵌入性概念下沉至公共治理、公共服务和组织建设等领域，形成诸如"嵌入式治理""嵌入式服务""嵌入性发展"等分析框架。技术嵌入正是在这样的理论演绎和转换中诞生并受到广泛关注。王瑜和张春颜（2021）、马鹏超等（2022）学者各自结合生态环境监督、村级河长政策执行力对技术嵌入型的概念内涵进行解读。本文认为智慧城市视角下的"技术嵌入"是工业时代向数字时代演变产生的一种城市形态，从城市整体统筹考虑数字技术的应用与影响，对资源和流程进行解构、整合及重构，最终实现人城全新的互动模式与生态。Sidewalk Labs 公司的 Sidewalk Toronto、丰田公司的 Woven City 就是对这种未来形态的思考与探索。虽然仍停留在方案层面，但其尝试应用自动驾驶、机器人、新能源等技术对城市进行全方位的深入改造，将城市作为数字技术与非数字技术集成应用的协同创新平台。这种模式正在影响国内大量的智慧城市实践项目。

5 结语

智慧城市发展的三个阶段，是以数字技术为代表的新兴技术与城市结合由浅入深、由局部到整体的过程。第一阶段是由政府主导的政务服务信息化，用以实现政务系统的业务流程数字化，提高政府服务效率，典型的解决方案是将多源数据集中展示在电子屏，用以辅助工作人员决策；第二阶段是政企合作推动的城市创新试点，物联网、自动驾驶、电动汽车、可再生能源等更多样的新兴技术与城市物理系统实现局部协同，基于大数据技术，交通、能源、城市管理等领域的实时数据得以获取以及被整合，进而实现了初步的数据驱动城市管理，当前大部分智慧城市建设处在这一阶段；第三阶段更类似于多方参与的未来城市实验与探索，新兴技术与城市实现深度融合。

数字技术在智慧城市的发展过程中起到了决定性的作用。来自各个领域、部门、系统的城市数据不断产生，其价值也随着大数据、人工智能等技术的成熟而逐渐显现，城市管理效率因此提高。随着物联网、云计算、区块链、数字现实等技术的发展，城市管理将变得越来越"数据驱动"。在机器自动化方面，机器人技术的广泛应用将会越来越改变人类的生产服务方式，而自动驾驶技术的发展和成熟使得汽车的角色发生巨大转变。在绿色低碳化方面，可再生能源的大规模被利用和能源互联网概念的提出，使得能源转型成为现实。这些新兴技术推动城市发展至今，在未来，随着技术的发展和演进，城市也会相应地与其适应融合，进而形成全新的城市竞争力。

这三个阶段的智慧城市建设与规划，大都聚焦于城市实体公用设施领域，如能源、交通、建筑、城市管理等，在虚拟空间的营造方面并不突出。事实上，随着城市数字化程度的加深以及虚拟现实等技术的逐渐成熟，虚拟世界将产生前所未有的影响力。近年来，元宇宙、数字孪生、Web3.0 等概念的出现和走热反映出了这一趋势，虚实交互将会成为城市内文娱、交通、工业制造业等各个领域的重要发展方向。通过数字技术创造出城市的虚拟空间，并以此促进市民与城市的新型交互方式，推动数字经济的发展，形成新的生产制造方式，是未来智慧城市建设的重要议题。例如，通过将物联网设备植入公共空间，实现弹性化的空间分时复用，或是借助 VR、AR 等技术，增强空间的互动性，以及在工业制造中的全真模拟等。在这一点上，已有的案例大多关注实体空间以及社会空间，对于虚拟空间，尤其是虚拟空间与实体空间之间的交互及融合的关注相对不足，这一点在未来的智慧城市建设中应该受到更多的关注与研究。

除了对技术的追求，在智慧城市的规划和建设中，人文和社会因素也应该受到更多的重视并纳入整体统筹。在本文分析的三个阶段的演进中，虽然市民的参与度在不断提升，但这些智慧城市实践仍然以自上而下的管理视角在进行，政府、科技企业与市民在数据隐私、人工智能伦理等方面仍然存在较大的意见分歧，Sidewalk Labs 公司的 Sidewalk Toronto 项目正是因此而终止。可见，对智慧城市的规划、建设、运营，如何将市民真正纳入智慧城市的规划中，参与城市的价值共创，是今后评判城市是否智慧而可持续的重要标准，也应是今后发展的重要趋势。

　　作为我国新型城镇化的重要内容之一，以上各发展阶段也可以一定程度上代表我国智慧城市的建设情况。通过对国际案例的对比与反思，我们也可以看到我国在这方面的问题与发展方向。在前两阶段的实践与发展过程中，我们更多关注局部应用与单一系统，而参照第三阶段的国际实践，我们也应该更多从城市系统整体视角出发，关注数字技术与城市深度融合的新发展方式。

参考文献

[1] ALLWINKLE S, CRUICKSHANK P. Creating smart-er cities: an overview[J]. Journal of Urban Technology, 2011, 18(2): 1-16.

[2] ANGELIDOU M. Smart city policies: a spatial approach[J]. Cities, 2014, 41: S3-S11.

[3] AURIGI A. New technologies, same dilemmas: policy and design issues for the augmented city[J]. Journal of Urban Technology, 2006, 13(3): 5-28.

[4] BATTY M, AXHAUSEN K W, GIANNOTTI F, et al. Smart cities of the future[J]. The European Physical Journal Special Topics, 2012, 214(1): 481-518.

[5] CHOURABI H, NAM T, WALKER S, et al. Understanding smart cities: an integrative framework[C]//45th Hawaii International Conference on System Sciences. 2012: 2289-2297.

[6] CLARA S. International case studies of smart cities: rio de Janeiro, Brazil[EB/OL]. (2016-06)[2022-06-13]. https://publications.iadb.org/en/international-case-studies-smart-cities-rio-de-janeiro-brazil.

[7] GRIFFITHS S, SOVACOOL B K. Rethinking the future low-carbon city: carbon neutrality, green design, and sustainability tensions in the making of Masdar City[J]. Energy Research & Social Science, 2020, 62: 9.

[8] LEE S M, TAN X, TRIMI S. Current practices of leading e-government countries[J]. Communications of the Acm, 2005, 48(10): 99-104.

[9] NICOLAS C, KIM J, CHI S. Quantifying the dynamic effects of smart city development enablers using structural equation modeling[J]. Sustainable Cities and Society, 2020, 53: 101916.

[10] ODENDAAL N. Information and communication technology and local governance: understanding the difference between cities in developed and emerging economies[J]. Computers, Environment and Urban Systems, 2003, 27(6): 585-607.

[11] PALMISANO S J. A smarter planet: the next leadership agenda[J]. IBM, November 2008, 6: 1-8.

[12] POLANYI K. The great transformation: the political and economic origins of our time[M]. Boston: Beacon Press, 1944: 4-5.

[13] SU K, LI J, FU H. Smart city and the applications[C]//2011 International Conference on Electronics, Communications and Control (ICECC). IEEE, 2011: 1028-1031.

[14] WALRAVENS N. Mobile business and the smart city: developing a business model framework to include public design parameters for mobile city services[J]. Facultad de Ingeniería, Universidad de Talca, 2012.

[15] 李德仁, 姚远, 邵振峰. 智慧城市中的大数据[J]. 武汉大学学报(信息科学版), 2014, 39(6): 631-640.

[16] 龙瀛, 张雨洋, 张恩嘉, 等. 中国智慧城市发展现状及未来发展趋势研究[J]. 当代建筑, 2020(12): 18-22.

[17] 马鹏超, 陈卫强, 朱玉春. 技术嵌入何以影响村级河长政策执行力[J]. 华中农业大学学报(社会科学版), 2022(4): 181-192.

[18] 孟凡坤, 吴湘玲. 重新审视"智慧城市": 三个基本研究问题——基于英文文献系统性综述[J]. 公共管理与政策评论, 2022, 11(2): 148-168.

[19] 王瑜, 张春颜. "技术嵌入"视角下我国生态环境监督模式的反思与创新[J]. 电子政务, 2021(5): 89-97.

[20] 武廷海, 宫鹏, 李嫣. 未来城市体系: 概念、机理与创造[J]. 科学通报, 2022, 67(1): 18-26.

[21] 赵勇, 曹宇薇. "智慧政府"建设的路径选择——以上海"一网通办"改革为例[J]. 上海行政学院学报, 2020, 21(5): 63-70.

[欢迎引用]

刘琼, 王鹏, 黄至芃. 数字技术与城市协同发展的智慧城市演进[J]. 城市与区域规划研究, 2023, 15(1): 89-97.

LIU Q, WANG P, HUANG Z P. The evolution of smart cities by the integration of digital technology and cities[J]. Journal of Urban and Regional Planning, 2023, 15(1): 89-97.

基于时空嵌入的未来城市信息模型（CIM）探讨

——以青岛为例

杨　滔　田力男　孙　琦　陈　立

Research on Future City Information Modeling Based on Spatiotemporal Embedding: A Case Study of Qingdao

YANG Tao[1], TIAN Linan[2], SUN Qi[2], CHEN Li[3]
(1. School of Architecture, Tsinghua University, Beijing 100084, China; 2. Qingdao Municipal Bureau of Housing and Urban-Rural Development, Qingdao 266071, China; 3. Epoint Limited, Zhangjiagang 215600, China)

Abstract This paper discusses the definition of City Information Modeling (CIM) and puts forward three core issues concerning CIM, namely, digital space combination, digital space cognition and digital space behavior, in order to identify the key technical points of CIM platform construction. On this account, from the perspective of spatial behaviors of individuals and society, this paper analyzes the composition of CIM's digital spatiotemporal organism and suggests the concept of spatiotemporal embedding, that is, high-dimensional spatiotemporal information is embedded into low-dimensional spatiotemporal information while keeping the key information features unchanged. Finally, this paper addresses the application of the three core issues in the Qingdao CIM case.

Keywords City Information System; model; distance; manifold; spatiotemporal cognition; spatiotemporal behaviour

作者简介
杨滔，清华大学建筑学院；
田力男、孙琦，青岛市住房和城乡建设局；
陈立，国泰新点软件股份有限公司。

摘　要　文章探讨了城市信息模型（CIM）的定义，提出了CIM的三个核心问题，即数字空间组合、数字空间认知以及数字空间行为，以期研判CIM平台搭建的关键技术点。以此，从个体与社会的空间行为方式，深入剖析了CIM的数字时空有机体的构成方式，提出了时空嵌入的概念，即高维的时空信息嵌入低维的时空信息之中，同时保持关键的信息特征仍然不会发生较大变化。最后，文章在青岛CIM案例之中初步探讨了三个核心问题的应用。

关键词　城市信息系统；模型；距离；流形；时空认知；时空行为

1　引言

随着5G、物联网、云计算、区块链等新型信息化基础设施建设的快速发展，未来城市、数字城市、城市大脑、数字孪生城市、元宇宙城市等新概念不断涌现，其中城市信息模型（City Information Modeling，CIM）平台的概念于2020年7月由住房和城乡建设部、工业和信息化部、中央网信办联合提出，以期加速数字经济的建设。为了指导全国各地的CIM平台建设，住房和城乡建设部总结了试点城市工作经验，颁布了《城市信息模型（CIM）基础平台技术导则》（修订版），其中CIM被定义为："以建筑信息模型（BIM）、地理信息系统（GIS）、物联网（IoT）等技术为基础，整合城市地上地下、室内室外、历史现状未来多维多尺度空间数据和物联感知数据，构建起三维数字空间的城市信息有机综合体。"（住房和城乡建设部，2021）之后，《中华人民共和国国民经济和社会发展第十四个五年规划和2035年远景目标纲要》提出："完善城市信息模型平台和运行管理服务平台，构建城市数据资源体系，推进城市数据大脑建设。探索建设数字孪生城市。"（中央人民政府，2021）其中，城市信息模型平台和数字孪生城市均为新型城市基础设施建设的重要支撑，成为我国城市信息化和智能化发展的新方向之一；特别是"十四五"期间，CIM平台建设的直接投资金额估计为414多亿元（杨新新、邹笑楠，2021）。这也表明了CIM平台作为城市时空操作平台，聚焦于城市治理能力现代化，推动城市规划、建设、管理全生命周期的数字化建设。

与之同时，CIM及其平台建设正在成为学术探讨的热点。根据知网统计，2020年标题包含"城市信息模型"的论文为19篇，2021年新增了57篇，2022年10月之前新增了37篇。其中，一部分论文关注CIM的定义、分类、关键技术、架构模式以及建设方式（段志军，2020；季珏等，2021；王永海等，2021；胡睿博等，2021；田颖等，2022）；一部分论文强调CIM的运行机制、场景模式或预测研判能力（杨滔等，2020；陈兵、王港，2021；秦潇雨、杨滔，2021；于静、杨滔，2022）；还有部分论文探讨CIM的案例及相关CIM+应用（杨滔等，2021；党安荣等，2022；杨滔等2022）。在很大程度上，对于CIM的研讨，从开始关注数据融合与可视化，逐步走向业务模型与场景的探讨，偏向于CIM的运行绩效与安全保障体系。然而，面向未来的城市发展以及相关CIM的建设活动、CIM的定义及其平台建设的关键性问题也亟待深入研讨。本文从实体城市本身的信息化建模角度对未来的CIM进行探讨，以此辨析未来城市之中CIM平台建设与时空转换有关的关键性问题，期望有助于未来城市的信息化构思。

2 CIM的定义思辨

任何新的概念在起步期往往会引发较多争议，因此，CIM的定义在学术界和产业界并未达成广泛共识，其边界和内涵还在不断调整与修正之中。大体分为两类：一是CIM作为城市信息系统的模型，是城市信息系统的结构、功能和行为的形式化规范或详细规格说明，或者城市信息系统的元数据类型的集合（梁军，2002）；二是CIM作为实体城市信息化的模型，例如《城市信息模型应用统一标准（征求意见稿）》中认为CIM是"对城市对象进行数字化描述和表达，并融合城市业务、社会实体、监测感知等信息，建构城市有机综合体的过程和结果"（住房和城乡建设部，2021）。

对于第一种而言，CIM是指导城市信息系统开发的蓝图，其目的是将软件信息系统的设计结构和系统行为连接起来，对信息系统的体系性结构进行良好控制与可视化。从这个角度而言，CIM是城市软件信息系统之上的抽象建模，属于标准化的语言模型，贯穿在软件工程的分析、设计、实现、测试和配置的全过程，强调模型与解决方案的可复用性，包括分析与设计模型、对象与组件模型、数据库与数据仓库模型、知识管理模型、商业工程模型等。

例如，UML（Unified Modeling Language）统一建模语言是通用的可视化建模语言，用于对软件进行描述、可视化处理、构造和建立软件系统产品的文档，包括元—元模型、元模型、模型和用户对象四层结构。元—元模型定义了元模型的语言；元模型定义了模型的语言；模型描述某个具体的信息域的语言，如房屋类、人口类等；用户对象描述具体信息域的对象，如具体的房屋和人口等。本质上，这类 CIM 试图从语言学和逻辑学的角度，去搭建虚拟信息世界的模型，构建起统一的概念及其之间的关系，指导软件工程开发建设（陈军等，2022）。

第二种 CIM 则是采用模型的方式，去数字化真实世界的要素及其关系，建构城市信息系统的信息化内容，但并不是搭建城市信息系统本身的模型。在这种意义上，CIM 可视为对城市理论的模型化，回归模型的初始内涵，即对理论验证与应用的可操作性工具（Stojanovski，2013）。这存在广义与狭义的区分，也存在不同行业的各自理解。广义而言，CIM 可作为所有关注城市理论的模型集合，涵括物质形态模型、社会经济模型、生态循环模型、行为环境模型、文化传播模型、心理认知模型等；狭义而言，CIM 聚焦于物质形态的模型，包括白模、精细化模型、建筑信息模型（BIM）、正射影像模型、倾斜摄影模型、激光点云模型等。

从行业实践的角度而言，由于 CIM 涉及三维实体与空间，城市设计的领域对此有较多讨论，研究 CIM 如何辅助大尺度的城市设计，解决跨专业的参数化协同问题（Beirão et al.，2009）。由于 CIM 可简单地被视为 BIM 的集合，建筑施工和城市运营领域探讨不同的 BIM 如何关联在一起，实现城市尺度的 BIM 可计算，如建筑材料在城市尺度的生产与运输管理等（Irizarry，2013）。实际上，这种 CIM 试图去模拟城市的规划、建设、管理、运营等全周期过程，并借助物联网与区块链等技术去解决城市实时感知、交互、交易的难点，采用参与式的方式更好地治理实体城市。

在实践之中，第一种对 CIM 的理解往往适用于 CIM 顶层设计的数据与软件工程架构体系设计。然而，在 CIM 平台的实际开发建设之中，这未必能很好执行下去，在于通用性语言模型的可操作性受制于不同软件之间的壁垒，且通用性语言模型本身的易操作性往往也存在较大挑战。第二种对 CIM 的理解均可用于 CIM 顶层设计、数据工程以及软件工程，特别适用于 CIM 平台的内容建设，不过其模型涉及的范围与类型需要谨慎界定，否则容易导致开发建设的范围难以界定，而无法验收。下文将从第二种 CIM 的角度，进一步论述探讨 CIM 的基础性问题。

3　CIM 的核心问题

CIM 作为实体城市的信息化模型，信息与模型是两个关键词。这种模型本质是展示信息、生产信息、共享信息以及操作信息；而信息本身并不完全是实体城市的数字化再现，更在于运用抽象建模去揭示城市运行规律的信息，更在于应用互动模型去提供实时动态的反馈信息，从而优化实体与数字城市的运行。在这种意义上，CIM 需要解决四方面的基础性问题，即城市信息如何便捷可视，信息如何解释城市规律，信息如何预测城市未来，信息又如何让 CIM 自动处置事件。换言之，这将关注到 CIM 平台的可视、可解、可判、可动四个方面，从而实现 CIM 平台从数字化到智能化，最终到智慧化的发展路径。

与之同时，模型本质上是对实体城市的抽象。尽管城市物质形态可以高逼真地被再现，城市动态运行状况也可通过物联感知设施等被精细化重建，城市规律也可通过大数据分析乃至人工智能方法得以深度揭示。然而，在技术上和经济上，与实体城市完全孪生的数字城市建设仍然需要进一步探索，且抽象本身仍是认知真实世界的一种有效方式。因此，近期 CIM 仍将会涵括具象、抽象、完整、残缺等各种类型的数据与信息，其中模型将是数据与信息处理的关键性工具；其重点之一还是搭建时空信息模型，因为城市中的人、事、物都与时空密切相关，且影响城市时空之中规、建、管、运全生命周期过程。

3.1 数字空间组合

基于上述对 CIM 的信息与模型的探讨，本文进一步探讨 CIM 的三个核心问题，即数字空间组合、数字空间认知、数字空间行为（图 1）。实体城市如何在数字空间之中被机器与人所组合起来？这称之为数字空间组合或实体城市数字化。城市是复杂巨系统，存在众多的子系统，跨行业、跨专业、跨部门；同时，城市又实时地涌现出新事件、新事物、新思想。那么，城市巨系统对应于多源异构的静态和动态数据。根据 CIM 平台相关标准的分类，这些数据包括六大类，即时空基础数据、资源调查与登记数据、规划管控数据、公共专题数据、工程建设项目管理数据以及物联网感知数据。当然，这些数据还可以根据社会、经济、环境、文化等不同维度进行分类与重组。此外，这些数据又是经由不同的单位或软件工具生成，彼此的格式、坐标系、精度、频率、范围等也可能各自不同。那么，这些数据如何才能人工化或自动化地合并在一起，形成彼此无缝衔接的数字化再现，这尤为关键。

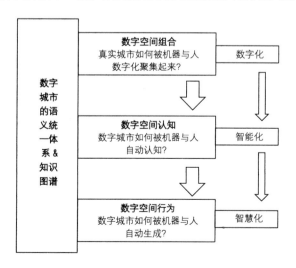

图 1 CIM 的三个核心问题

在数据工程实践之中，这些多源异构数据的融通处理亟须找到半自动化或自动化的方式，否则人工成本较高，难以支撑城市尺度或区域尺度的大规模建模，也失去了推动数字经济发展的意义。因此，CIM 平台的数据标准建立是第一步，同时数据处理的方式需要与行业知识密切结合起来，才能有效地实现可计算的数据融通与建模。在这种意义上，基于多源异构数据标准体系、行业知识图谱体系、实体与空间编码体系等，实体城市通过不同方式被数字化建模，包括倾斜摄影单体化与实体化、CAD 自动化 BIM 翻模、正向 BIM 建模、室内激光点云扫描建模、草图建模等物质形态的建模，同时也包括了社会经济环境的专业建模之前的数据录入与整理工作，建构起各种专业模型的自动化模拟的数据环境。

3.2　数字空间认知

数字化的实体城市如何被机器与人所感知、认知以及理解？也许可称为数字空间认知或数字城市智能化。一方面，数字化的实体与空间内涵需要被识别出来，才能被人所应用或被机器所计算与建模。由于城市及其社会的复杂性，即使从人的角度而言，实体或空间要素与关系也存在各种含混性和多义性，有可能影响感知与认知的共识性和通用性。对于机器而言，不同个人的不同感知与认知如何能分辨出来，目前存在很大的难度。不过，为了使得机器能够有效地自动识别出这些实体与空间要素，城市尺度的统一语义标准亟须尽快搭建。

另一方面，认知与理解也来自不同行业、专业、部门的知识积累，这体现为诸如人口、交通、市政、经济、气象等专业模型的搭建。在这个抽象过程之中，模型大致分为三类：一是简单的统计分析模型、运筹分析模型或空间分析模型（如聚类模型、天际线分析模型）；二是复杂的专业模型，如交通模型、城市增长边界模型、低影响开发模型、微气候模型等；三是人工智能模型，如卷积神经网络模型、启发式因果模型等。数字化认知来自上述模型的整合，适用于不同的城市场景决策。这些建模分为规则化建模与学习型建模。前者基于过去经验搭建的定量化数学模型，需要人力去事先建构计算的逻辑关系、因果关系乃至随机关系等，融合到 CIM 之中；后者是 CIM 作为机器，主动读取数据和信息，模拟人的学习方式，去发现规律，建立规则与模型，创造出新信息与新知识。在此抽象建模之中，尺度、精度、粒度、频率等尤为关键，这涉及不同层面的认知与理解，从而适用于不同类型的城市问题，小到社区垃圾站的布局，大到城市发展方向的研判。

3.3　数字空间行为

机器与人根据对信息的认知和理解，如何再次自主性地生成新的数字城市，或主动指导和操作实体城市的运行？这或许称之为数字空间行为或智能城市智慧化。数字城市的生成过程是整体性的，需要多部门、多专业、多行业的数字化协同，本质体现为城市社会的彼此数字化互动或机器协同式建模。与之同时，人机交互也是 CIM 的核心要义。人通过数字界面，参与到数字城市的协同式建模之中，并由此获得对实体城市的智慧化影响能力，建立起更为综合的场景创新能力。基于这些丰富且动态的场景，即数据、模型、流程彼此关联构成的子集涌现模式，CIM 平台在与不同个体构成的集体和社会的互动之中，将不断地迭代生成更为合理的新场景，最终沉淀出新的知识图谱。这不仅仅是通过简单的图结构去连接不同的知识点，而且是以数字化的三维或多维场景呈现出时空知识，不断迭代并优化数据组织、模型建构、流程连通等，与真实社会的知识共同迭代演进。

本质上，这就是公共的知识生产，可在数字城市的语义统一体与知识图谱的框架下快速组合，赋能真实世界的规划、建设、管理、运营等场景，推动数字孪生的城市场景的实时迭代。换言之，场景作为一种"目标意识"，最初经由人与社会的输入进入到 CIM 平台之中，通过人机交互不断地重组数据、模型以及流程，建构出基于模型的新知识；同时又不断地创新出具有意向性的数字化新场景，可视为某种"数字化的意识"；进而推动数据、模型以及流程的再重组，构成多层次的场景转换与态势研判，模拟人的意识场景转换。从而，这将建构起体系化的自主性知识图谱，整合具象与抽象、微观与宏观、过去与未来。

因此，数字空间行为既体现为 CIM 作为机器的"主动数字意识"生成的现象，又反映出人与 CIM 相互交流并做出具有"自主意识"的智慧化行为。在这种意义上，CIM 平台与社会一起共同孕育出智慧，才能称之为智慧城市的新型操作平台。因此，可设想，CIM 具备自主性创造力，有可能去与社会一起不断地创造出虚实相生的未来城市。

4　时空嵌入

CIM 作为未来城市的新型操作平台，其要义在于 CIM 赋予人和社会更为强大的能力去发掘并把控城市之中的不确定性，加速人与真实城市或数字城市之间的有效沟通和创新，推动实现其社会、经济、环境、文化等复合性目标。那么，其中存在哪些核心技术难点？城市之所以存在各种不确定的复杂状态，在于城市是多元主体构成的动态开放系统，是不同尺度活动彼此交织的互动叠合系统，是物质实体与虚拟意识关联的融通并置系统。我们可以认为，CIM 通过建模过程，梳理了多源异构数据及其流转路径，在有效的节点上将它们彼此沟通起来，推动了知识网络图谱的初级涌现。这种连接的行为可视为某种建模（modeling），分为四个步骤，即对于聚集的数据再次感知→对于重构的关联再次认知→对于涌现的智能再次推理→对于实施的动作再次执行，如此循环。

因此，建模本身是一种学习能力的模拟，而 CIM 本身则在建模之中不断地迭代更新，从而尽可能地拉近真实世界与数字世界之间的距离，或者使得这两个世界之间的映射更为精准。在这种意义上，学习性建模就完全折射出数字世界中自主模拟的意向与过程。因此，数字城市复杂系统之中的不确定性在学习性建模过程之中得以识别，从而才有可能去规避真实城市建设与运营的潜在风险。不过，从个人的空间行为角度而言，这种不确定性往往涉及物质形态、社会经济、生态环境、人文心理等复合要素的时空关联及其变化。

4.1　距离的再定义

于是，这带来了一个细小却关键的基础性技术问题，即 CIM 中的距离应该如何定义？在很大程度上，CIM 聚焦基于时空的信息模型，需要处理时空要素与模型的内在机制，这往往离不开几何距离的度量。从地理时空的角度来看，这可以包含物理距离、社会经济距离、心理距离等。然而，在数字城市中，这些距离往往是同时发生的。与之同时，这也可从数字空间行为的角度来解释：CIM 本身的时空由于人与社会的行为而变得"弯曲"，那么，距离所度量的路径将会在"弯曲"之中发生变化，进而使得距离的概念也需要重新加以定义。

这可类比非欧几何的距离概念。例如，在"弯曲"的地球表面去度量距离，并不是两点之间的直线距离最短，而是沿着测地线（或经纬度）方向的距离最短。因此，在地球表面的局部，如某个小区，欧几里得平面坐标系可以胜任距离的测量；而在地球表面的区域尺度上，如长三角地区或太平洋，球面坐标系才能解决相关的距离度量。于是，在这种案例之中，存在平面和球面坐标系之间的距离转换。又如，个人主体在街道中行走时，怎样看待街道网络的距离？街道与街道之间的最短路径是沿着网络而形成的，而非街道之间的直线距离，那么，距离的度量又需要发生在街道网络的坐标系之下。于是，从某条街道的中心点去计算该点到其他街道的中心点的距离之和，则视为"统一的街道距离"（Hillier，1996），而街道密度的变化率将成为度量统一的街道距离的关键因素。例如，从街道密度高的地区前往密度低的地区，"统一的街道距离"较小；而从密度低的前往密度高的，则较大。从这个角度而言，街道网络可视为"曲面网络"，其曲率（即密度变化率）将限定距离的度量。

不过，在更为丰富的城市空间之内，由于个人作为主体的行为复杂多变，主体所感知和认知的街道网络、社会网络、经济网络、环境网络、文化网络等在特定的时空之中是彼此交织的，而这些网络各自构成了"曲面网络"，其在特定时空的曲率之积将用于度量诸如"街道—社会—经济—环境—文化网络"的复合距离，称之为"网络复合曲率"。于是，从个体行为来看，距离的延展具备复合的语义内涵，这取决于"网络复合曲率"。

4.2　流形时空有机体

人的行为由于主体所感知到的场景或事件而发生变化，那么其所接触的人、所处理的事件也将发生变化。在这种意义上，个人的时空视角将会在个人的数字空间行为之中发生变化，同时也将带来其他人的时空视角的实时变化。这将会体现为时空距离的"互动扭曲"现象，即"网络复合曲率"的实时动态调整。与之同时，在同一个时空场所之内，由于不同个体的时空视角不完全一样，他们事实上处于不同的"街道—社会—经济—环境—文化网络"之中，那么他们所延展的距离也是不一样的，从而引发了他们所处的时空将会不完全相同，对应于他们对同一时空场所不同的认知与理解。

此外，对于同一主体，局部与整体的距离认知也是彼此交织的。例如，个体能够认知到局部空间之中物理空间距离，同时通过记忆、地图或导航也可同时认知到更为广泛的空间之中的物理空间距离，且这两种局部会彼此叠加，共同作用于个人的出行决策。这种局部与整体的叠加效应也体现在诸如社会、经济、环境网络的感知和认知之中，影响个体的行为模式。由于这种局部与整体、物质与虚拟、多重维度的复合距离的认知，CIM 本身的时空构成将由个体行为而在实时重构与迭代，生成不同维度交织的复合距离。这种基于数字空间行为的时空构成将用流形（manifold）来加以描述。对于每个时空场所，可以用张量来进行描述，如五个维度的时空场所，表示为：

$$T_{ijkmn} = T_i \otimes T_j \otimes T_k \otimes T_m \otimes T_n \tag{1}$$

其中：i 为街道；j 为社会；k 为经济；m 为环境；n 为文化。

其梯度可用于度量"网络复合曲率"，表示为：

$$\nabla = \frac{\vartheta}{\vartheta x}i + \frac{\vartheta}{\vartheta y}j + \frac{\vartheta}{\vartheta z}k + \frac{\vartheta}{\vartheta w}m + \frac{\vartheta}{\vartheta v}n \tag{2}$$

4.3 时空嵌入效率

从个体空间行为而言，主体将对多种维度的时空场所及其延展的"曲面网络"进行复合性感知，其中将混合不同类型的米制距离（如曼哈顿距离、闵可夫斯基距离、马式距离）、拓扑距离和几何距离（如夹角余弦距离）等。在这个过程之中，个体感知是升维的过程，体现为不同维度的模型彼此连通与交互起来，形成复杂动态的高维流形模型。然而，人类生活在三维空间之中，对于三维甚至二维的空间更为敏锐，因此，个人在空间行为之中往往会从较低的维度进行考虑，做出相应的反馈行为。那么，高维流形模型将会在认知过程之中展开降维的过程，体现为"时空嵌入"（spatio-temporal embedding），即高维的时空嵌入到低维的时空之中，同时保持关键的特征仍然不会发生较大变化；反之亦然。

在低维时空之中，个体将更好地把握住那些关键特征，并由此做出判断和实施行为。然而，不同的个体在时空嵌入的过程之中，将有可能去优选不同的维度特征，并很有可能选择不同的关键特征，那么，他们在时空之中开展实施行为的时候，将会作用于不同的维度，彼此也许相互并不认同。但从众人构成的社会角度而言，不同个体数字时空行为分别作用于各自不同的维度空间，其结果将会是高维状态，体现为不同行业、不同部门、不同专业的模型再次在城市尺度上相互交织，事实上彼此共同推动了新的数字时空结构的产生。因此，个体的时空感知到行为过程将是从升维到降维的过程，之后又将以升维的方式去感知与评估行为效果；而社会的时空行为过程则仍然是升维过程，从而衍生出个体看来更为不确定的复杂效应。

在这种意义上，CIM 通过不同维度的建模过程，与社会一起互动，去推动信息在不同维度的时空之中进行流转，表现为不同模型的时空嵌入。那么，信息本身的生成、共享、转化、消解等将会构成 CIM 的数字时空本身的"信息网络"。新的距离变量将会是信息距离，即信息获取最优的单位路径。上文探讨的复合距离是度量获取不同维度的信息所消耗的综合性距离，那么，信息距离和复合距离之商将会共同定义 CIM 的信息使用效率，即时空嵌入的效率。

5　青岛 CIM 平台的城市空间立体单元

上述这些理论性与方法性的探讨又如何应用到 CIM 平台的实践工作之中？我们在青岛 CIM 平台上展开了初步的应用性探索，其中数字空间组合、数字空间认知、数字空间行为都是核心难点。青岛搭建 CIM 基础平台，突出陆海统筹与城市空间立体单元，试图构建起"规、建、管、运、服、检"彼此协同的城市生命有机体系，面向智能建造、智慧物业、智慧市政、智慧安全、智慧城管和智能网联车六类领域提供服务，支撑 N 种相关业务系统，形成"1+6+N"布局。青岛 CIM 平台依据业务服务、模型、数据建立起信息的时空嵌入路径，构建"规、建、管、运、服、检"闭环机制，将数据汇聚、融合，按属性分类提供，打造民用版、政务版、陆海统筹版三级数据管理体系，最终形成"城市资产目录（建筑大数据中心）"，做到技术支持"快速、有力、智能"，数据共享"实时、精细、高效"。

对于数字空间组合，青岛 CIM 平台根据数据的空间使用模式，建立起它们之间的关系，便于数据在空间之中自动化组合。城市资产目录涵盖 CIM 成果数据、时空基准数据、规划管控数据、资源调查数据、工程建设数据、物联感知数据、公共专题数据七类基础数据，以及城市更新数据、智能审图数据、名城保护数据、城市活力数据和海岸带专题数据五类 2022 年 CIM+应用的基础数据，未来随着"全市一张数字底板"工作的深入开展，还会持续接入更多的 CIM+应用基础数据，进一步提升"城市资产目录"的支撑能力。这些数据成果根据空间使用模式，分为蓝、绿、黄三层：蓝层包括海岸线、河流、湖泊、港口、海洋监测等；绿层包括公园、绿道、湿地、绿色建筑等；黄层包括居民区、交通线、建筑、管线管廊以及其他设施等。这三层根据不同的精度，对应于 CIM1～CIM7。例如，CIM1 包括涉及海岸线、海域、海岛、河流、湖泊的蓝层，涉及城市绿区的绿层，以及涉及轮廓模型或符号的黄层（图 2）。

对于数字空间认知，以小 Q 空间码为支撑，探索"一码管空间"业务链构建，采用数据共享、同步迭代等方法，促进规划、建设、历史名城保护、防灾减灾等一批场景关联集成，形成可视化、可编辑、可追溯的"空间、人、事、物"数据资产目录，支撑 CIM 平台全方位拓展"小 Q 管空间"综合应用（图 3）。依据国家相关编码类标准规范，基于北斗网格的立体空间编码体系充分衔接青岛市已有的各类空间网格划分及编码方式，结合"一标三实"（即标准地址、实有人口、实有房屋和实有单位）工作，建立覆盖建筑、地块、网格、社区、街道、区县、城市等不同层级立体空间单元的关联关系，找到空间划分的最小立体空间单元，以唯一性、层级性、扩充性、适用性为原则编制空间编码标准，符合 CIM 基础平台应用需求。最终，覆盖全市的 1～6 级北斗网格码 23 661 078 个，其中 4 级标准网格 8 410 个。

基于空间编码标准，实现各层级空间单元与标准地址的关联，实现立体空间单元与网格码、城管码、房屋编码、不动产码等已有编码的关联，打通不同领域业务与数据的关系，以张量的方式，满足高维数据属性挂载需求及二三维一体化等相关应用场景。因此，青岛 CIM 平台根据北斗立体编码体系、业务链条、场景类型等，将不同精度和粒度的数据在城市空间立体单元之中联系起来，建构起可查询、可计算、可模拟的数字立体空间（图 4），探索了时空嵌入的新方法。

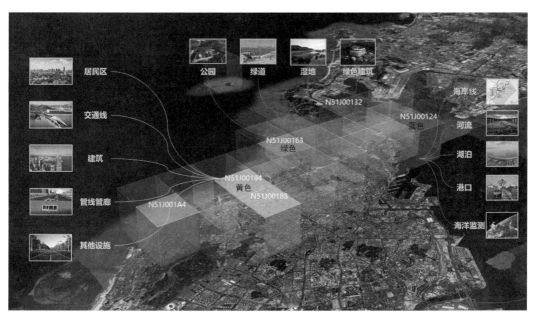

图2 青岛CIM平台根据空间使用模式对数据进行分类

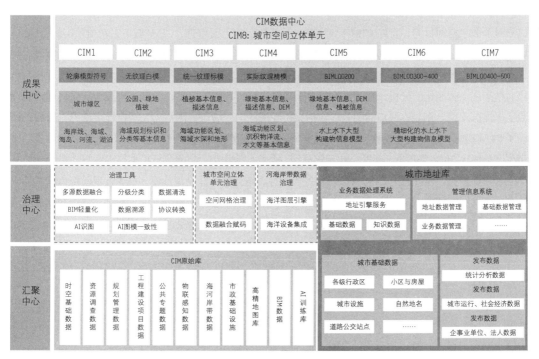

图3 青岛城市立体空间单元架构

图 4　青岛城市建设单元（小 Q）

对于数字空间行为，青岛 CIM 针对 CIM+智能数字施工图审查、CIM+城市更新项目申报、CIM+城市活力分析三方面进行了初步探索。一方面，青岛 CIM 融合城市体检数据，联动城市更新行动，优化城市规划方案，实现"无体检不更新"；另一方面，使用 CIM 基础平台服务能力，对城市进行系统化、精细化、智能化的分析，用数据准确地反映城市运行存在的问题，为城市决策智能化、建设管理数字化提供支撑。例如，城市活力分析包括城市经济活力、城市商圈活力、城市楼宇活力三方面，设计了 74 项指标，结合企业数据、个体户数据、手机信令数据、常住人口规模数据、重点项目数据、区市生产总值等 30 余类数据，通过企业预警模型、企业挖掘模型、商圈分析模型等专业算法模型支撑三个主题数据分析，并且运用 CIM 基础平台底层支撑，结合城市建设地址库。立体直观呈现市场主体快速高质量发展的活力，为城市活力分析提供支撑，辅助领导进行高质量决策。不过，这需要在今后的城市大数据运行过程之中继续迭代相关模型，形成更为实用的数字空间行为预测。

6　结语

青岛 CIM 平台的实践为未来城市信息模型的发展提供了探讨的出发点，即数字城市之中高维度的数据、模型、业务服务等如何在三维空间得以嵌入与表达，又如何以数字空间行为的方式去交织成为 CIM 的信息有机体。青岛 CIM 平台的城市空间立体单元展示了初步的研究工作。不过，这只是极为初步的涉及未来城市信息模型发展的核心问题，即真实世界如何被机器与人在数字空间中自动化地组合在一起，数字化的空间又如何被机器与人所认知与理解，同时数字空间的行为又如何去生成数字城市的迭代生成。在此过程之中，CIM 平台之中的多元模型得以不断优化与整合，而信息则由此在相应的时空之中得以不断地生产与共享。以此，CIM 模拟了个体与社会感知、认知、推理、操作真实世界的过程，提升了时空嵌入的效率，从而加速了未来智慧城市时代的来临。

参考文献

[1] BEIRÃO J, DUARTE J, STOUFFS R. Monitoring urban design through generative design support tools: a generative grammar for Praia[C]//Proceedings of the APDR Congress, 2009.

[2] HILLIER B. Space is the machine[M]. Cambridge University Press, 1996.

[3] IRIZARRY J, KARAN E P, JALAEI F. Integrating BIM and GIS to improve the visual monitoring of construction supply chain management[J]. Automation in Construction, 2013(31): 241-254.

[4] STOJANOVSKI T. City information modeling (CIM) and urbanism: blocks, connections, territories, people and situations[C]//Proceedings of the Symposium on Simulation for Architecture & Urban Design (p. 12). Society for Computer Simulation International, 2013.

[5] 陈兵, 王港. 城市信息模型(CIM)关键技术集成研究[J]. 中国管理信息化, 2021, 24(23): 159-162.

[6] 陈军, 武昊, 刘万增, 等. 自然资源时空信息的技术内涵与研究方向[J]. 测绘学报, 2022, 51(7): 1130-1140.

[7] 党安荣, 王飞飞, 曲葳, 等. 城市信息模型(CIM)赋能新型智慧城市发展综述[J]. 中国名城, 2022, 36(1): 40-45. DOI: 10.19924/j.cnki.1674-4144.2022.1.007.

[8] 段志军. 基于城市信息模型的新型智慧城市平台建设探讨[J]. 测绘与空间地理信息, 2020, 43(8): 138-139＋142.

[9] 胡睿博, 陈珂, 骆汉宾, 等. 城市信息模型应用综述和总体框架构建[J]. 土木工程与管理学报, 2021, 38(4): 168-175. DOI: 10.13579/j.cnki.2095-0985.2021.04.025.

[10] 季珏, 汪科, 王梓豪, 等. 赋能智慧城市建设的城市信息模型(CIM)的内涵及关键技术探究[J]. 城市发展研究, 2021, 28(3): 65-69.

[11] 梁军. 数字城市信息模型研究[D]. 北京: 中国科学院研究生院, 2002.

[12] 秦潇雨, 杨滔. 智能城市的新型操作平台展望——基于多层场景学习的城市信息模型平台[J]. 人工智能, 2021(5): 16-26.

[13] 田颖, 杨滔, 党安荣. 城市信息模型的支撑技术体系解析[J]. 地理与地理信息科学, 2022, 38(3): 50-57.

[14] 王永海, 姚玲, 陈顺清, 等. 城市信息模型(CIM)分级分类研究[J]. 图学学报, 2021, 42(6): 995-1001.

[15] 杨滔, 李晶, 李梦垚, 等. 基于场景迭代的城市信息模型(CIM)[J]. 未来城市设计与运营, 2022(5): 39-45.

[16] 杨滔, 杨保军, 鲍巧玲, 等. 数字孪生城市与城市信息模型(CIM)思辨——以雄安新区规划建设 BIM 管理平台项目为例[J]. 城乡建设, 2021(2): 34-37.

[17] 杨滔, 张晔珵, 秦潇雨. 城市信息模型(CIM)作为"城市数字领土"[J]. 北京规划建设, 2020(6): 75-78.

[18] 杨新新, 邹笑楠. 关于城市信息模型(CIM)对未来城市发展作用的思考[J]. 中国建设信息化, 2021(11): 73-75.

[19] 于静, 杨滔. 城市动态运行骨架——城市信息模型(CIM)平台[J]. 中国建设信息化, 2022(6): 8-13.

[20] 中央人民政府. 中华人民共和国国民经济和社会发展第十四个五年规划和 2035 年远景目标纲要[EB/OL].
(2021-03-13) [2022-12-06]. http://www.gov.cn/xinwen/2021-03/13/content_5592681.htm.

[21] 住房和城乡建设部. 住房和城乡建设部印发《城市信息模型(CIM)基础平台技术导则》(修订版)[EB/OL].
(2021-06-11)[2022-12-06]. https://www.mohurd.gov.cn/xinwen/gzdt/202106/20210611_250445.html.

[22] 住房和城乡建设部. 住房和城乡建设部印发《城市信息模型应用统一标准(征求意见稿)》[EB/OL].
(2021-09-28)[2022-12-06]. https://www.mohurd.gov.cn/gongkai/fdzdgknr/zqyj/202109/20210928_762304.html.

[欢迎引用]

杨滔, 田力男, 孙琦, 等. 基于时空嵌入的未来城市信息模型(CIM)探讨——以青岛为例[J]. 城市与区域规划研究,
2023, 15(1): 98-110.

YANG T, TIAN L N, SUN Q, et al. Research on future city information modeling based on spatiotemporal embedding:
a case study of Qingdao[J]. Journal of Urban and Regional Planning, 2023, 15(1): 98-110.

新兴技术作用下未来城市空间的碳减排效益研究综述

李文竹　梁佳宁

Research Review on Benefits of Carbon Emission Reduction in Future Urban Space Under the Impact of Emerging Technologies

LI Wenzhu, LIANG Jianing
(School of Architecture, Tsinghua University, Beijing 100084, China)

Abstract In the era of digital transformation, the combination of emerging technologies and urban space is expected to solve the long-standing problems in cities such as traffic congestion, environmental pollution, and energy waste, leading to the achievement of the dual carbon targets in urban and rural development. Previous studies mainly focused on the technology-driven transition of urban spaces, lacking a systematic evaluation of the benefits of urban carbon emission reduction. Therefore, this paper selects 111 papers from the Web of Science (WOS) database through a systematic literature review and then examines the impact of technological advancement on carbon emissions in the urban structure and the four urban functions of dwelling, work, transportation, and recreation respectively. It is found that: (1) 74% of the studies believe that new technologies will contribute to the carbon emission reduction in the future urban space; (2) the combination of online and offline hybrid office modes as well as new transportation modes including shared travel will bring more carbon emission reduction benefits to the future urban space; (3) a rebound effect exists in the impact of emerging technologies on urban carbon emissions, which will reduce their carbon emission reduction benefits and need to be considered comprehensively. Finally, this paper summarizes the impact paths of emerging technologies on future urban space's carbon emissions, which will help to achieve low-carbon sustainable development in future cities.

Keywords future cities; carbon emission reduction; urban functional space; emerging technology; systematic literature review

作者简介
李文竹（通讯作者）、梁佳宁，清华大学建筑学院。

摘　要　在数字化转型的时代背景下，新兴技术与城市空间结合有望解决城市长期以来的交通拥堵、环境污染、能源浪费等问题，促进城乡建设中"双碳"目标的达成。现有研究主要关注技术驱动下新城市空间的改变，缺乏其对城市碳减排效益的关注和系统性的梳理。因此，文章通过系统性文献综述的方法，在 Web of Science（WOS）数据库中筛选出 111 篇文献，并分别在城市结构和城市居住、工作、交通、休闲四大功能空间综述科技发展对城市碳排放的影响。研究表明：①74%的文献认为新技术将有助于实现未来城市空间碳排放的减少；②线上线下结合的混合办公模式与共享出行等新型交通方式将为未来城市空间带来较高的碳减排效益；③新兴技术对城市碳排放的影响存在反弹效应，这会削减其带来的碳减排效益，需要进行综合考虑。最后，文章总结了新兴技术对未来城市空间碳排放的影响路径，有助于实现未来城市的低碳可持续发展。

关键词　未来城市；碳减排；城市功能空间；新兴技术；系统性文献综述

1　引言

从 20 世纪提出的《联合国气候变化框架公约》到 2016 年签署的《巴黎协定》，碳减排长期以来一直是世界范围内备受关注的话题，实现碳减排对气候变化、环境保护和可持续发展具有重要意义。2020 年，国家主席习近平在第七十五届联合国大会上提出"二氧化碳排放力争于 2030 年前达到峰值，努力争取 2060 年前实现碳中和"的愿景。在"双碳"目标下，城乡建设、产业、能源等领域相继做出了详细的部署。城市空间作为承载生产消费和日常人类生活活动的载体，也是资源能源消耗和二氧化碳等温室气体排放的集中地，产生了 70%～80% 的温室气体（Hoornweg et al.，2011）。而截至 2021 年，我国常住人口城镇化率已高达 64.7%（中华人民共和国统计局，2021），未来城市空间低碳转型将成为应对气候变化、保护生态环境的重要途径。

以移动互联网、大数据与云计算、人工智能、物联网、虚拟现实、机器人自动化等为代表的新技术共同促进了第三次工业革命"信息时代"向第四次工业革命"智能时代"的变革，为城市空间转型和精细化城市管理提供了新的契机。随着新兴技术的不断发展，城市居民的生活方式与时空行为受到了深刻的影响。在个体层面上，日益便捷的数字基础设施和信息通信技术大幅提升了居民日常生活的数字化水平，居民由传统的线下活动方式转向线上线下相融合的行为模式，随之出现了时空行为灵活化、碎片化、智能化、多任务处理高频化的转变趋势（张恩嘉、龙瀛，2022）。在社会层面上，移动互联网技术促进了城市空间的高效灵活利用，催生了共享居住、共享办公、共享出行等为代表的共享经济。在服务层面上，信息通信技术的驱动下，城市服务即时化和线上化的特征愈发凸显，在家即可满足居民购物、办公、教育、医疗、休闲、服务等多种需求，在线娱乐、云旅游等新型游憩方式层出不穷。

这些新技术催生的新时行为模式也与未来城市的空间结构和功能场景紧密相关。技术发展和居民活动需求的变化共同投影在城市空间中，其所构建的虚拟世界不断冲击着实体城市的空间结构和功能组织，促进了传统城市空间的转型（Batty，2018）。城市实体空间作为居民活动的容器，正在与虚拟线上空间逐步融合，并由单一功能向多功能混合化、碎片化演变，出现功能重组、区位改变等现象。未来城市空间将可能趋向于以居住空间为中心，办公、休闲游憩等多元空间混合、协调组织发展的模式（李鹏，2021）。在我国"十四五"规划纲要提出建设数字中国的背景下，新的生活方式与传统实体城市结构功能的转型为未来城市低碳可持续发展提供了新的机遇和挑战（图 1）。

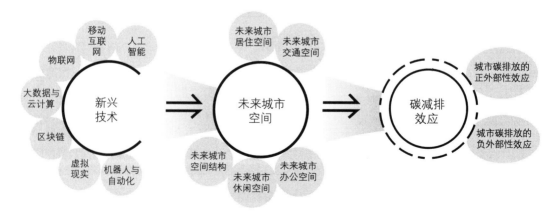

图 1　新兴技术驱动下未来城市空间与碳减排效益的互动关系

既有未来城市相关研究主要关注技术驱动下城市空间中出现的新生活方式和新空间特征（孔宇等，2022），既有碳中和相关研究主要集中在城市形态、土地利用模式、管理运营手段等内容（黄贤金等，2021；张赫等，2021），忽视了技术驱动下新的生活方式和新的城市空间转变为实现"双碳"目标带来的机遇，也缺乏系统性地梳理新兴技术作用下未来城市空间转型为城市碳减排带来的潜在影响及其正负效应。因此，本文通过系统性文献综述的方法，在 Web of Science（WOS）数据库中对 2000 年后相关主题的 1 422 篇文献进行层层筛选，最终选取了 111 篇文献，分别在城市整体空间结构和城市四大功能（居住、工作、交通、休闲）五个方面探析科技发展对未来城市碳排放产生的正负外部效应，并总结了技术驱动下未来城市空间的碳排放影响路径，为实现"双碳"目标提供新兴技术影响下空间视角的参考依据。

2 研究方法与设计

2.1 系统性文献综述

为全面系统地探究新兴技术驱动下未来城市空间与碳减排效益的耦合关系，我们采用了系统性文献综述的方法（图 2）。学者们普遍认为新兴技术的不断发展对城市空间结构和功能场景具有深刻的影响。新兴技术与城市空间结合有望解决城市长期以来的交通拥堵、环境污染、能源浪费等问题。既有碳中和相关研究多集中在城市空间中各类技术的应用，但新的生活方式、新的城市空间结构和功能场景也影响着城市的二氧化碳排放。因此，我们借鉴《雅典宪章》对城市功能的四大分类（居住、工作、交通和休闲）（Gold，2019），分别在未来城市空间结构及居住、工作、交通、休闲四大功能空间场景，分析新兴技术发展对未来城市空间碳排放带来的潜在影响及其正负效应。为保证检索期刊的质量，数据的准确性、全面性和较高解释度，选取 WOS 数据库，系统性地梳理了 2000 年后发表的相关文献。在初步检索阶段，选取未来城市空间（urban space）与碳排放（carbon emission）作为关键词。为了得到精准全面的检索结果，我们基于城市功能空间产生的新现象，在高级检索系统中将多个同义词纳入检索范围，包括聚集与分散并存的城市内部空间结构，共享居住，共享办公和远程办公，共享出行和自动驾驶，以及线上活动和线上服务等。初步检索得到 1 422 篇相关文献，通过阅读全文、质量评估等层层筛选，最终选取了 111 篇文献进行探索分析。由于本文主要关注新的生活方式和新的城市空间所带来的潜在碳减排效益，因此，不考虑与电气化、光伏发电等清洁能源技术相关的文章。

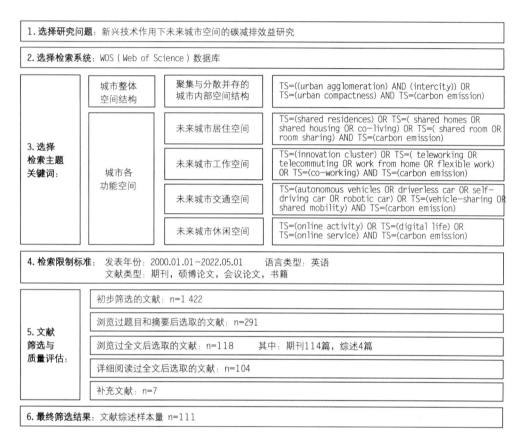

图 2 系统性文献检索框架

2.2 文献计量分析

通过对 111 篇筛选出的文献进行计量分析，发现关注新技术发展对城市碳排放影响的文献数量呈增长状态，并在 2018 年左右迅速发展（图 3a）。检索时间截至 2022 年 5 月 1 日，2022 年的相关文献仍在逐步发表中，表明近年来新兴技术对城市空间的影响以及为"双碳"目标带来的新机遇越来越多地得到了各界学者的关注。

在城市内部空间结构层面上，统计得到 23 篇文献主要关注多年多城市的碳排放数据与城市结构和形态的关系。在城市各个功能空间层面上，关注技术驱动下对未来城市交通空间碳排放影响的文献最多，共 47 篇（图 3b）。其次为对未来城市工作空间碳排放影响的文献，共 25 篇。其中新技术对未来城市交通空间碳排放的影响主要集中在共享出行和自动驾驶等新趋势上，对未来城市工作空间碳排放的影响主要集中在远程办公和共享办公的新现象上。相关文献量较少的是未来城市居住空间中碳排放的影响，其主要涉及共享居住现象，休闲空间主要涉及线上线下活动与服务等。通过对新技术在不同功能空间中碳排放的具体影响统计分析，可以得到新技术为城市带来碳减排正效应、负效应和不确定性影响的文献比例。结果表明，74%的文献认为新兴技术会为城市空间带来碳减排正效应，12%的文献认为新技术对城市碳排放的影响存在反弹效应，这在一定程度上削弱了其减碳效益，反而给城市带来碳排放的增量（图3c）。

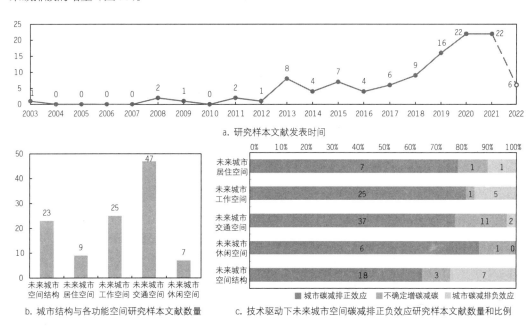

a. 研究样本文献发表时间

b. 城市结构与各功能空间研究样本文献数量

c. 技术驱动下未来城市空间碳减排正负效应研究样本文献数量和比例

图3 研究样本文献计量分析

注：同一文献涉及多种空间类型或碳减排双重效应时作重复计数。

3 技术驱动下未来城市空间的碳减排效益

在研究样本文献计量分析结果的基础上，本文从未来城市空间结构和四大功能空间五个方面，进一步探究新兴技术发展对未来城市空间碳排放带来的潜在影响及其正负外部效应。

3.1 未来城市空间结构的碳减排效益

随着中心城区生活成本的逐渐上升以及城际铁路等交通技术的逐步发展，城市间的通勤时间和通勤成本逐渐下降，未来都市圈的空间组织模式将愈加明显，城市空间结构更加趋向于多中心网络化发展。研究样本文献中主要使用"城市规模""紧凑度""复杂度"和"多中心度"等指标衡量城市形态和城市内部结构（图4）。我们分别探究了这些指标与城市碳排放之间的关系。几乎所有研究都表明，

碳排放量随着城市规模的增加而逐渐增加,以北京为例,城市规模每增加1%,碳排放量就会增加0.32%
(Jia et al., 2015)。

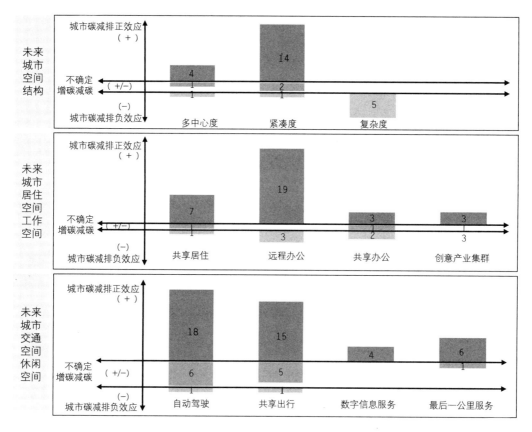

图4　未来城市结构和各功能空间的碳排放正负效应计量分析

　　较高的紧凑度通常意味着较高的城市人口密度和混合用途开发,多篇文章认为更高的城市紧凑度
有助于减少城市碳排放,其主要影响因素包括:①更高的城市紧凑度可以通过改善交通可达性来减少
通勤距离,并通过鼓励人们使用步行等非机动交通方式来减少日常通勤产生的碳排放(Liu et al., 2014;
Liu et al., 2021);②集中的建筑布局能够减少供暖和制冷产生的能源消耗(Capello and Camagni, 2000;
Ye et al., 2015; Schubert, 2013; Wilson, 2013);③紧凑的城市和用地布局可以促进资源的高效利用,
防止建设用地的盲目扩张,有利于郊区绿地的保护,从而增加城市的碳汇空间(Shi et al., 2016; Wang,
2019)。然而,有少量研究认为更高的紧凑度会加剧城市热岛效应,这会导致碳排放增加(Zhou et al.,
2017; Zhu et al., 2022)。同时,建筑密度增加带来的反弹效应,如土地价格的变化,对商业和住宅选
址的影响等,也对城市碳减排产生负面影响(Gaigné, 2012)。

较高的复杂度意味着更多的城市碎片空间或更复杂的城市边界，研究一致认为高复杂度会导致城市碳排放量的增加。较高的城市复杂度降低了基础设施和公共交通的可达性（Ma et al.，2015），导致更长的行驶时间和更低的车速，加剧了城市交通拥堵现象和机动车尾气的排放（Ou et al.，2013）。不规则的空间模式也增加了通勤距离和时间，促进了人们采用机动车通勤的方式（Bereitschaft and Debbage，2013），进而为城市带来碳排放的增量（Falahatkar and Rezaei，2020）。然而，城市呈多中心分布有助于实现职住的相对平衡，并通过减少通勤距离带来碳减排效益（Zhu et al.，2022；Liu et al.，2020）。有研究表明城市中心的数量与碳排放量之间没有显著关系（Sha et al.，2020），但当多中心度超过一定限制时，多中心度的升高反而会导致城市碳排放量的增加（Chen et al.，2021）。

3.2　未来城市居住空间的碳减排效益

互联网时代催生了共享经济模式，以 WeLive、自如等共享住宿、共享起居室为代表的共享居住模式蓬勃发展，主要包括共享房间、共享住宅和共享社区等多种形式。随着交通技术的发展，工作生活边界的愈加模糊，混合功能的多元化发展，未来居住空间将能够同时满足生活、工作、购物等多种需求，并有助于促进职住的相对平衡（Rehmani et al.，2022）。

大多数研究认为共享居住模式有助于减少城市的碳排放（图4），其主要影响路径包括：①共享居住模式优先关注对既有资源和空间的利用，而非居住空间所有权（Heinrichs，2013），从而提高了资源利用率和空间使用绩效（Kathan et al.，2016；Zervas et al.，2017）；②共享居住模式提供了居民共同使用家庭能源的空间，人们的行为在他人的监督下更容易得到规正，这有利于提高居民的节能意识（Javaid et al.，2020；Zhu et al.，2021）；③共享程度的增加和家庭规模的扩大会减少家庭成员的人均能源需求，从而减少人均能源使用量（Brand et al.，2013；Ivanova and Büchs，2020）；④职住混合或商住混合的地区可以通过减少机动车出行来促进城市的节能减排（Zhou and Li，2016）。

未来共享社区、低碳社区、绿色社区等新社区模式的出现，为社区多能源共享机制的实施提供了机会，有利于提高社区能源的利用效率（Ceglia et al.，2021；Petersen，2016）。社区生活圈不再局限于实体空间组织和设施配置，而是形成集线下步行可达和线上服务便捷到家于一体的社区生活圈，促进了居民绿色低碳出行（Li et al.，2021）。

尽管共享居住模式降低了居住的生活成本，但仍可能带来一系列负面的环境影响（Juvan et al.，2017）。较低的居住成本使居民倾向于在共享空间中停留更长时间或产生更多出行行为，从而增加出行者的碳足迹，并在一定程度上加剧了城市的绅士化发展（Czepkiewicz et al.，2018）。同时，由于商家的诱导消费效应，共享居住模式也可能会刺激居民产生额外的消费。此外，共享住宅还会促进居民对周边设施等资源的消耗（Seidel et al.，2021）。

3.3 未来城市工作空间的碳减排效益

信息通信技术的发展促进了不受时间和空间限制的知识型工作的增长，其主要包括三种新的办公空间和模式，即创意产业集群、共享办公和远程办公（Ruth and Chaudhry，2008）。新冠疫情导致的居家隔离和社区封锁也进一步推动了远程办公的应用，促使居住空间和咖啡厅、图书馆等城市第三空间成为新的工作空间（Saludin et al.，2020；Giovanis，2018）。居家办公、路上办公、第三空间办公等多元办公模式向传统办公模式渗透。未来，线上线下混合的办公模式或将长期存在。

多位学者针对远程办公可以通过减少通勤距离和通勤时间来降低城市碳排放达成了共识（Godínez-Zamora et al.，2020；Eregowda et al.，2021；Kitou and Horvath，2008；Akbari and Hopkins，2019）（图 4），其主要影响路径包括：①远程工作者往往倾向于居家办公，或在离家不远的城市第三空间（如咖啡馆和图书馆）远程办公，从而减少了机动车辆的通勤里程（Kitou and Horvath，2003），并由于灵活的出行时间间接地缓解了城市交通拥堵，提高了出行效率（Güereca et al.，2013）。同时，随着通勤次数的减少，远程工作者对公共交通的容忍度提升，进一步减少了出行碳排放（Tang et al.，2011；Andrey et al.，2004）。②由于远程工作人员需要承担居家办公产生的家庭能源费用，因此，他们的能源使用行为可以得到改善（Muto et al.，2019）。③远程办公可以降低传统办公空间和停车空间的需求，并降低传统办公空间的能源消耗（Fuhr and Pociask，2011；O'Keefe et al.，2016；Bhuiyan et al.，2020）。④远程工作者更倾向于迁往房价较低的城市郊区，因此，非远程工作者能够居住在离工作场所更近的地方（Liu and Su，2021；Kim et al.，2015），间接促进了城市的职住平衡。从长远来看，远程办公也会影响住房和车辆的购置需求（Ohnmacht et al.，2020）。同时，共享办公模式可以通过更新现有的低效城市空间和高效利用建筑空间来促进城市可持续性土地开发（Harris et al.，2021；Lu et al.，2015）。此外，创新产业园区和生态产业园区也通过空间与能源的有效利用降低了运营成本（Maynard et al.，2020；Krozer，2017），节省了数百万升燃料（Kitou and Horvath，2006），促进了城市的低碳可持续发展。

然而，一些文献表明，许多反弹效应会抵消新办公模式和办公空间带来的减碳效益（Asgari et al.，2016）。例如，选择居住在离工作场所更远的郊区远程办公者，可能会将通勤节省下来的时间花在其他休闲活动上，从而产生更多的个人出行（Bartolomeo et al.，2003）。部分学者还发现，约20%的远程工作者会产生原本涵盖在工作通勤中的额外购物出行，而非工作出行距离的增加约为远程工作通勤距离减少的25%（Matthews and Williams，2005）。居家办公也意味着需要更大的住宅空间，增加了家庭照明、供暖、通风、空调和办公设备的能源使用（Baliga et al.，2009；Guignon et al.，2021）。而共享办公和创新产业办公集群也会产生加剧城市蔓延、破坏土地利用的负面效应（Bagheri and Tousi，2018）。

3.4 未来城市交通空间的碳减排效益

交通是城市产生碳排放的重点领域，占全球能源相关碳排放量的 25% 左右，占中国的 10% 左右（International Energy Agency，2021）。新兴技术影响下，数字化信息服务（如 MaaS 系统、电子地图导航等）正在重塑着居民的出行方式和城市交通空间。共享交通、公共交通、私家车出行、慢行出行等多种出行方式并存，未来共享出行和无人驾驶将成为新的出行选择。

部分学者认为，共享出行与无人驾驶等新的出行方式有助于实现城市的减碳目标（图4），其主要影响因素包括：①经济驾驶（eco-driving），即安全平稳的驾驶过程，可以减少车辆行驶产生的能源消耗。具体而言，数字信息服务和智能交通系统通过信息交互，为驾驶过程中的加速和减速行为提供动态指导，避免拥堵和事故路段，从而减少驾驶过程中的能耗（Wu et al.，2011；Meneguette et al.，2016）。绿波系统（Suzuki and Marumo，2018）和自动路口（ACUTA）（Li et al.，2015）等基础设施的数字化也有助于驾驶员使用最佳行驶速度，绿灯时通过交叉口从而减少停车次数。另外，自动驾驶技术可以通过自适应巡航直接实现经济驾驶（Zhang et al.，2015）。②自动驾驶的可交互性提高了行驶的安全性，因此可以保持更小的行车间距，从而增加道路容量，减少交通拥堵，促进城市交通空间的低碳集约发展（Brown et al.，2014）。③共享出行与自动驾驶的结合将在满足居民出行需求的同时减少出行时间和所需车辆数量（Claudel and Ratti，2015），从根本上减少城市的碳排放量（Wadud et al.，2016；Stern et al.，2019）。除了因共享出行而减少的行驶里程外，自动驾驶车辆还可以减少传统寻找停车地点所产生的里程，从而在一定程度上有助于实现交通的可持续发展（Fournier et al.，2017）。

部分研究也认为，无人驾驶和共享出行在一定程度上增加了城市碳排放，主要原因如下：①自动驾驶带来的效率提高可能会被出行量的增加所抵消，因为其提高了老年人、儿童、残疾人等出行不便人群的出行便利性（Fox-Penner et al.，2018）；②基于较慢速度和较慢加速的经济驾驶策略也可能会增加区域层面的交通拥堵，在较慢的巡航车速结束后，加速幅度更大，从而导致实际能耗增加（Rafael et al.，2020）；③共享机动车辆（汽车、摩托车等）的环境不友好因素则在于其无乘客时的空载行驶里程（Sun and Ertz，2021；Suatmadi et al.，2019）。从全生命周期的角度来看，共享滑板、单车等非机动车交通工具具有较短的使用寿命和较高的日常维护成本，因此给城市环境带来负面影响（De Bortoli and Christoforou，2020）。

但研究普遍认为，新交通技术对能源的净影响并不确定，因此，大多数研究探讨了不同自动驾驶渗透率下的不同场景。较低的渗透率将导致自动驾驶车辆与传统车辆混行，削减了自动驾驶的优势，如减少拥堵和经济驾驶模式等。然而，也有研究表明，自动驾驶普及率达到100%时，碳排放量反而会增加（Conlon and Lin，2019）。同样，不同的地理环境（如城市道路、农村道路和高速公路）也会产生不同的影响（Bandeira et al.，2021）。

3.5　未来城市休闲空间的碳减排效益

休闲活动数字化是未来城市休闲空间的主要发展趋势，通过提供基于位置的便利生活服务，围绕社区配备个性化物流配送仓库，实现以购物行为为代表的线上线下一体化（OMO）服务模式。现有研究更多地讨论了OMO模式和无人配送的方式（图4）。OMO模式将部分在线配送需求转移为消费者在附近线下商店获取商品的方式从而减少物流量，在一定程度上缓解了交通拥堵，并为城市带来了碳减排效益（Niu et al.，2019）。同时，如果最后一公里配送方式自动化发展，如采用自动驾驶车辆、无人机或机器人等方式，将进一步节省人力成本并为城市环境带来积极影响（Figliozzi，2020；Peng et al.，2020；Li et al.，2021）。

然而，一些研究认为，从整个送货周期的角度分析，无人机的前端阶段即物流中心机动车辆运载无人机和货物的阶段具有更高的碳排放量，因此，电动三轮车等传统送货方式的减碳效益反而高于无人机（Figliozzi，2017）。为了解决这个问题，有研究表明无人机的前端运输阶段可以使用现有的公共交通工具，从而在一定程度上减少前端阶段产生的碳排放（Khalid and Chankov，2020）。而对于其他线上休闲活动，如云旅游和在线娱乐等，理论上也可以减少线下出行产生的碳排放，但其节省的出行时间和出行里程难以量化，探讨相关内容的文献较少。

4　技术驱动下未来城市空间的碳排放影响路径

本文选取的 111 篇研究样本文献中，74%的文献认为新兴技术影响下产生的城市空间新现象将有助于减少城市的碳排放量，这可以归纳为以下影响路径（图5、图6）：①共享化使用提高空间和资源

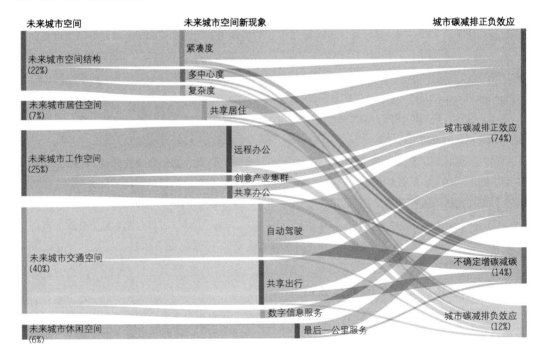

图 5　新兴技术对未来城市空间碳排放的影响

的利用率：共享居住、办公和出行模式等，在时空维度上将传统的私有资源精准匹配给需求方，使原本固定单一的资源具有灵活性和可部署性，提高了资源的利用率，从而有助于实现城市的"双碳"目标。②线上化服务减少出行产生的碳排放：在线购物、医疗和远程办公等新的生活方式减少了居民前往线下实体场所的需求，从而减少了交通部门产生的城市碳排放。③复合化功能和用地减少出行产生的碳排放：高度紧凑的城市结构和小型化设施的复合功能都在较小的出行范围内满足居民的各种需求，因此鼓励非机动出行方式，有助于城市绿色低碳交通模式的发展。④智能化管理降低设施使用产生的碳排放：自动驾驶等技术从专业角度降低交通碳排放量，而物联网技术能够实时监测调节基础设施使用产生的能耗，并提高人们的减排意识。

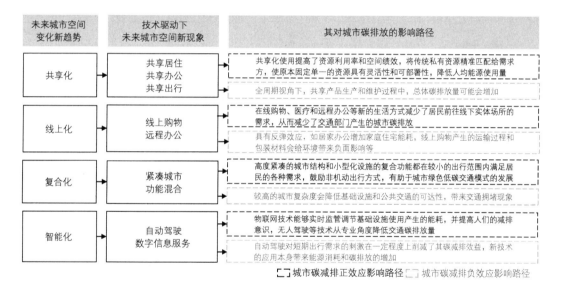

图6　技术驱动下未来城市空间的碳排放影响路径

14%的文献没有明确指出为城市带来的增碳或减碳效益，其余12%的文献表明，技术驱动下部分未来城市空间的新现象将在一定程度上给城市碳减排目标带来反弹效应，这会削减其带来的减碳效益。其影响路径包括：①当新兴技术包含补偿机制时，总体碳排放量可能会增加。如居家办公会增加家庭住宅能耗；线上购物产生的运输过程和包装材料会给环境带来负面影响；自动驾驶对短期出行需求的刺激也在一定程度上减少了其产生的减碳效益。②全周期视角下，总体碳排放量可能会增加。研究多聚焦于某一时间段的某一对象，但其碳排放量需要在全生命周期角度来衡量，如共享单车被广泛认为是低碳的出行方式，但当考虑到生产和维护过程时，其减碳效益会大大削减，总体碳排放量可能会增加。③新技术的应用本身带来的碳排放增加。如与传统基础设施相比，运行数字化基础设施会产生额外能耗，从而给城市碳减排目标带来了负面影响。

5　结语

在数字化转型时代，信息通信技术的蓬勃发展、碳中和的发展愿景和数字中国的建设要求，共同推动了居民生活方式的改变和城市空间的转型。本文选取 WOS 数据库，筛选过去 20 年来与技术驱动下未来城市空间碳排放相关的文献，最终选取 111 篇文献，分别在未来城市空间结构和未来城市居住、工作、交通、休闲四大功能空间进行分析总结。研究发现，74%的文献认为新技术、新生活方式与城市空间的新转变趋势可以促进未来城市碳排放的减少。其中，线上线下相结合的混合办公模式与共享出行等新型交通方式共同为未来城市空间带来更多的减碳效益。然而，新兴技术对城市碳排放的影响存在反弹效应，这会削减其带来的减碳效益，需要进行综合考虑。本文最后总结了技术驱动下未来城市空间的碳排放影响路径，为我国实现碳中和愿景提供了新的思路和机遇。

同时，在新兴技术快速发展的时代洪流下，需要有更多的学者从探索传统实体空间的特征转变为准确捕捉居民时空行为变化，并通过自下而上的需求转变，推动未来城市结构和功能的系统变革，剖析这些转型对城市低碳发展的影响。然而，由于我国对技术驱动下未来城市空间与碳排放之间关系的研究尚处于起步阶段，中国知网上符合搜索标准的文献较少，因此本研究未选择中国知网数据库。近年来，越来越多的国内学者开始关注未来城市空间的发展趋势及其为实现碳中和目标带来的机遇。未来开展进一步研究时，可纳入中国视角，加入多空间尺度、多源数据、全生命周期角度的思考，从而更准确地判断未来城市空间碳排放的变化，引导相关空间政策的有序完善。

致谢

本研究得到"WeCityX 科技规划研究"（20212001232）以及清华大学—丰田联合研究基金专项"未来社会广义人居环境研究：场所营造及评估关键技术研发、决策优化与场景应用"（20213930029）的资助。

参考文献

[1]　AKBARI M, HOPKINS J L. An investigation into anywhere working as a system for accelerating the transition of Ho Chi Minh city into a more livable city[J]. Journal of Cleaner Production, 2019, 209: 665-679.

[2]　ALIAS N A. ICT development for social and rural connectedness[M]. Springer Science & Business Media, 2013.

[3]　ANDREY J C, BURNS K R, DOHERTY S T. Toward sustainable transportation: exploring transportation decision making in teleworking households in a mid-sized Canadian city[J]. Canadian Journal of Urban Research, 2004, 13(2): 257-277.

[4]　ASGARI H, JIN X, DU Y. Examination of the impacts of telecommuting on the time use of nonmandatory activities[J]. Transportation Research Record, 2016, 2566(1): 83-92.

[5]　BAGHERI B, TOUSI S N. An explanation of urban sprawl phenomenon in Shiraz Metropolitan Area (SMA)[J]. Cities, 2018, 73: 71-90.

[6]　BALIGA J, HINTON K, AYRE R, et al. Carbon footprint of the internet[J]. Telecommunications Journal of

Australia, 2009, 59(1): 1-14.

[7] BANDEIRA J M, MACEDO E, FERNANDES P, et al. Potential pollutant emission effects of connected and automated vehicles in a mixed traffic flow context for different road types[J]. IEEE Open Journal of Intelligent Transportation Systems, 2021, 2: 364-383.

[8] BARTOLOMEO D M, DAL MASO D, DE JONG D P, et al. Eco-efficient producer services — what are they, how do they benefit customers and the environment and how likely are they to develop and be extensively utilised?[J]. Journal of Cleaner Production, 2003, 11(8): 829-837.

[9] BATTY M. Inventing future cities [M]. MIT Press, 2018.

[10] BEREITSCHAFT B, DEBBAGE K. Urban form, air pollution, and CO_2 emissions in large US metropolitan areas[J]. The Professional Geographer, 2013, 65(4): 612-635.

[11] BHUIYAN M A A, RIFAAT S M, TAY R, et al. Influence of community design and sociodemographic characteristics on teleworking[J]. Sustainability, 2020, 12(14): 5781.

[12] BRAND C, GOODMAN A, RUTTER H, et al. Associations of individual, household and environmental characteristics with carbon dioxide emissions from motorised passenger travel[J]. Applied Energy, 2013, 104(100): 158-169.

[13] BROWN A, GONDER J, REPAC B. An analysis of possible energy impacts of automated vehicles[M]. Springer, Cham, 2014: 137-153.

[14] CAPELLO R, CAMAGNI R. Beyond optimal city size: an evaluation of alternative urban growth patterns[J]. Urban Studies, 2000, 37(9): 1479-1496.

[15] CEGLIA F, MARRASSO E, ROSELLI C, et al. Small renewable energy community: the role of energy and environmental indicators for power grid[J]. Sustainability, 2021, 13: 2137.

[16] CHEN X, ZHANG S, RUAN S. Polycentric structure and carbon dioxide emissions: empirical analysis from provincial data in China[J]. Journal of Cleaner Production, 2021, 278: 123411.

[17] CLAUDEL M, RATTI C. Full speed ahead: how the driverless car could transform cities[M]. McKinsey & Company, August, 2015: 14.

[18] CONLON J, LIN J. Greenhouse gas emission impact of autonomous vehicle introduction in an urban network[J]. Transportation Research Record, 2019, 2673(5): 142-152.

[19] CZEPKIEWICZ M, HEINONEN J, OTTELIN J. Why do urbanites travel more than do others? A review of associations between urban form and long-distance leisure travel[J]. Environmental Research Letters, 2018, 13: 073001.

[20] DE BORTOLI A, CHRISTOFOROU Z. Consequential LCA for territorial and multimodal transportation policies: method and application to the free-floating e-scooter disruption in Paris[J]. Journal of Cleaner Production, 2020, 273: 122898.

[21] EREGOWDA T, CHATTERJEE P, PAWAR D S. Impact of lockdown associated with COVID-19 on air quality and emissions from transportation sector: case study in selected Indian metropolitan cities[J]. Environment Systems and Decisions, 2021, 41: 401-412.

[22] FALAHATKAR S, REZAEI F. Towards low carbon cities: spatio-temporal dynamics of urban form and carbon

dioxide emissions[J]. Remote Sensing Applications: Society and Environment, 2020, 18: 100317.

[23] FIGLIOZZI M A. Carbon emissions reductions in last mile and grocery deliveries utilizing air and ground autonomous vehicles[J]. Transportation Research Part D: Transport and Environment, 2020, 85: 102443.

[24] FIGLIOZZI M A. Lifecycle modeling and assessment of unmanned aerial vehicles (Drones) CO_2 emissions[J]. Transportation Research Part D: Transport and Environment, 2017, 57: 251-261.

[25] FOURNIER G, PFEIFFER C, BAUMANN M, et al. Individual mobility by shared autonomous electric vehicle fleets: Cost and CO_2 comparison with internal combustion engine vehicles in Berlin, Germany [C]//2017 International Conference on Engineering, Technology and Innovation (ICE/ITMC). IEEE, 2017: 368-376.

[26] FOX-PENNER P, GORMAN W, HATCH J. Long-term US transportation electricity use considering the effect of autonomous-vehicles: estimates & policy observations[J]. Energy Policy, 2018, 122: 203-213.

[27] FUHR J P, POCIASK S. Broadband and telecommuting: helping the US environment and the economy[J]. Low Carbon Economy, 2011, 2: 41.

[28] GAIGNÉ C, RIOU S, THISSE J F. Are compact cities environmentally friendly?[J]. Journal of Urban Economics, 2012, 72(2-3): 123-136.

[29] GIOVANIS E. The relationship between teleworking, traffic and air pollution[J]. Atmospheric Pollution Research, 2018, 9(1): 1-14.

[30] GODÍNEZ-ZAMORA G, VICTOR-GALLARDO L, ANGULO-PANIAGUA J, et al. Decarbonising the transport and energy sectors: technical feasibility and socioeconomic impacts in Costa Rica[J]. Energy Strategy Reviews, 2020, 32: 100573.

[31] GOLD J R. Athens Charter (CIAM), 1933[J]. In: ORUM, A M (Ed.), The Wiley Blackwell Encyclopedia of Urban and Regional Studies. Wiley-Blackwell, Chichester, 2019: 1-3.

[32] GÜERECA L P, TORRES N, NOYOLA A. Carbon footprint as a basis for a cleaner research institute in Mexico[J]. Journal of Cleaner Production, 2013, 47: 396-403.

[33] GUIGNON V, BRETON C, MARIETTE J, et al. Ten simple rules for switching from face-to-face to remote conference: an opportunity to estimate the reduction in GHG emissions[J]. PLOS Computational Biology, 2021, 17: e1009321.

[34] HARRIS S, MATA É, PLEPYS A, et al. Sharing is daring, but is it sustainable? An assessment of sharing cars, electric tools and offices in Sweden[J]. Resources, Conservation and Recycling, 2021, 170: 105583.

[35] HEINRICHS H. Sharing economy: a potential new pathway to sustainability [J]. GAIA-Ecological Perspectives for Science and Society, 2013, 22(4): 228-231.

[36] HOORNWEG D, SUGAR L, TREJOS GÓMEZ C L. Cities and greenhouse gas emissions: moving forward[J]. Environment and Urbanization, 2011, 23(1): 207-227.

[37] INTERNATIONAL ENERGY AGENCY. Greenhouse gas emissions from energy[DB/MT]. (2021-09)[2022-05] https://www.iea.org/data-and-statistics/data-products.

[38] IVANOVA D, BÜCHS M. Household sharing for carbon and energy reductions: the case of EU countries[J]. Energies, 2020, 13: 1909.

[39] JAVAID A, CREUTZIG F, BAMBERG S. Determinants of low-carbon transport mode adoption: systematic review

of reviews[J]. Environmental Research Letters, 2020, 15: 103002.

[40] JIA J, WU Y, GU Z. Does the urban morphology have an influence on the carbon emission (CE) of energy consumption (EC)? —A case study in Beijing city[J]. Advances in Energy Science and Equipment Engineering, ICEESE, 2015.

[41] JUVAN E, HAJIBABA H, DOLNICAR S. Environmental sustainability[J]. In: DOLNICAR, S (Ed.), Oxford: Goodfellow Publishers, 2017.

[42] KATHAN W, MATZLER K, VEIDER V. The sharing economy: your business model's friend or foe?[J]. Business Horizons, 2016, 59(6): 663-672.

[43] KHALID R, CHANKOV S M. Drone delivery using public transport: an agent-based modelling and simulation approach[C]//International Conference on Dynamics in Logistics. Springer, Cham, 2020: 374-383.

[44] KIM S-N, CHOO S, MOKHTARIAN P L. Home-based telecommuting and intra-household interactions in work and non-work travel: a seemingly unrelated censored regression approach[J]. Transportation Research Part A: Policy and Practice, 2015, 80: 197-214.

[45] KITOU E, HORVATH A. Energy-related emissions from telework[J]. Environmental Science & Technology, 2003, 37(16): 3467-3475.

[46] KITOU E, HORVATH A. External air pollution costs of telework[J]. The International Journal of Life Cycle Assessment, 2008, 13(2): 155-165.

[47] KITOU E, HORVATH A. Transportation choices and air pollution effects of telework[J]. Journal of Infrastructure Systems, 2006, 12(2): 121-134.

[48] KROZER Y. Innovative offices for smarter cities, including energy use and energy-related carbon dioxide emissions[J]. Energy, Sustainability and Society, 2017, 7(1): 1-13.

[49] LI L, HE X, KEOLEIAN G A, et al. Life cycle greenhouse gas emissions for last-mile parcel delivery by automated vehicles and robots[J]. Environmental Science and Technology, 2021, 55(16).

[50] LI L, ZHANG S, CAO X, et al. Assessing economic and environmental performance of multi-energy sharing communities considering different carbon emission responsibilities under carbon tax policy[J]. Journal of Cleaner Production, 2021, 328: 129466.

[51] LI Z, CHITTURI M V, YU L, et al. Sustainability effects of next-generation intersection control for autonomous vehicles[J]. Transport, 2015, 30(3): 342-352.

[52] LIU D, DENG Z, ZHANG W, et al. Design of sustainable urban electronic grocery distribution network[J]. Alexandria Engineering Journal, 2021, 60(1): 145-157.

[53] LIU K, XUE M, PENG M, et al. Impact of spatial structure of urban agglomeration on carbon emissions: an analysis of the Shandong Peninsula, China[J]. Technological Forecasting and Social Change, 2020, 161: 120313.

[54] LIU S, SU Y. The impact of the COVID-19 pandemic on the demand for density: evidence from the US housing market[J]. Economics Letters, 2021, 207: 110010.

[55] LIU Y, SONG Y, SONG X. An empirical study on the relationship between urban compactness and CO_2 efficiency in China[J]. Habitat International, 2014, 41: 92-98.

[56] LU Y, CHEN B, FENG K, et al. Ecological network analysis for carbon metabolism of eco-industrial parks: a case study of a typical eco-industrial park in Beijing[J]. Environmental Science & Technology, 2015, 49: 7254-7264.

[57] MA J, LIU Z, CHAI Y. The impact of urban form on CO_2 emission from work and non-work trips: the case of Beijing, China[J]. Habitat International, 2015, 47: 1-10.

[58] MATTHEWS H S, WILLIAMS E. Telework adoption and energy use in building and transport sectors in the United States and Japan[J]. Journal of Infrastructure Systems, 2005, 11: 21-30.

[59] MAYNARD N J, RAJ KANAGARAJ SUBRAMANIAN V, HUA C-Y, et al. Industrial symbiosis in Taiwan: case study on Linhai Industrial Park[J]. Sustainability, 2020, 12: 4564.

[60] MENEGUETTE R I, FILHO G, GUIDONI D L, et al. Increasing intelligence in inter-vehicle communications to reduce traffic congestions: experiments in urban and highway environments[J]. Plos One, 2016, 11(8): e0159110.

[61] MUMFORD L. The city in history: its origins, its transformations, and its prospects[J]. Houghton Mifflin Harcourt, 1961, 26(5): 791-791.

[62] MUTO D, YOKOO N, FUJIWARA K. Reduction of environmental load by telecommuting in Oku-Nikko[J]. IOP Conference Series: Earth and Environmental Science, 2019, 294: 012008.

[63] NIU B, MU Z, LI B. O2O results in traffic congestion reduction and sustainability improvement: analysis of "Online-to-Store" channel and uniform pricing strategy[J]. Transportation Research Part E: Logistics and Transportation Review, 2019, 122(Feb.): 481-505.

[64] OHNMACHT T, Z'ROTZ J, DANG L. Relationships between coworking spaces and CO_2 emissions in work-related commuting: first empirical insights for the case of Switzerland with regard to urban-rural differences[J]. Environmental Research Communications, 2020, 2: 125004.

[65] O'KEEFE P, CAULFIELD B, BRAZIL W, et al. The impacts of telecommuting in Dublin[J]. Research in Transportation Economics, 2016, 57: 13-20.

[66] ORUM A M. The wiley-blackwell encyclopedia of urban and regional studies[M]. John Wiley & Sons, 2019.

[67] OU J, LIU X, LI X, et al. Quantifying the relationship between urban forms and carbon emissions using panel data analysis[J]. Landscape Ecology, 2013, 28(10): 1889-1907.

[68] PENG X, SUN D, MENG Z. The vehicle routing problem with drone for the minimum CO_2 emissions[C]//International Conference on Management Science and Engineering Management. Springer, Cham, 2020: 24-34.

[69] PETERSEN J-P. Energy concepts for self-supplying communities based on local and renewable energy sources: a case study from northern Germany[J]. Sustainable Cities and Society, 2016, 26: 1-8.

[70] RAFAEL S, CORREIA L P, LOPES D, et al. Autonomous vehicles opportunities for cities air quality[J]. Science of the Total Environment, 2020, 712: 136546.

[71] REHMANI M, ARSHAD M, KHOKHAR M N, et al. COVID-19 repercussions: office and residential emissions in Pakistan[J]. Frontiers in Psychology, 2022: 12.

[72] RUTH S, CHAUDHRY I. Telework: a productivity paradox?[J]. IEEE Internet Computing, 2008, 12(6): 87-90.

[73] SALUDIN N A, KARIA N, HASSAN H. Working from home (WFH): is malaysia ready for digital society[J]. Entrepreneurship Vision, 2020: 981-989.

[74] SCHUBERT J, WOLBRING T, GILL B. Settlement structures and carbon emissions in Germany: the effects of social and physical concentration on carbon emissions in rural and urban residential areas[J]. Environmental Policy and Governance, 2013, 23(1): 13-29.

[75] SEIDEL A, MAY N, GUENTHER E, et al. Scenario-based analysis of the carbon mitigation potential of 6G-enabled 3D videoconferencing in 2030[J]. Telematics and Informatics, 2021, 64: 101686.

[76] SHA W, CHEN Y, WU J, et al. Will polycentric cities cause more CO_2 emissions? A case study of 232 Chinese cities[J]. Journal of Environmental Sciences, 2020, 96: 33-43.

[77] SHI L, YANG S, GAO L. Effects of a compact city on urban resources and environment[J]. Journal of Urban Planning and Development, 2016, 142(4): 05016002.

[78] STERN R E, CHEN Y, CHURCHILL M, et al. Quantifying air quality benefits resulting from few autonomous vehicles stabilizing traffic[J]. Transportation Research Part D: Transport and Environment, 2019, 67: 351-365.

[79] SUATMADI A Y, CREUTZIG F, OTTO I M. On-demand motorcycle taxis improve mobility, not sustainability[J]. Case Studies on Transport Policy, 2019, 7(2): 218-229.

[80] SUN S, ERTZ M. Environmental impact of mutualized mobility: evidence from a life cycle perspective[J]. Science of The Total Environment, 2021, 772: 145014.

[81] SUZUKI H, MARUMO Y. A new approach to green light optimal speed advisory (GLOSA) systems for high-density traffic flowe[C]// 2018 IEEE International Conference on Intelligent Transportation Systems (ITSC). IEEE, 2018.

[82] TANG W, MOKHTARIAN P L, HANDY S L. The impact of the residential built environment on work at home adoption and frequency: an example from Northern California[J]. Journal of Transport and Land Use, 2011, 4: 3-22.

[83] WADUD Z, MACKENZIE D, LEIBY P. Help or hindrance? The travel, energy and carbon impacts of highly automated vehicles[J]. Transportation Research Part A: Policy and Practice, 2016, 86: 1-18.

[84] WANG S, WANG J, FANG C, et al. Estimating the impacts of urban form on CO_2 emission efficiency in the Pearl River Delta, China[J]. Cities, 2019, 85(Feb.): 117-129.

[85] WILSON B. Urban form and residential electricity consumption: evidence from Illinois, USA[J]. Landscape and Urban Planning, 2013, 115: 62-71.

[86] WU C, ZHAO G, OU B. A fuel economy optimization system with applications in vehicles with human drivers and autonomous vehicles[J]. Transportation Research Part D: Transport and Environment, 2011, 16(7): 515-524.

[87] YE H, HE X Y, SONG Y, et al. A sustainable urban form: the challenges of compactness from the viewpoint of energy consumption and carbon emission[J]. Energy and Buildings, 2015, 93: 90-98.

[88] ZERVAS G, PROSERPIO D, BYERS J W. The rise of the sharing economy: estimating the impact of Airbnb on the hotel industry[J]. Journal of Marketing Research, 2017, 54: 687-705.

[89] ZHANG W, GUHATHAKURTA S, FANG J, et al. The performance and benefits of a shared autonomous vehicles

based dynamic ridesharing system: an agent-based simulation approach[C]//Transportation Research Boarding Meeting. 2015.

[90] ZHOU B, RYBSKI D, KROPP J P. The role of city size and urban form in the surface urban heat island[J]. Scientific Reports, 2017, 7(1): 1-9.

[91] ZHOU W, LI Z. Determining sustainable land use by modal split shift strategy for low emissions: evidence from medium-sized cities of China[J]. Mathematical Problems in Engineering, 2016: 2745092.

[92] ZHU J, ALAM M M, DING Z, et al. The influence of group-level factors on individual energy-saving behaviors in a shared space: the case of shared residences[J]. Journal of Cleaner Production, 2021, 311: 127560.

[93] ZHU K, TU M, LI Y. Did polycentric and compact structure reduce carbon emissions? A spatial panel data analysis of 286 Chinese cities from 2002 to 2019[J]. Land, 2022, 11(2): 185.

[94] 黄贤金, 张秀英, 卢学鹤, 等. 面向碳中和的中国低碳国土开发利用[J]. 自然资源学报, 2021, 36(12): 2995-3006.

[95] 孔宇, 甄峰, 张姗琪. 智能技术对城市居民活动影响的研究进展与展望[J]. 地理科学, 2022, 42(3): 413-425.

[96] 李鹏. 互联网发展影响实体城市研究评述与展望——来自城市规划视角[J]. 城市发展研究, 2021, 28(12): 55-61.

[97] 张恩嘉, 龙瀛. 面向未来的数据增强设计: 信息通信技术影响下的设计应对[J]. 上海城市规划, 2022(3): 1-7.

[98] 张赫, 王睿, 于丁一. 基于差异化控碳思路的县级国土空间低碳规划方法探索[J]. 城市规划学刊, 2021(5): 58-65.

[99] 中华人民共和国统计局. 中国统计年鉴[M]. 北京: 中国统计出版社, 2021.

[欢迎引用]

李文竹, 梁佳宁. 新兴技术作用下未来城市空间的碳减排效益研究综述[J]. 城市与区域规划研究, 2023, 15(1): 111-128.

LI W Z, LIANG J N. Research review on benefits of carbon emission reduction in future urban space under the impact of emerging technologies[J]. Journal of Urban and Regional Planning, 2023, 15(1): 111-128.

基于数字商业生态系统的城市治理

——以杭州城市大脑为例

李天星

Urban Governance Based on Digital Business Ecosystem: A Case Study of Hangzhou Urban Brain

LI Tianxing
(School of Landscape Architecture, Zhejiang A&F University, Hangzhou 311300, Zhejiang, China)

Abstract At present, digital city governance still has problems such as "isolated islands of information" and a lack of urban dynamic governance mechanism. In order to cope with the challenges faced by digital city governance, this paper, from the perspective of business ecosystem theory and based on the method of case analysis, analyzes the governance mechanism of Hangzhou urban brain in detail and exacts the membership structure, membership operation mode and overall governance operation system of the Hangzhou Urban Brain Digital Business Ecosystem. Based on the membership structure, membership operation mode and overall governance operation system of the urban brain digital business ecosystem, this paper finds that urban governance based on the business ecosystem can solve problems that still exist in city governance today, including poor data collection ability, isolated islands of information and difficulties in the marketization of urban governance. It also indicates that using the digital business ecosystem to govern cities can help to replace old governance methods with new governance concepts, change the traditional collaborative methods and find a new governance platform. Finally, this paper will discuss urban governance based on the experience of Hangzhou Urban Brain.

Keywords digital; business ecosystem; urban governance; Hangzhou Urban Brain

作者简介

李天星,浙江农林大学风景园林与建筑学院。

摘　要　目前数字城市治理还具有信息孤岛、城市动态治理机制匮乏等问题,为应对数字化城市治理所面临的挑战,文章以商业生态系统理论为视角,以案例分析为研究方法,具体分析杭州城市大脑的治理机制,提炼出杭州城市大脑数字商业生态系统的成员结构、成员关系运作模式及整体治理运作体系。结果发现,基于数字商业生态系统的城市治理可以解决当下城市治理中存在的数据汇集能力差、信息孤岛、城市治理市场化困难等问题,同时,利用数字商业生态系统去治理城市可以树立新的治理理念、破除旧的治理手段、改变传统的协同方式以及找到新的治理平台。最后,文章基于杭州城市大脑的城市治理经验做出讨论。

关键词　数字;商业生态系统;城市治理;杭州城市大脑

1　引言

在当下,数据占据着城市的各个角落,城市中的各个领域也积累众多的信息,但由于城市中各领域之间存在着巨大的信息缝隙,导致城市中数据信息不流通,产生了众多的"信息孤岛"。随着城市治理理念不断更新与迭代,城市治理理念从政府经验治理转向数字化城市治理、智慧城市治理等,但目前数字城市治理还存在数据汇集能力差、数据资源利用率低、城市数字基础设施薄弱等诸多问题,如何解决数字城市治理所面临的问题还有待探讨。事实上,城市不仅是企业和个人聚集并进行经济活动的有形区域，它还是通过一系列复杂的重叠关系形成的商业生态系统（Visnjic et al.，2016）。如果把城市治理看作是一个数字商业生态系统来运行，可有效解决目前城市治理中的许多不足和弊端。

2　理论基础

2.1　数字城市治理综述

2.1.1　数字城市治理现状及存在问题

推广数字化城市管理是革新城市管理理念、推动政府作风转变、提升城市管理水平的有效途径（金世斌，2011）。在我国的五大发展理念中，创新理念具有第一位的重要性，依托以大数据为核心的新一代信息技术建设智慧城市，能够为治理"城市病"带来新的技术路径和有效手段（梁丽，2016）。要注重创新驱动发展，强化创新体系和创新能力建设，同时信息化也是城市治理现代化发展的核心内容（孙轩、孙涛，2020）。在目前的城市治理中，数字化创新和融合已经扩散到城市治理的各个方面，城市治理模式逐渐由依托信息化技术、与我国城市管理体制进行融合创新的数字城市治理，迈向伴随新一轮科技产业革命及融合民主、公平、开放、协作等价值理念的智慧化城市治理（本清松、彭小兵，2020），治理方式也由粗放式的城市管理转向以技术驱动的精细化城市治理（张鸣春，2020）。另外，国内各大城市、企业等也对城市治理进行有益的探索，如上海的"一网通办，一网通管"、雄安新区的数字孪生城市、杭州的城市大脑等；在企业中，出现了以技术为导向的城市治理方案，如腾讯的未来城市愿景、华为的全场景城市智能体等（焦永利、史晨，2020）。当下虽然城市治理理念及在实践上都有进一步推进，但在数字城市治理上还存在诸多问题，主要集中于数据共享不足、数据孤岛（朱光磊等，2021）、数据失真（张明斗、刘奕，2020）、跨部门协作难（孙轩、孙涛，2020）、治理建设与应用不匹配（辜胜阻等，2013）、城市治理市场化运营（高奇琦、阙天南，2020）具有现实挑战等问题上。

2.1.2　数字城市治理解决措施

基于城市治理中出现的问题，各个学者也从问题的出发点提出了相应的解决办法，如由于单一数据已经不能满足城市治理的要求，要把多元数据融合作为大数据时代城市治理的一个突出重点（陈兰杰、李乐诗，2019）；要把政府、市场、社会的多元合作共治作为超大城市精细化治理的应有之义，人工智能时代的超大城市治理经常面临着治理主体多元交互、治理客体模糊不清和治理机制复杂等现实问题，要求人工智能时代的城市精细化治理要重新找回"人"的价值（薛泽林、孙荣，2020）。在政府与社会携手克服理念更新、技术嵌入、路径选择和建构营运等诸多难点上，数字化城市治理要进入平台型治理，要从商业和消费变迁的平台型经济中汲取营养，走向谋求城市创新发展的平台型治理（闵学勤、陈丹引，2019），要把系统整作为当下人工智能赋能超大城市精细化治理的主要思路（辜胜阻等，2013）。另外，数据只有在交互、连接中才能产生治理价值，成为真正的驱动力，否则城市数字化还是仅仅停留在电子政务、信息化建设阶段，无法迭代为数字城市，更不是智能和智慧城市，数字经济促进城市高质量发展，要发展城市产业数字化、城市数字产业化（锁利铭，2021）。要将智慧城市的技术优势与政府治理的制度优势有效结合，打通城市治理的痛点和堵点，实现城市治理现代化的新突破，是智慧城市向城市治理现代化演进的逻辑主线（李晴、刘海军，2020），新技术将极大地为城市治理"赋能"，城市治理也需要探索数字时代的治理策略与方法论，像商业领域那样走向"规模化敏捷"，即能够在紧迫的约束下突破路径依赖，协同应对难解问题（史晨等，2020）。

综上所述，现今的智慧城市城市治理出现了许多的问题，许多学者因此也提出了解决方案，如要把城市治理系统化、平台化，要把城市数字产业化、城市产业数字化，但是这些理论大多还停留在理论层面，具体实践中该怎样去嵌套还有待商榷。杭州城市大脑即是从数字治堵到数字治城再到生态智能，解决了目前诸多数字城市治理存在的问题，也把目前数字城市治理研究理论实践化，本质上杭州城市大脑是以商业生态系统的思维去运营，以平台型的方式进行治理。

2.2　商业生态系统理论

摩尔（Moore）认为，"商业生态系统是一种由客户、供应商、主要生产商、投资商、贸易合作伙伴、标准制定机构、工会、政府、社会公共服务机构和其他利益相关者等具有一定利益关系的组织或群体构成的动态结构系统"（Peltoniemi and Vuori，2004）。在摩尔之后，很多学者主要从生态视角以及网络视角来分析商业生态系统（付广华等，2018）。宋都克（Soonduc）等从自然生态系统中的"消费者—生产者—分解者"的核心角色构成出发，引申出了大数据生态系统的核心角色组成，认为大数据商业生态系统的核心角色包括用户（服务使用者）、服务提供商、基础设施和数据拥有者（Yoo et al.，2014）。在平台型商业生态系统研究方面，学者们多数以其本质为基础，兼顾平台特征和功能来解释平台型商业生态系统，并将其定义为以互联网技术为支持，以平台为中心，相互依存的动态利益连接系统（Moore，1993；Peltoniemi and Vuori，2004；Zahra，2012），认为平台型商业系统是由核心成员、关键成员、支持成员、寄生成员所构成（伊超男，2019）；在互联网商业生态系统研究方面，互联网商业生态系统是以互联网平台为中心，集成了众多商家、消费者以及相关服务商而形成的互联网生态系统，并且认为互联网商业生态系统是一个复杂的生态平台（唐红涛等，2019）。根据已有的文献梳理，本文总结了不同学者在商业生态系统中的研究，可以发现，不管是从大数据商业生态系统、平台型商业生态系统、双边平台商业生态系统、互联网商业生态系统，还是从网络视角研究下的商业生态系统，都离不开一个核心平台的支撑，并且都是通过某种无形的契约将各个主体联结在整个系统之内。

2.3　基于数字商业生态系统的城市治理

随着科技、互联网以及数字经济等的迅速发展，目前的智慧城市正是城市治理的新方向，科技、互联网等成为城市治理的有效工具，改变了传统的政府治理模式，数据也成为城市中各个主体之间联系的纽带，成为城市治理的内生动力，而城市本身就是一个巨型的商业生态系统。在城市这个数字商业生态系统中，它与一般的商业生态系统必然有着密切的联系，一般的商业生态系统是数字商业生态系统形成的基础，而基于数字商业生态系统的城市治理又有其特性，数字商业生态系统的形成必须依靠数据的流动，并且要基于一定的网络基础设施才能形成。在商业生态系统的理论综述中，本文把大数据商业生态系统以及平台型商业生态系统作为数字商业生态系统的基础，在理论的基础上将两者结合起来，因为数字商业生态系统具有这两种商业生态系统的特性。

3　研究方法

3.1　方法选择

本文选择单案例的研究方法来研究数字商业生态系统的城市治理，其理由有以下两个：第一，城市治理是个很复杂的问题，城市治理因各地方城市发展不一、城市背景以及经济发展状况等差异大，关于城市治理的理念和模式大多还停留在理论阶段，选取杭州作为案例分析是因为杭州已经走在现代城市治理的前面，且杭州城市大脑是基于数字商业生态系统城市治理的有效实践；第二，如果应用平台型商业生态系统来解决城市治理问题有其自身的弊端，即早期规模和投资的问题，也就是双面平台经典的"鸡"和"蛋"的问题，应该首先建立基础设施或者服务，希望需求随后产生，还是希望首先关注需求，当政府作为数字商业生态系统平台提供者不能为外界供应商提供一个明确的需求时，这些外部提供商可能不会承诺与政府在平台的合作，也不会产生全方位的服务，即使有，也会产生信任危机（Visnjic et al., 2016）。所以，笔者认为用商业生态系统来解决城市治理问题的基础是城市要有一定建立基础设施的能力，选取杭州是因为杭州市已经执行了构建数字商业生态系统平台的实践。

3.2　案例选择

本研究的对象是杭州城市大脑，选择杭州城市大脑主要有以下原因：第一，就目前来看，基于数字商业生态系统来研究城市治理的相关论述甚少，大部分还是数字城市治理、智慧城市治理等，而将商业生态系统结合城市治理的相关研究也较少，杭州城市大脑作为数字商业生态系统城市治理的有效实践，具有极大的研究意义；第二，由于各个城市经济等发展参差不齐，在城市治理的道路上还有很多的挑战与探讨，就目前的文献表明，多数的城市治理理论还停留在理论阶段，很少以定量的视角去分析，而以杭州城市大脑作为案例正是以一个具有定量性质的研究方法；第三，根据中国经济信息社、中国信息协会和中国城市规划设计院联合发布的《中国城市数字治理报告（2020）》显示，杭州超越北上广深，数字治理指数全国领先，而杭州城市大脑正是基于数字技术革新的产物，选取杭州城市大脑作为案例研究有助于进一步提升数字治理的认识，补充城市治理的研究。

3.3 案例分析及数据来源

杭州城市大脑案例主要以定性和定量分析为主，定性分析部分主要集中于杭州城市大脑的建设实践、运行及治理模式，定量分析部分主要集中于杭州城市大脑的治理成效。数据来源于新闻资料、项目文件、政府工作报告、工作会议纪要、城市大脑 App、相关文献资料、杭州城市大脑培训会素材、浙江省城市大脑推进会素材、杭州市数据资源管理局文件（杭发改规划〔2018〕183 号）。

4 案例分析

4.1 杭州城市大脑基本概述

2016 年 4 月，王坚院士首次向杭州市提出"城市大脑"概念并进行实践，成为杭州城市大脑总架构师、城市大脑中枢系统的建设者。杭州城市大脑自 2016 年提出至今，按建设时间可划分为四个阶段，即项目建构阶段（2016 年 4~12 月）、项目运行阶段（2017 年 1 月~2018 年 4 月）、项目拓展阶段（2018 年 5~12 月）以及项目完善阶段（2019 年 1 月之后）（本清松、彭小兵，2020）；按建设成效可划分为三个重要阶段，即经验积累阶段，以 2018 年底杭州城市大脑综合版正式发布为标志性的治理体系搭建阶段，以 2020 年"亲清在线"平台推出为标志的治理体系形成阶段；按治理成效可分为数字治堵（推出交通延误指数）、数字治城（11 个重点领域、48 个应用场景、155 个数字驾驶舱）、数字治疫（首创杭州健康码、企业复工复产数字平台、亲清在线、读地云）三阶段。在杭州城市大脑的建设过程中，分别由技术体系、治理体系及市场体系三部分组成，其中技术体系的中枢系统是城市大脑的核心，城市大脑中枢系统除计算能力强大以外，最大的特点是打造一个开放的系统。该系统通过整合全域各类数据，打通系统之间的隔阂，实现数据、业务及政企协同，实现便民直达、惠企直达、基层治理直达。杭州城市大脑总结来说就是治理体系和治理能力现代化的数字系统解决方案。

4.2 杭州城市大脑建设不足

变革从来都不是一蹴而就的，变革除了解决旧有的问题以外，也会伴随一些新挑战。杭州城市大脑的实践初见成效，但无论是技术支持系统还是具体内涵，都还在摸索之中（陈云，2021），杭州城市大脑的高度智能决定其系统构建非常复杂，需要庞大的资金和顶尖技术支持，并且要求技术迭代更新的速度较快。目前发展"城市大脑"所需的支撑性技术还没有完全成熟。另外，由于政府各部门职能交叉、利益重叠、权责不清等存在已久的现实性因素影响，彻底破除行业壁垒、实现各领域的共融互通、构建真正综合性"大脑"还任重而道远，制度化建设与标准化研究还尚不完善[1]。除此之外，杭州城市大脑在数据方面出台了一系列标准规范体系（《信息安全管理保障体系》《数据资源标准规范》《数据质量管理规范》《公开数据开放标准》）作为杭州城市大脑运行的保障，但目前的数据安全标准体系更多是确保政府和城市大脑的参与者如何不滥用及泄露隐私数据。而对"数据隐私"问题还没有足够力度的宣传和讨论，对市民数据隐私问题也还有待深入，如2021年工业和信息化部信息通信管理局发布关于入驻杭州城市大脑App的杭州金投互联科技有限公司因违规收集个人信息导致侵害用户权益行为[2]，故在杭州城市大脑建设的下一阶段，应考虑如何建立"政府—城市—市民"之间互动规范的生态环境。

4.3　杭州城市大脑数字商业生态系统成员结构

　　通过梳理杭州城市大脑的内部成员以及结合平台型商业生态系统的成员结构，本文构建了杭州城市大脑数字商业生态系统成员结构模型，如图1所示。

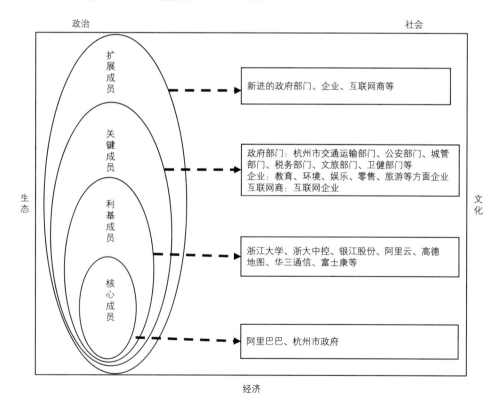

图1　杭州城市大脑数字商业生态系统成员结构

杭州城市大脑商业生态系统的核心成员中，最主要的成员是阿里巴巴和杭州市政府，在城市大脑建设初期，由杭州市政府牵头与阿里巴巴企业合作，阿里巴巴企业在核心企业中扮演平台企业的作用，杭州市政府则在城市大脑中起引导和宏观控制作用。

利基成员主要是企业与高校，其中具有代表性的高校如浙江大学，在杭州城市大脑建设初期，浙江大学为杭州城市大脑提供技术以及知识支持；企业主要包括浙大中控、银江股份、阿里云、高德地图、华三通信、富士康等。

关键成员主要由杭州市政府部门以及社会各个企业组成，就目前来看，杭州城市大脑已接入 25 个部门、17 个区县（街道），接入公共服务提供商 20 余家。接入的部门有杭州市交通运输部门、公安部门、卫健部门、城管部门等，接入的区县有萧山区、余杭区等。

扩展成员中进来的成员具有不稳定性，有可能是核心成员里的新进成员，有可能是利基成员中的互补成员和新进成员，也有可能是关键成员中还未加入杭州市其他政府部门以及其他社会领域的企业。由于扩展成员的不断扩大，目前杭州城市大脑已经从"交通智能""城市智能"走向"生态智能"，体现了城市大脑五位一体的顶层架构，并且成为一个相对成熟的数字商业生态系统。

4.4 杭州城市大脑总体架构运作分析

杭州城市大脑的总体架构[③]由五部分组成（图 2），分别是杭州城市数据大脑、行业系统、超级应用、区县中枢及各行业数据。行业系统包括互联网数据、公共数据、企业数据、政务数据等；杭州城

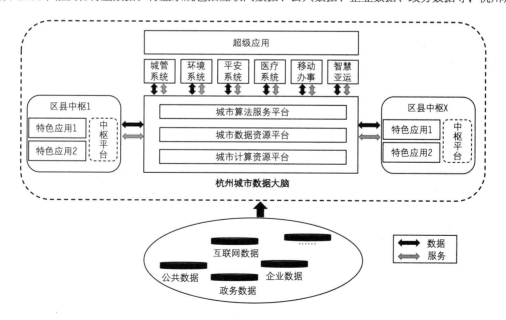

图 2 杭州城市大脑总体架构

市数据大脑包括城市计算资源平台、城市数据资源平台、城市算法服务平台；区县中枢主要由中枢平台构成的特色应用组成；超级应用主要包括城管系统、环境系统、平安系统、医疗系统等。整个系统的运行由杭州城市数据大脑平台的建设实现系统运行的第一步，然后通过城市大脑计算平台里的数据资源平台进行集成和统一，再通过城市计算资源平台进行数据的挖掘、计算和深化，最后通过城市算法服务平台和城市的各个运行系统以及区县中枢进行对接，从而达到城市治理的结果。

4.5　杭州城市大脑数字商业生态系统成员关系

通过对杭州城市大脑数字商业生态系统成员结构模型以及杭州城市大脑的总体架构分析，可以总结出杭州城市大脑数字商业生态系统成员的关系结构（图 3）。在杭州城市大脑数字商业生态系统成员结构中，由杭州市政府及阿里巴巴组成的核心成员缔结利基成员构建了数据综合平台，在数据综合平台与利基成员的关系中，数据综合平台为利基成员提供了一个生存与发展的空间，而数据综合平台又利用利基成员所提供的技术等不断完善数据综合平台的计算和服务能力，如阿里云、银江股份、浙大中控、富士康等通过提供自身企业的科技优势为数据综合平台注入发展的"血液"，而数据综合平台又为这些数据科技企业提供一个纵向和横向发展的空间，最后达到的效果是政府既有效地利用该平台去完善整个城市大脑商业生态系统，同时又带动利基成员的发展，从而达到双赢的结果。

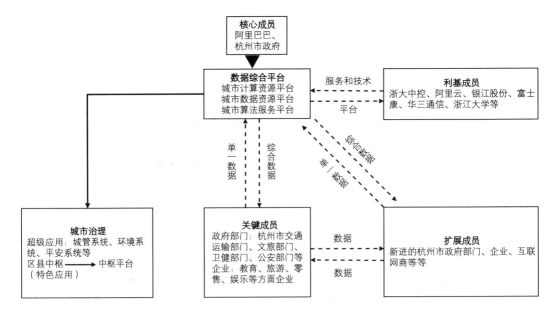

图 3　杭州城市大脑数字商业生态系统成员关系

在城市大脑核心成员与关键成员的关系中，关键成员主要通过其内部成员的数据与数据综合平台对接，关键成员中的政府部门（杭州市交通运输部门、文旅部门等）、企业（杭州市社会领域内的教育、旅游、娱乐等企业）把各个部门数据、企业数据输入数据综合平台，而数据综合平台通过城市算法服务平台、城市数据资源平台、城市计算资源平台对数据进行汇总和处理，一方面杭州市政府可以通过该汇集的数据进行分析从而对城市治理做出决策，另一方面又有利于关键成员从数据综合平台获取综合的数据，从而为企业自身的发展补给营养，最后达到政企协同的结果。随着杭州城市大脑的逐渐发展，城市大脑的扩展成员会逐渐增多，扩展成员的数据也会接入城市大脑数据综合平台。

杭州城市大脑最终的结果是要通过城市大脑这个商业生态系统汇集数据资源，整合各类社会主体，再用数字赋能城市治理。通过上述分析可以发现，在城市大脑的运作系统中，城市大脑既有利于杭州的城市治理，又有利于企业的发展。

4.6 杭州城市大脑数字商业生态系统整体运作系统

基于上述对杭州城市大脑商业生态系统成员组成、成员关系以及杭州城市大脑总体架构的分析，总结出了杭州城市大脑数字商业生态系统的整体运作系统及治理图。如图4所示，以四大核心（综合

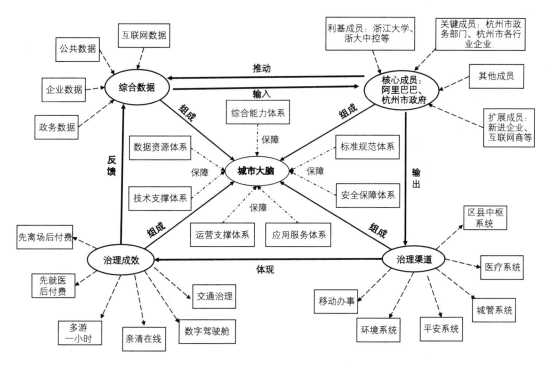

图4 杭州城市大脑数字商业生态系统整体运作系统

数据、核心成员、治理渠道以及治理成效）、七大体系组成城市大脑商业生态系统的整体运作系统：综合数据分别由企业数据、政务数据等汇聚组成；核心成员由利基成员、关键成员等支撑；治理渠道通过医疗系统、城管系统等去治理；治理成效由先离场后付费、多游一小时等体现；而标准规范体系、安全保障体系等七大体系保障了城市大脑商业生态系统的运行与维护。

5　基于数字商业生态系统的杭州城市大脑治理绩效

杭州城市大脑本质上是以商业生态系统的思维运营，以平台型的方式进行治理。自2016年建设以来，杭州城市大脑在城市治理方面取得了重大突破，总体来看就是"四跨一融合"："四跨"指跨区域协同、跨层级协同、跨部门协同、跨主体协同；"一融合"即预约挂号系统、导航App、运营商平台的融合。另外，治理能力实现了由"数字"到"数治"的跨域，治理主体完成了由市、区、县到以乡镇为主体的回归。本文对比了杭州城市大脑应用前后的治理绩效，具体如表1所示。

表1　杭州城市大脑治理绩效

治理前现状	治理后绩效	治理后绩效具体代表
原有52个政府部门和单位建有760个信息化项目，部门间数据不相往来，形成数据孤岛（杭州，2021）	市、区县（市）、乡镇（街道）、社区（小区）四级和96个部门、317个信息化系统项目实现互联互通（张蔚文，2021）	城市大脑上线包括交通系统、城管系统、环境系统、医疗系统、信用系统、旅游系统等11大系统、48个应用场景、155个数字驾驶舱，在横向上形成以中枢平台为核心的区县特色应用
政商之间合作沟通流程烦琐且复杂（层层填报纸质材料）	还利于民（亲清在线平台、亲清新型政商关系）	（1）杭州市政府通过"亲清在线"一键兑付企业员工500元租房补助；（2）华住集团在30秒入住推广上找到企业自身内生动力，借助城市大脑提供的数据和协同支持，在一台自助机上打通公安入住、酒店PMS、OTA预订、门锁、直销、财务等六大系统④
2014年交通延误指数2.08，交通拥堵排名全国第2位	还路于民（交通延误指数、非浙A急事通、便捷泊车）	（1）通过城市大脑智能调控，杭州上塘高价22千米里程，出行时间平均节省4.6分钟；萧山104个路口信号自动灯调控，车辆通过速度提升15%（杭州，2021）。（2）城市大脑整合接入杭州市医院及周边500米范围内的实时数据，通过挂号App、地面引导牌等实时发布停车位信息，解决医院周边停车难问题。（3）到2019年底，杭州交通延误指数从2014年最高的2.08降至1.64左右，交通拥堵排名从2014年的全国第2位降至第50位左右⑤

治理前现状	治理后绩效	治理后绩效具体代表
有杆停车且先付费后离场	还景于民（先离场后付费）	（1）西湖西溪景区每年进出停车场的机动车大约在400万辆（次），如果全部实现"无杆"进出，按照每辆汽车节约20秒钟计，总共可节约时间2.2万小时，节约汽油4.4万升。（2）便捷泊车推动35.8万个停车位"先离场后付费"，服务车次已超过260万次（周旭霞，2020）
杭州市各医院医疗系统不互通	还时于民（医院最多付一次，多游一小时）	（1）"城市大脑·卫健系统"已接入全市252家公立医疗机构，患者实现"一键支付"，医生实现诊间调阅应用全覆盖。（2）推出"10秒找空房""20秒景点入园""30秒酒店入住"和"数字旅游专线"四大便民服务
—	还简于民	浙江健康码的应用

6 结语

通过对杭州城市大脑数字商业生态系统成员组成、成员关系、系统运作模式、总体架构以及治理绩效的分析，可以发现：第一，城市大脑的总体架构打破了大多数城市治理过程中会遇到的问题，即在公共管理部门，跨部门协作一直是个难题，而在杭州城市大脑中，通过城市算法服务平台、城市数据资源平台、城市计算资源平台与六大系统以及区县中枢连接，解决了目前智慧城市治理中存在的信息孤岛、数字鸿沟等问题；第二，杭州城市大脑数字商业生态系统成员运作模式可以实时对数据做出处理，解决了目前在城市动态管理中因为没有实时对数据进行有效处理而导致城市相应功能系统的动态调整与优化等问题；第三，杭州城市大脑本质上就是以数字商业生态系统的思维去运营，与传统城市治理方式以及目前智慧城市治理相比，解决了数据共享内驱动力不足、数据共享条块突出以及数据共享一体化程度不高等问题；第四，在数字商业生态系统的运作模式下，杭州在政商关系、交通及民生等领域取得了重大的治理突破。

针对目前数字城市治理中存在的问题，本文以商业生态系统理论为视角，以杭州城市大脑为例，具体分析杭州城市大脑的治理机制，提炼出杭州城市大脑数字商业生态系统的成员结构、成员关系以及整体治理运作体系，结果发现基于数字商业生态系统的城市治理模式可以解决当下城市治理中存在的数据汇集能力差、信息孤岛、城市治理市场化困难等问题，同时也表明利用数字商业生态系统去治理城市可以树立新的治理理念、破除旧的治理手段、改变传统的协同方式以及找到新的治理平台。

通过对杭州城市大脑数字商业生态系统治理分析，发现以商业生态系统的思维对城市治理可有效解决目前城市治理中出现的诸多问题，杭州城市大脑为数字城市治理也做出有益的探索，但无论是技术支持系统还是具体内涵，杭州城市大脑都还在摸索之中，尚未定型（陈云，2021）。数字化、智慧化的城市建设是不可逆的趋势，对于杭州城市大脑的治理经验，其他城市可借鉴的是关键企业和技术等的引入，可模仿的是借助数字商业生态系统的模式解决城市问题，借助商业生态系统打造"企业家政府"。但据不完全统计，全世界共有1 000多座城市提出建设智慧城市，其中中国有500多座城市，包括拉萨、呼和浩特等在内的所有省会城市和大城市基本上都提出要建"城市大脑"，不少地方力度很大、势头很猛，新冠疫情暴发后许多地区的"大脑"运转失灵，暴露出"城市大脑"在支撑力、赋能机制与运营模式等方面都存在问题（周江勇，2020）。故对于其他有心借鉴的城市来说，结合城市大脑的城市治理需要因地制宜地建设，不应盲目攀比，要考虑城市自身经济水平和信息水平发展阶段，更要考虑城市政企合作背后的默契以及观念体系的培育和完善情况，不可简单嫁接或者植入。

致谢

本文受浙江省软科学重点项目"数字转型情境下省域创新系统治理与创新自动化研究"（2021C25033）资助。

注释

① 建筑杂志社："（城市大脑）发展现状、问题与对策"，https://www.sohu.com/a/ 554737888_121335569。
② 中华人民共和国工业和信息化部关于侵害用户权益行为APP通报（2021年第9批），https://www.cqn.com.cn/ms/content/2021-08/26/content_8727069.htm。
③ 参见《杭州市城市数据大脑规划》。
④ 参见浙江省城市大脑推进会发言素材。
⑤ 参见高德地图"中国主要城市交通健康榜"，https://trp.autonavi.com/diagnosis/index.do，2020年6月1日。

参考文献

[1] MOORE J F. Predators and prey: a new ecology of competition[J]. Harvard Business Review, 1993, 71(3): 75-86.

[2] PELTONIEMI M, VUORI E. Business ecosystem as the new approach to complex adaptive business enviroment[J]. Proceedings of eBusiness Research Forum, 2004, 27(9): 267-281.

[3] VISNJIC I, NEELY A, CENNAMO C, et al. Governing the city: unleashing value from the business ecosystem[J]. California Management Review, 2016, 59(1): 109-140.

[4] YOO S, CHOI K, LEE M. Business ecosystem and ecosystem of big data[C]. International Conference on

Web-Age Information Management. Springer International Publishing, 2014: 337-348.

[5] ZAHRA S A, NAMBISAN S. Entrepreneurship and strategic thinking in business ecosystems[J]. Business Horizons, 2012, 55(3): 219-229.

[6] 本清松, 彭小兵. 人工智能应用嵌入政府治理: 实践、机制与风险架构——以杭州城市大脑为例[J]. 甘肃行政学院学报, 2020(3): 29-42+125.

[7] 陈云. 杭州"城市大脑"的治理模式创新与实践启示[J]. 国家治理, 2021(17): 16-21.

[8] 陈兰杰, 李乐诗. 基于多源数据融合的城市治理模式研究[J]. 行政科学论坛, 2019(5): 24-27.

[9] 付广华, 毕新华, 张健. 商业生态系统的信息生态治理机制研究[J]. 科技管理研究, 2018, 38(18): 195-201.

[10] 高奇琦, 阙天南. 区块链在城市治理中的空间与前景[J]. 电子政务, 2020(1): 84-91.

[11] 辜胜阻, 杨建武, 刘江日. 当前我国智慧城市建设中的问题与对策[J]. 中国软科学, 2013(1): 6-12.

[12] 杭州: "城市大脑"提升治理效能[J]. 中国建设信息化, 2021(15): 40-41.

[13] 金世斌. 数字化城市管理的成效、问题与对策——基于江苏四市(区)的调研[J]. 现代城市研究, 2011, 26(4): 83-87+96.

[14] 焦永利, 史晨. 从数字化城市管理到智慧化城市治理: 城市治理范式变革的中国路径研究[J]. 福建论坛(人文社会科学版), 2020(11): 37-48.

[15] 李晴, 刘海军. 智慧城市与城市治理现代化: 从冲突到赋能[J]. 行政管理改革, 2020(4): 56-63.

[16] 梁丽. 大数据时代治理"城市病"的技术路径[J]. 电子政务, 2016(1): 88-95.

[17] 闵学勤, 陈丹引. 平台型治理: 通往城市共融的路径选择——基于中国十大城市调研的实证研究[J]. 同济大学学报(社会科学版), 2019, 30(5): 56-63.

[18] 史晨, 耿曙, 钟灿涛. 应急管理中的敏捷创新: 基于健康码的案例研究[J]. 科技进步与对策, 2020, 37(16): 48-55.

[19] 孙轩, 孙涛. 大数据计算环境下的城市动态治理: 概念内涵与应用框架[J]. 电子政务, 2020(1): 20-28.

[20] 锁利铭. 数据何以跨越治理边界城市数字化下的区域一体化新格局[J]. 人民论坛, 2021(1): 45-48.

[21] 唐红涛, 朱晴晴, 张俊英. 互联网商业生态系统动态演化仿真研究——以阿里巴巴为例[J]. 商业经济与管理, 2019(3): 5-19.

[22] 薛泽林, 孙荣. 人工智能赋能超大城市精细化治理——应用逻辑、重要议题与未来突破[J]. 上海行政学院学报, 2020, 21(2): 55-62.

[23] 伊超男. 平台型商业生态系统组织治理研究[D]. 哈尔滨: 黑龙江大学, 2019.

[24] 张鸣春. 从技术理性转向价值理性: 大数据赋能城市治理现代化的挑战与应对[J]. 城市发展研究, 2020, 27(2): 97-102.

[25] 张明斗, 刘奕. 基于大数据治理的城市治理现代化体系研究[J]. 电子政务, 2020(3): 91-99.

[26] 张蔚文, 金晗, 冷嘉欣. 智慧城市建设如何助力社会治理现代化?——新冠疫情考验下的杭州"城市大脑"[J]. 浙江大学学报(人文社会科学版), 2020, 50(4): 117-129.

[27] 朱光磊, 锁利铭, 宋林霖, 等. 构建中国特色社会主义政府职责体系推进政府治理现代化(笔谈)[J]. 探索, 2021(1): 49-76+2.

[28] 周江勇. 持续做强做优杭州城市大脑奋力打造全国智慧城市建设的"重要窗口"[J]. 杭州, 2020(9): 6-13.

[29] 周旭霞. 城市大脑: 新时代社会治理现代化的杭州力量[J]. 江南论坛, 2020(6): 10-12.

全龄友好理念下的社区生活圈公共服务设施评价与优化

邹思聪　张姗琪　甄　峰　李智轩

Evaluation and Optimization of Public Service Facilities in Community Life Circle Under the All-Age-Friendly Concept

ZOU Sicong, ZHANG Shanqi, ZHEN Feng, LI Zhixuan
(School of Architecture and Urban Planning, Nanjing University, Nanjing 210093, China; Jiangsu Province Smart City Design Simulation and Visualization Technology Engineering Laboratory, Nanjing 210093, China; Key Laboratory of Monitoring, Evaluation and Early Warning of Territorial Spatial Planning Implementation, Ministry of Natural Resources, Chongqing 400000, China)

Abstract In recent years, the construction of a dynamic evaluation and optimization mechanism for public service facilities in the community life circle is an important part of implementing the requirements of normal urban physical examination. "All-age-friendliness" is an important principle among them. However, there is still a lack of systematic analysis methods for facility evaluation and optimization under this concept. This paper proposes a dynamic evaluation and optimization method framework for community public service facilities under the "all-age-friendly" concept. Taking the central urban area of Nanjing as an example, it evaluates the coupling relationship between the supply of different types of facilities and the comprehensive needs of all ages based on fine grids, analyzes the coupling degree of comprehensive supply and demand of the facilities and the difference in internal spatial layout at the community level, summarizes the current situation and puts forward

作者简介
邹思聪、张姗琪（通讯作者）、甄峰、李智轩，南京大学建筑与城市规划学院，江苏省智慧城市设计仿真与可视化技术工程实验室，自然资源部国土空间规划监测评估预警重点实验室。

摘　要　近年来，构建社区生活圈公共服务设施动态评估与优化机制是落实常态化城市体检要求的重要环节，全龄友好是其中的重要原则，但目前还缺少这一理念下的设施评估与优化系统分析方法。文章提出了全龄友好理念下社区公共服务设施动态评估与优化方法框架，以南京市中心城区为例，基于精细网格评价不同类型设施供给与全龄综合需求的耦合关系，在社区层面汇总分析设施的综合供需耦合度和内部空间布局差异水平，总结现状问题并提出设施配置优化和空间选址建议。结论表明，不同年龄群体对设施的使用需求存在差异；老城区、江北新区社区的设施建设水平整体高于仙林、东山副城；商业服务和文体娱乐类设施建设水平较高，养老服务、基础教育和医疗卫生类设施则存在较大缺口。

关键词　全龄友好；社区生活圈；公共服务设施评价；设施配置优化和空间选址

1　引言

2019 年以来，我国逐步建立起了"一年一体检、五年一评估"的常态化城市体检评估机制，对城市运行情况定期评估、诊断问题并提出治理策略（杨静等，2022；张乐敏等，2022）。在社区层面，构建社区生活圈公共服务设施动态评估与优化机制是落实常态化城市体检、推进城市治理精细化的重要环节（杜伊等，2018；柴彦威等，2020）。2021 年颁布的《社区生活圈规划技术指南》（以下简称《指南》）中，强调要以满足社区居民日常生活需求为目标（吴

suggestions for facility configuration optimization and spatial location selection. The conclusion shows that different age groups have different needs for facilities; the facilities construction level in the old urban area and Jiangbei New District community is generally higher than that in Xianlin and Dongshan; there is a large gap in old-age service, basic education, medical and health facilities.

Keywords all-age-friendly; community life circle; evaluation of public service facilities; facility configuration optimization and spatial location selection

夏安等，2020），在步行可达范围内动态评估不同类型设施建设情况，形成问题清单并制定空间优化方案（冯连姬，2021；李漱洋等，2021）。同时，其还提出了"引领全年龄段不同人群全面发展"的"全龄友好"规划原则，要求为社区内不同年龄群体提供差异化公共服务，以实现公共服务设施供给的种类和数量与全龄人口需求的有效匹配（中华人民共和国自然资源部，2021）。在这一背景下，如何有效测度社区不同年龄居民群体的差异化需求，动态评估社区公共服务设施的全龄综合需求与供给的耦合关系，从而指导设施配置优化和空间选址，成为当前规划研究和实践共同关注的问题（赵万民等，2019；张文佳、柴彦威，2009）。

目前，关于社区公共服务设施评估与优化的研究已经从传统的静态设施配置转向对人的行为习惯和生活需求的关注（韩增林等，2019；黄慧明等，2021；常飞等，2021）。已有研究通过调查居民出行距离或设施使用类型需求，基于供需匹配原则建立可达性测度模型，评价设施建设水平并提出优化建议（魏伟等，2019；李萌，2017；张大维等，2006）。然而，传统人口数据普遍存在空间精细度不足的问题，难以刻画社区微观尺度下居民的年龄结构和空间分布特征，相关研究普遍缺乏对社区不同年龄群体差异化需求的定量分析（钟家晖等，2022；赵彦云等，2018；韩增林，2020）。事实上，已有研究发现，在设施获取能力上，由于个体属性差异，青少年、老年群体的日常活动空间范围普遍小于青年和中年群体（邹思聪等，2021）；而在设施需求上，不同年龄居民对社区教育、医疗、文体、商业、养老设施的需求存在显著差异（刘倩，2019）。因此，需要重点考虑不同年龄群体的出行能力和设施需求差异，提出更准确的社区公共服务设施全龄人口需求与空间供给的耦合评价方法。

近年来，各类移动定位大数据的快速发展为分析社区内不同年龄群体的差异化设施需求提供了数据支撑（Weng et al.，2019；张姗琪等，2020）。其中，由于手机设备的高持有率，手机信令数据在社区研究中被广泛应用，具有空间精度高、覆盖广、调查成本低等优势（刘合林等，2020；谢智敏等，2021）。同时，此类数据还包含年龄、性别、富裕度等属性信息，能够辅助观察不同年龄人群的时空行为并及时追踪社区人口结构的动态变化趋势（沈美彤、张振龙，2021；李智轩等，2020）。基于此，本文提出了全龄友好理念下的社区公共服务设施动态评估与优化方法框架，以南京市中心城区为例，基于精细网格评价不同类型设施供给与全龄综合需求的耦合关系，在社区层面汇总分析设施的综合供需耦合度和内部空间布局差异水平，总结现状问题并提出设施配置优化和空间选址建议。研究期望扩展社区生活圈公共服务设施配置的分析视角，为全龄友好型社区建设提供参考。

2 社区公共服务设施评价与优化分析框架

2.1 分析框架

研究构建了全龄友好视角下"差异化需求分析—综合设施评价—综合设施优化"的社区公共服务设施动态评估与优化分析框架（图1）。首先，基于出行能力差异，划定青少年、青年、中年、老年群体的15分钟社区生活圈范围，选取社区基础教育、医疗卫生、文体娱乐、商业服务、养老服务五类设施，分别分析不同年龄群体的差异化需求，并基于生活圈内居住人口和需求权重计算每类设施的全龄综合需求；其次，基于500米网格建立可达性计算模型，评价生活圈范围内每类设施的全龄综合需求与设施供给的耦合关系，并在社区层面汇总网格可达性，以可达性均值、可达性变异系数指标测度设施综合供需耦合度和内部空间布局差异水平；最后，根据评价结果，针对各个社区提出当前存在的问题，对公共服务设施配置数量和空间选址提出优化建议。

2.2 全龄人口差异化需求分析

研究采用大小数据结合的方法，定量分析居民的差异化需求（赵鹏军等，2021）。首先，基于手机信令数据，统计500米网格内青少年、青年、中年、老年群体的居住人口数量，并划定不同年龄群体的15分钟社区生活圈范围。其中，青少年和老年群体出行能力较差，按照1.1～1.2米/秒的速度，15分钟活动范围约为居住地周边1 000米；中青年群体出行能力较强，按照1.6～1.7米/秒的速度，活动范围约在居住地周边1 500米（邱明、王敏，2018）。其次，通过问卷调查居民"倾向于在社区步行可达范围内经常使用的社区基本公共服务设施"，分析不同年龄居民对社区基础教育、医疗卫生、文体娱乐、商业服务、养老服务设施的使用需求差异。最后，基于居住人口和需求权重，针对每一类设施，综合计算网格内居住人口的全龄加权需求水平，计算公式如下：

$$C_{ij} = \sum_{k \in [1,4]} N_{ik} \times W_{jk}$$

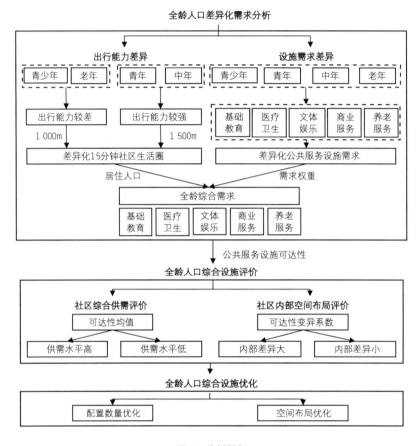

图 1　分析框架

其中，C_{ij} 表示居住网格 i 内公共服务设施 j 的需求水平，用加权求和后的居住人口数量表示，单位为"人"；N_{ik} 表示网格 i 内 k 类年龄群体的居住人口数量；W_{jk} 表示 k 类年龄群体对公共服务设施 j 的需求权重，即 k 类年龄群体在问卷中选择"经常使用该类型设施"的人数与群体人口总数的比值。

2.3　全龄人口综合设施评价

2.3.1　基于网格的设施可达性分析

常见的可达性测度方法中，两步移动搜索法具有能够充分考虑供需关系、不受行政边界限制等优势，逐渐成为最常用的科学方法（冀美多、马琰，2020；韩增林，2020；Mazumdar et al.，2018）。研究以 500 米居住网格为研究单元，根据不同年龄群体的 15 分钟社区生活圈范围设置两级搜索半径，采用多环高斯两步移动搜索法分别计算各类设施的全龄人口综合可达性（图 2）（赵雪等，2019），具体技术步骤如下。

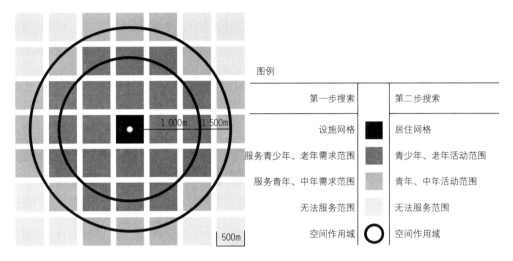

图2 多环两步移动搜索法

（1）以设施网格 i 为出发点，生成两级空间作用域，计算设施供需比率 R_{ij}，计算公式如下：

$$R_{ij} = \frac{P_{ij}}{\sum_l G_{ijl} \times C_{ijl}}$$

其中，R_{ij} 表示设施网格 i 内公共服务设施 j 的供需比；P_{ij} 为供给水平，用网格内设施的理论服务人口数量表示，即网格内设施 POI 数量与《城市居住区规划设计标准（GB50180—2018）》中规划的每处设施服务人口数量的乘积（中华人民共和国住房和城乡建设部，2018），单位为"人"；C_{ijl} 表示空间作用域内第 l 个居住网格的需求水平；G_{ijl} 以高斯方程表示第 l 个居住网格与设施网格间的距离权重，计算公式如下：

$$G(d_{ijl}, d_0) = \left\{ \frac{e^{-(\frac{1}{2})*(\frac{d_{ijl}}{d_0})^2} - e^{-(\frac{1}{2})}}{1 - e^{-(\frac{1}{2})}}, d_{ijl} < d_0 \right\}$$

其中，d_{ijl} 表示设施网格 i 与居住网格 l 之间的距离，单位为"米"；d_0 表示距离阈值。

（2）以居住网格 i 为出发点，根据不同年龄群体的出行距离生成空间作用域，汇总空间作用域内公共服务设施 j 的供需比，计算公共服务设施可达性，公式如下：

$$A_{ij} = \sum_l G_{ijl} * R_{ijl}$$

其中，A_{ij} 表示居住网格 i 内公共服务设施 j 的可达性，R_{ijl} 表示空间作用域内第 l 个设施网格的供需比，G_{ijl} 为高斯方程。

2.3.2　社区设施综合评价

进一步根据可达性计算结果，多元化评价设施建设水平。在社区层面对 500 米网格进行汇总，分别针对每一类设施，计算社区中不同网格该类设施可达性的平均值和变异系数。其中，平均值表征各社区居民公共服务设施的综合供需耦合度，均值差异反映出不同社区间的供需关系差异；变异系数以标准差和平均值的比值表征社区内部不同区位的差异水平，反映出社区内部是否存在由于空间布局不合理导致设施可达性显著低于其他区域的"遗漏区域"。

将平均值与变异系数按照自然间断点分别划分为五级，即设施供需耦合度低、较低、一般、较高、高，社区内部差异小、较小、一般、较大、大。在社区公共服务设施均等化配置的原则下，以一般等级为基准，将等级为一般及以上的社区判定为供需耦合度高或内部差异大的社区，等级为一般以下的社区判定为供需耦合度低或内部差异小的社区，并据此将社区划分为四种类型（图 3）。最后，针对社区制定评价与优化清单，总结各类公共服务设施当前建设的问题，从设施配置数量和空间布局选址的角度提出规划策略。

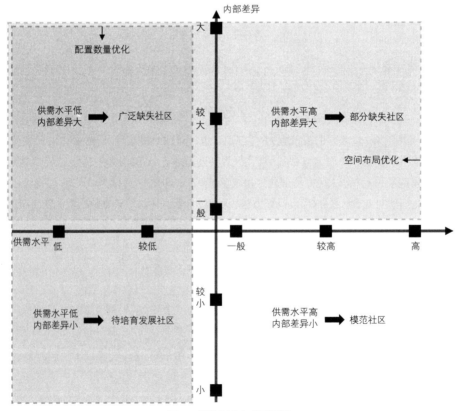

图 3　评价标准与类型划分

3 研究区域与数据

3.1 研究区域

3.1.1 区域概况

研究以南京市中心城区为例，开展实证研究。根据《南京市城市总体规划（2011～2020）》[①]，研究区域由南京市主城区以及东山、仙林、江北三个副城共同构成，总面积约850平方千米，包含玄武、鼓楼、建邺、秦淮、雨花台、江宁、栖霞、浦口、六合九个行政区，辖584个社区。研究区域位于南京市核心位置，是南京都市圈中发挥辐射功能的主要承载区。作为展现南京都市圈核心竞争力的区域有机整体，南京市中心城区应成为推动社区生活圈全龄友好发展的先行区。

3.1.2 区域人口分布

研究基于手机信令数据，采用500米网格统计区域人口分布，共识别出联通用户居住网格3 192个，居住人口95.16万人，包含青少年（0～18岁）5.71万人、青年（19～39岁）56.30万人、中年（40～59岁）20.68万人、老年（60岁及以上）12.47万人。按照自然间断点法将不同年龄用户的居住人口数量划分为五个等级（图4），可以看出，南京市中心城区在不同地区的人口空间分布和年龄结构存在差异。

老城区呈现出核心—边缘的分布特征，即以新街口地区为中心，形成研究区域内密度最高、范围最广的人口集聚中心，以此为核心向外圈层式递减。从年龄结构来看，中年人和老年人的集聚效应最显著，青少年的集聚程度相对较低。这表明对于出行方式以步行和公共交通为主，活动范围受限的中老年人来说，老城区具有区位优势。

东山、仙林、江北三个副城作为新发展片区，人口集聚特征与地区总体规划呈现出较高的相似性。东山副城的人口分布以凤凰港—杨家圩地区为中心，沿牛首山河生态休闲景观带形成带状集聚；仙林副城的人口分布沿312智慧产业发展带形成带状聚集；江北副城的人口分布则形成沿浦珠路—江北大道复合功能轴分布的"串珠状"集聚。

3.2 研究数据与初步处理

研究采用的数据主要包括手机信令数据、公共服务设施POI数据、问卷调查数据和社区边界数据。其中，手机信令数据来自智慧足迹DaaS平台提供的南京市联通信令数据，提取及汇总数据的方法参考邹思聪等人（2021）的研究。公共服务设施POI数据来自高德地图开放平台API。根据《城市居住区规划设计标准》（中华人民共和国住房和城乡建设部，2018）中对居住区配套设施的有关规定，采集与居民日常生活有关的各类设施POI数据共16 055条，并将其划分为基础教育、医疗卫生、文体娱乐、商业服务、养老服务五大类（表1）。问卷调查数据通过在南京市中心城区发放问卷完成统计，问卷根

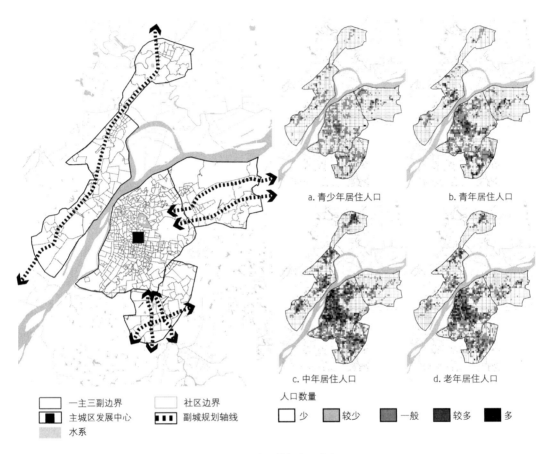

a. 青少年居住人口　　　b. 青年居住人口

c. 中年居住人口　　　d. 老年居住人口

人口数量

□ 一主三副边界　　□ 社区边界
■ 主城区发展中心　　▰▰▰ 副城规划轴线
▨ 水系

少　　较少　　一般　　较多　　多

图 4　研究区域与人口分布

表 1　公共服务设施分类与统计

大类	小类	规划千人指标 （人/处）	POI 数量 （个）
基础教育	幼儿园	8 500	754
	小学	18 000	318
	中学	18 000	202
医疗卫生	综合医院	40 000	318
	诊所	13 500	739

续表

大类	小类		规划千人指标 （人/处）	POI 数量 （个）
文体娱乐	文化设施	博物馆、科技馆、美术馆、天文馆、图书馆、文化宫、展览馆	8 500	665
	体育设施	运动场馆	8 500	2 193
	娱乐设施	影剧院、KTV	8 500	496
商业服务	大型商业	购物中心、普通商场	40 000	401
	小型商业	便利店、超市	2 000	4 813
	菜市场	农副产品市场、果品市场、蔬菜市场	2 000	4 988
养老服务	养老设施	疗养院、养老院、老年人日间照料中心、老年公寓、老年养护院	40 000	168

据表 1 中的小类设置选项，邀请受访者勾选出"倾向于在社区步行可达范围内经常使用的社区基本公共服务设施"，并填写性别、年龄等社会经济属性，最终获得有效问卷 1 561 份。社区边界数据通过对政府网站信息进行数字化获得，总计 584 条。

4 实证分析

4.1 全龄人口差异化需求分析

问卷分析结果表明（表 2），不同年龄群体对公共服务设施的使用需求存在差异，具体表现为：

表 2 不同年龄群体公共服务设施需求权重

设施类型		需求权重			
大类	小类	青少年	青年	中年	老年
基础教育	幼儿园、小学、中学	0.60	0.44	0.49	0.42
医疗卫生	综合医院、诊所	0.35	0.29	0.40	0.33
文体娱乐	文化	0.35	0.19	0.25	0.17
	体育	0.25	0.42	0.46	0.46
	娱乐	0.10	0.14	0.20	0.12
商业服务	大型商业、小型商业	0.70	0.78	0.79	0.79
	菜市场	0.65	0.72	0.81	0.83
养老服务	养老设施	0.05	0.10	0.18	0.24

（1）基础教育和养老服务设施属于特殊需求型设施，一般是为特定年龄群体服务，以满足此类群体的基本生活保障，因而不同年龄群体的使用需求差异较大。青少年群体由于就学需要，60%的受访者表示对中学、小学等基础教育设施有较高需求，中老年群体由于需要特殊照顾，18%的中年受访者和24%的老年受访者表示对养老院、老年人日间照料中心等养老服务设施有较高需求，均明显高于其他年龄群体。

（2）医疗卫生和商业服务设施属于基本需求型设施，各个年龄段群体均表现出较高的使用需求，且群体间差异不大。35%的青少年、29%的青年、40%的中年和33%的老年受访者表示对综合医院、诊所等社区医疗卫生设施有较高需求，以满足日常看病需要；70%的青少年、78%的青年、79%的中老年受访者表示对商场、超市等商业设施有较高需求，65%的青少年、72%的青年、81%的中年和83%的老年受访者表示对蔬菜、水果市场有较高使用需求，社区居民对商业服务类设施表现出整体最高的使用需求。

（3）文体娱乐设施属于多元需求型设施，不同年龄群体由于需求偏好不同，对设施产生了多样化的使用需求。其中，35%的青少年表示对文化设施有较高需求，46%的中老年表示对体育设施有较高需求，20%的中年表示对娱乐设施有较高需求。这表明青少年群体倾向于利用周末时间前往图书馆、科技馆、文化宫开展相关培训活动，中老年群体倾向于利用闲暇时间前往羽毛球、游泳馆等运动场馆进行体育锻炼，中年群体倾向于前往影剧院、KTV等娱乐场所消费。

4.2　全龄人口综合设施评价

根据社区公共服务设施综合供需耦合度和内部空间布局差异水平的评价方法，研究将南京市中心城区584个社区划分为四种类型（图5，表3）。从社区类型来看，模范社区即供需耦合度高、内部差

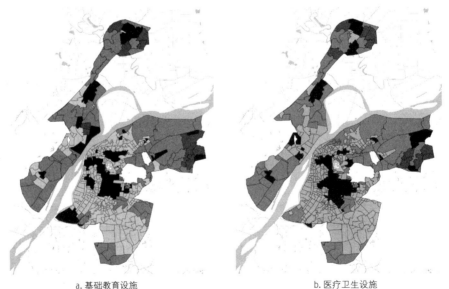

　　　　a. 基础教育设施　　　　　　　　　　　　　　　　b. 医疗卫生设施

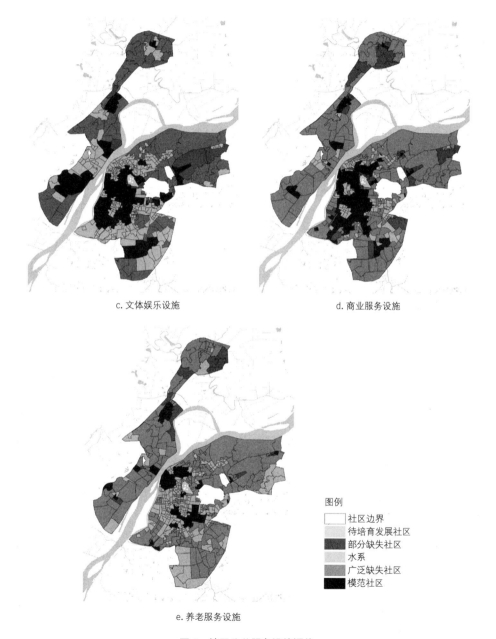

c. 文体娱乐设施

d. 商业服务设施

图例

	社区边界
	待培育发展社区
	部分缺失社区
	水系
	广泛缺失社区
	模范社区

e. 养老服务设施

图 5　社区公共服务设施评价

表 3　社区公共服务设施评价

设施类型	行政区	模范社区		部分缺失社区		广泛缺失社区		待培育发展社区	
		数量（个）	占比（%）	数量（个）	占比（%）	数量（个）	占比（%）	数量（个）	占比（%）
基础教育	主城区	170	41.36	0	0.00	25	6.08	216	52.55
	东山	0	0.00	0	0.00	10	29.41	24	70.59
	仙林	11	29.73	4	10.81	13	35.14	9	24.32
	江北	42	41.18	6	5.88	33	32.35	21	20.59
	总计	223	38.18	10	1.72	81	13.87	270	46.23
医疗卫生	主城区	156	37.96	0	0.00	30	7.30	225	54.74
	东山	0	0.00	0	0.00	6	17.65	28	82.35
	仙林	9	24.32	5	13.51	11	29.73	12	32.43
	江北	39	38.24	5	4.90	32	31.37	26	25.49
	总计	204	34.93	10	1.72	79	13.53	291	49.83
文体娱乐	主城区	195	47.45	8	1.95	22	5.35	186	45.26
	东山	7	20.59	0	0.00	9	26.47	18	52.94
	仙林	6	16.22	3	8.11	12	32.43	16	43.24
	江北	35	34.31	2	1.96	32	31.37	33	32.35
	总计	243	41.61	13	2.23	75	12.84	253	43.32
商业服务	主城区	233	56.69	14	3.41	62	15.09	102	24.82
	东山	4	11.76	3	8.82	16	47.06	11	32.35
	仙林	4	10.81	8	21.62	22	59.46	3	8.11
	江北	26	25.49	16	15.69	51	50.00	9	8.82
	总计	267	45.72	41	7.02	151	25.86	125	21.40
养老服务	主城区	129	31.39	2	0.49	91	22.14	189	45.99
	东山	0	0.00	0	0.00	18	52.94	16	47.06
	仙林	2	5.41	3	8.11	16	43.24	16	43.24
	江北	24	23.53	10	9.80	55	53.92	13	12.75
	总计	155	26.54	15	2.57	180	30.82	234	40.07

异小的社区，社区内设施的空间布局及数量较好地满足了该地区居民的使用需求，配置较为完善；部分缺失社区即供需耦合度高、内部差异大的社区，社区的设施供需关系整体处在较高水平，但在社区内部由于少数地区居民需求超出预期或居住地较为偏远，导致该区域的设施供需耦合度显著低于周边

地区；广泛缺失社区即供需耦合度低、内部差异大的社区，社区设施供给水平整体较低，且在空间上较为集中，社区内只有少部分居民能够在日常活动范围内获得需要的公共服务；待培育发展社区即供需耦合度低、内部差异小的社区，社区内部设施显著缺少，难以满足居民日常活动需要的公共服务。

从行政区来看，主城区内社区类型以模范社区和待培育发展社区为主，社区内部公共服务设施的建设水平差异普遍较小。在空间上，两类社区基本呈现出核心—边缘的分布特征，即模范社区主要分布在以新街口地区为中心的城市中心地区，待培育发展社区则分布在主城区外围。作为城市中心，新街口地区是人口密度最集中、设施建设最成熟的地区，公共服务设施配置普遍较为完善。但在外围地区，目前仍存在较多建设年代久远的老旧社区，这些区域的公共服务设施配套普遍欠佳，且城市更新速度缓慢，给居民生活带来了较大不便。

江北副城是三个副城中建设水平最高的地区，五类设施模范社区的占比显著高于其他副城，且在空间分布上，模范社区基本沿浦珠路—江北大道复合功能轴呈"串珠状"集聚趋势发展，较好地响应了江北副城规划建设的要点。但目前区域内仍有50%以上的社区表现为广泛缺失社区或待培育发展社区，在后续建设过程中应重点关注。

仙林副城和东山副城的建设水平相对较低，模范社区分布较少，且同一社区不同类型设施的建设水平差异较大。这表明新城当前的建设处在波动发展时期，服务能力与老城区相比仍然存在差距。相较而言，仙林和东山副城的设施配置数量接近，但仙林副城存在尧化社区、仙林大学城等社区体量很大的巨型社区，不同居住小区之间距离较远，社区管理不便，因此，社区内部的不同地区供需耦合度差异较大，广泛缺失社区分布较多；东山副城由于发展时间较长，当前居住人口数量显著高于仙林副城，产生了更高的设施使用需求，因而缺口更明显，待培育发展社区分布较多。

从设施类型来看，商业服务和文体娱乐等市场主导的设施供需耦合度相对较高，对居民需求变化的响应能力较强，模范社区的数量基本高于其他设施；而基础教育、医疗卫生、养老服务等政府主导的设施供需耦合度相对较低，存在较严重的"漏配"现象，待培育发展社区的数量均达到40%以上。

4.3 全龄人口综合设施优化

根据设施评价结果，总结各个社区当前设施建设的短板，并据此制定公共服务设施优化实施清单，提出设施配置优化及空间选址策略。本文按照社区发展相对成熟，但内部五类公共服务设施建设情况复杂，完善与待完善设施并存，问题较多且具有代表性的原则，在研究区域内均匀选取四个典型社区作为案例，制定优化方案，可作为社区规划引导和管理实施的参考样板，案例社区的空间分布如图 6所示。

主城区以奥体社区为例，社区中老年人口较多。从建设水平来看（表 4a），文体娱乐设施布置较为完善，但医疗和养老设施在区域内分布极少，居民基本医疗需求难以满足，老年人难以获得养老服务；商业设施较多分布在社区东部，西部存在少量设施缺口。因此，建议在东部和西部规划建设一批

养老院、老年人日间照料中心等养老服务设施；在西部和北部规划建设一批卫生站、诊所等医疗卫生
设施；在西部根据需求补充建设 2～3 处超市、便利店、菜场等商业服务设施。

东山副城以湖滨社区为例，社区青年人口较多。从建设水平来看（表 4b），医疗设施仅在社区的
中部少量分布，难以满足居民基本需要；商业设施则较多分布在中南部，北部存在少量缺口；教育和
养老设施几乎空白，无法保障青少年和老年人的特殊需求。因此，建议在北部和南部规划建设一批医
疗卫生、基础教育和养老服务设施；在北部根据需求补充建设 1～2 处商业服务设施。

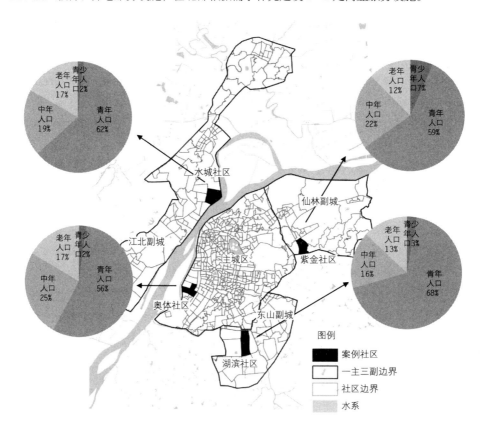

图 6 案例社区空间及人口分布

仙林副城以紫金社区为例，社区青少年和中年人口较多。从建设水平来看（表 4c），教育设施虽
有配置但仍然无法满足较高的需求；医疗设施和养老设施分布在社区北部，南部大部分地区难以获得
相应服务；商业设施整体供给充足，但东南部地区存在少量设施缺口。因此，建议在北部和南部规划
建设一批基础教育、医疗卫生和养老服务设施；在东南部根据需求补充建设 1～2 处商业服务设施。

江北副城以水城社区为例，社区青年和老年人口较多。从建设水平来看（表 4d），商业设施虽然

分布均匀，但数量与服务能力难以满足社区居民日常需求；养老设施集中分布在社区西部，数量少且无法服务到社区东部大部分地区的老年人；医疗和文体娱乐设施整体供给水平较高，但东部存在少量设施缺口。因此，建议在社区东部、西部和南部呈三角状规划建设一批商业服务和养老服务设施；在东部根据需求补充建设 1 处社区卫生站和 1~2 处运动场、影剧院等文体娱乐设施。

表 4　社区公共服务设施优化方案

a. 主城区——奥体社区

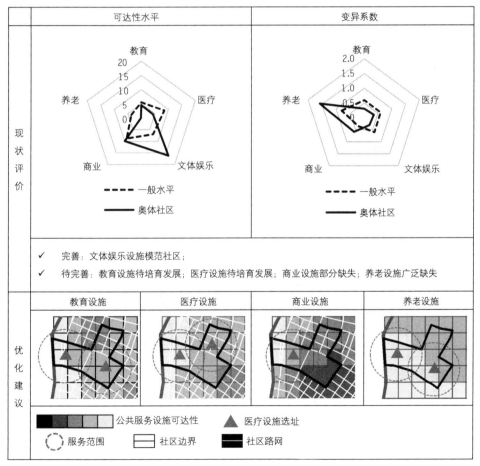

b. 东山副城——湖滨社区

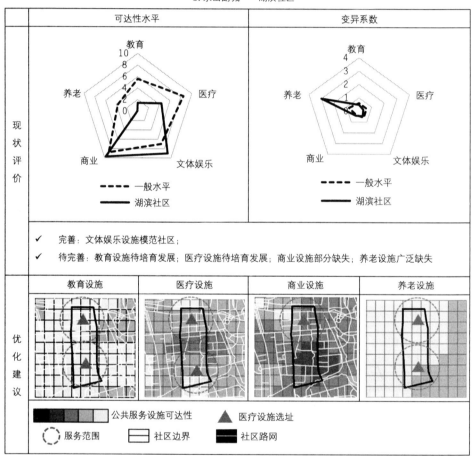

现状评价	可达性水平	变异系数
	教育 10 8 6 4 2 0 养老 商业 医疗 文体娱乐 ---- 一般水平 —— 湖滨社区	教育 4 3 2 1 养老 商业 医疗 文体娱乐 ---- 一般水平 —— 湖滨社区

✓　完善：文体娱乐设施模范社区；

✓　待完善：教育设施待培育发展；医疗设施待培育发展；商业设施部分缺失；养老设施广泛缺失

优化建议	教育设施	医疗设施	商业设施	养老设施

■■□□ 公共服务设施可达性　▲ 医疗设施选址

⬭ 服务范围　▭ 社区边界　▬ 社区路网

c. 仙林副城——紫金社区

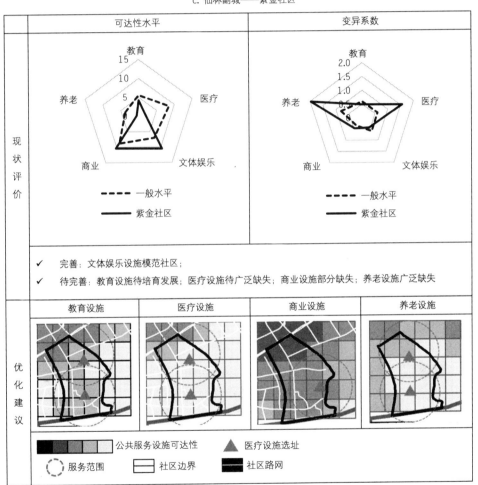

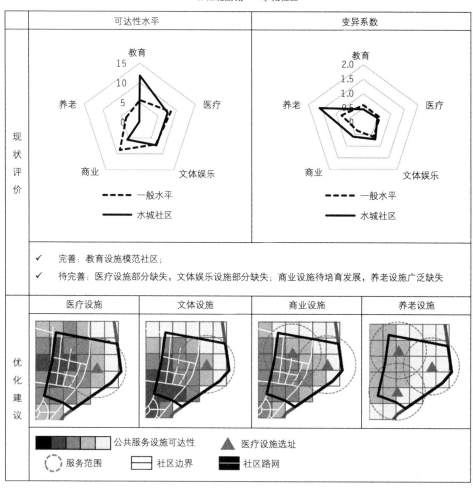

d. 江北副城——水城社区

5 结论与讨论

全龄友好是社区生活圈建设的重要发展方向，本文以南京市中心城区为例，基于手机信令和问卷调查数据，采用两步移动搜索、空间分析等方法，提出了一套全龄友好理念下生活圈设施动态评估和空间优化的方法体系，以期为 15 分钟社区生活圈规划制定提供参考。方法考虑到不同人群出行能力与设施需求差异，基于精细网格评价不同类型设施供给与全龄综合需求的耦合关系，在社区层面汇总分析设施的综合供需耦合度和内部空间布局差异水平，总结现状问题并提出设施配置优化和空间选址建议，弥补了过往研究中对全龄友好原则在方法实现中的不足，注重全龄社区代际融合氛围的打造，且能够动态评估，及时预警并直接指导设施优化的空间落位，具有可推广性和规划参考价值。此外，本文得出的主要结论对未来社区生活圈规划工作提出以下建议：

（1）本文需求分析的结果表明：青少年、青年、中年、老年群体对社区公共服务设施的需求存在显著差异，根据使用需求可以将设施分为基本需求、多元需求和特殊需求三种类型。这与《社区生活圈规划技术指南》中对设施按照配置要求划分为"基础保障型服务要素""品质提升型服务要素"和"特色引导型服务要素"有效对应。未来可以在本文的基础上，依托问卷调查和出行数据，进一步细化公共服务设施类型和居民出行偏好，结合社区人口年龄结构分析不同社区对各类公共服务设施的全龄综合需求。

（2）本文设施评价的结果表明：社区内部不同地区的建设水平可能存在较大差距，这在过去的分析中往往被忽视。因此，在规划的现状评估应关注社区内部的设施空间布局优化，以有效应对青少年、老年人等弱势群体在小范围空间内的活动需求。本研究以手机信令网格为单元进行分析，受限于研究数据的尺度，分析单元仍然较大，未来可以在更精细的空间尺度下计算设施可达性，并在社区层面综合评估供需耦合度和内部空间布局差异水平，从而在微观层面评价公共服务设施建设水平，指导公共服务设施的空间落位。

（3）本文基于动态更新的时空大数据开展评价，并制定了全龄人口综合设施优化清单，可有效响应"一年一体检、五年一评估"的常态化城市体检要求。因此，在规划管理阶段，应当要突出问题导向和目标导向，按照全龄适宜、均衡布局、时空统筹的空间治理方法，建立生活圈公共服务设施定期评估优化制度。基于实时更新的大数据，以一年为周期评估设施建设情况，及时发现并预警社区现状问题，针对每个社区制定问题查摆与优化实施清单，落实全龄友好理念下的社区公共服务设施动态评估与优化。

致谢
本文受国家自然科学基金青年项目"基于居民时空行为网络建模的社区公共服务设施布局研究"（52008201）、江苏省"双创博士"（JSSCBS20210046）、自然资源部国土空间规划监测评估预警重点实验室开放课题"基于活动—设施协同的公共服务设施规划评估研究"（LMEE-KF2021007）资助。

注释
① 由于新一轮规划《南京市城市总体规划（2018～2035）》处于初步实施阶段，还不具备评价意义，因此，本研究以上一轮规划为参考进行评估。

参考文献
[1] MAZUMDAR S, LEARNIHAN V, COCHRANE T, et al. The built environment and social capital: a systematic review[J]. Environment and Behavior, 2018, 50(2): 119-158.

[2]　WENG M, DING N, LI J, et al. The 15-minute walkable neighborhoods: measurement, social inequalities and implications for building healthy communities in urban China[J]. Journal of Transport & Health, 2019, 13: 259-273.

[3]　柴彦威, 李春江, 张艳. 社区生活圈的新时间地理学研究框架[J]. 地理科学进展, 2020, 39(12): 1961-1971.

[4]　常飞, 王录仓, 马玥, 等. 城市公共服务设施与人口是否匹配?——基于社区生活圈的评估[J]. 地理科学进展, 2021, 40(4): 607-619.

[5]　杜伊, 金云峰. 社区生活圈的公共开放空间绩效研究——以上海市中心城区为例[J]. 现代城市研究, 2018(5): 101-108.

[6]　冯连姬. 基于生活圈的城市社区公共服务设施布局优化分析[J]. 住宅与房地产, 2021(30): 15-16.

[7]　韩增林, 董梦如, 刘天宝, 等. 社区生活圈基础教育设施空间可达性评价与布局优化研究——以大连市沙河口区为例[J]. 地理科学, 2020, 40(11): 1774-1783.

[8]　韩增林, 李源, 刘天宝, 等. 社区生活圈公共服务设施配置的空间分异分析——以大连市沙河口区为例[J]. 地理科学进展, 2019, 38(11): 1701-1711.

[9]　黄慧明, 周岱霖, 王烨. 基于居住形态类型的社区生活圈空间组织模式研究——以广州为例[J]. 城市规划学刊, 2021(2): 94-101.

[10]　冀美多, 马琰. 基于 LBS 的城市公共服务设施可达性评估模型构建与应用[J]. 建筑技艺, 2020, 26(10): 56-59.

[11]　李萌. 基于居民行为需求特征的"15 分钟社区生活圈"规划对策研究[J]. 城市规划学刊, 2017(1): 111-118.

[12]　李漱洋, 蔡志昶, 唐寄翁. 健康韧性视角下社区医疗设施空间布局分析——以南京市中心城区为例[J]. 现代城市研究, 2021(7): 45-52+59.

[13]　李智轩, 甄峰, 张姗琪, 等. 老年人公交活动空间特征及影响因素研究——基于日常与偶发活动的对比分析[J]. 地理科学进展, 2022, 41(4): 648-659.

[14]　刘合林, 郑天铭, 王珺, 等. 多样性视角下城市基本公服设施空间配置特征研究: 以武汉市为例[J]. 城市与区域规划研究, 2020, 12(2): 102-117.

[15]　刘倩. 居民需求视角下社区生活圈配套设施优化策略研究[D]. 西安: 西北大学, 2019.

[16]　邱明, 王敏. 面向不同年龄社区生活圈的公园绿地服务供需关系评价——以上海某中心城区为例[C]//中国风景园林学会 2018 年会论文集. 2018: 246-252.

[17]　沈美彤, 张振龙. 基于新标准的居住区配套设施布局评价研究——以苏州市相城区养老设施为例[J]. 上海城市规划, 2021(5): 122-128.

[18]　魏伟, 洪梦谣, 谢波. 基于供需匹配的武汉市 15 分钟生活圈划定与空间优化[J]. 规划师, 2019, 35(4): 11-17.

[19]　吴夏安, 徐磊青, 仲亮. 《城市居住区规划设计标准》中 15 分钟生活圈关键指标讨论[J]. 规划师, 2020, 36(8): 33-40.

[20]　谢智敏, 甄峰, 张姗琪. 基于大数据的城市就业空间特征与影响因素研究——以南京市中心城区为例[J]. 城市发展研究, 2021, 28(10): 48-57+2+181.

[21]　杨静, 吕飞, 史艳杰, 等. 社区体检评估指标体系的构建与实践[J]. 规划师, 2022, 38(3): 35-44.

[22]　张大维, 陈伟东, 李雪萍, 等. 城市社区公共服务设施规划标准与实施单元研究——以武汉市为例[J]. 城市规划学刊, 2006(3): 99-105.

[23]　张乐敏, 张若曦, 黄宇轩, 等. 面向完整社区的城市体检评估指标体系构建与实践[J]. 规划师, 2022, 38(3):

45-52.

[24] 张姗琪, 甄峰, 罗桑扎西, 等. 面向移动位置数据的移动性指标计算工具: 设计实现与实践应用[J]. 地理信息世界, 2020, 27(5): 83-89.

[25] 张文佳, 柴彦威. 居住空间对家庭购物出行决策的影响[J]. 地理科学进展, 2009, 28(3): 362-369.

[26] 赵鹏军, 罗佳, 胡昊宇. 基于大数据的生活圈范围与服务设施空间匹配研究——以北京为例[J]. 地理科学进展, 2021, 40(4): 541-553.

[27] 赵万民, 方国臣, 王华. 生活圈视角下的住区适老化步行空间体系构建[J]. 规划师, 2019, 35(17): 69-78.

[28] 赵雪, 江辉仙, 郝志兵. 福州市鼓楼区小学教育资源空间可达性分析与评价[J]. 海南师范大学学报(自然科学版), 2019, 32(4): 438-446.

[29] 赵彦云, 张波, 周芳. 基于POI的北京市"15分钟社区生活圈"空间测度研究[J]. 调研世界, 2018(5): 17-24. DOI: 10.13778/j.cnki.11-3705/c.2018.05.003.

[30] 中华人民共和国住房和城乡建设部. 《城市居住区规划设计标准(GB50180—2018)》[S]. 2018.

[31] 中华人民共和国自然资源部. 社区生活圈规划技术指南(TD/T1062—2021)[S]. 2021.

[32] 钟家晖, 易芳蓉, 何正国, 等. 基于弱势人群个体可达性评价的社区服务设施配置研究[J]. 地球信息科学学报, 2022, 24(5): 875-888.

[33] 邹思聪, 张姗琪, 甄峰. 基于居民时空行为的社区日常活动空间测度及活力影响因素研究——以南京市沙洲、南苑街道为例[J]. 地理科学进展, 2021, 40(4): 580-596.

[欢迎引用]

邹思聪, 张姗琪, 甄峰, 等. 全龄友好理念下的社区生活圈公共服务设施评价与优化[J]. 城市与区域规划研究, 2023, 15(1): 143-163.

ZOU S C, ZHANG S Q, ZHEN F, et al. Evaluation and optimization of public service facilities in community life circle under the all-age-friendly concept[J]. Journal of Urban and Regional Planning, 2023, 15(1): 143-163.

城市碳排放空间格局与影响机制研究综述

殷小勇　唐　燕

Literature Review of the Spatial Pattern and Impact Mechanism of Urban Carbon Emissions

YIN Xiaoyong, TANG Yan

(School of Architecture, Tsinghua University, Beijing 100084, China)

Abstract In the context of carbon peaking and carbon neutrality goals, identifying urban carbon emission spatial patterns and exploring their impact mechanism is an important entry point for carbon reduction research in the field of spatial planning. Based on literatures home and abroad, this paper summarizes the construction methods of "top-down" and "bottom-up" carbon emission spatial patterns, summarizes the five commonly used quantitative mechanisms analysis methods as well as the main conclusions on the impact of economic, social and urban construction factors on carbon emission from relevant literatures, and tries to propose future research directions in the field of spatial planning, so as to provide a reference for further research.

Keywords urban carbon emission; spatial pattern; impact mechanism

摘　要　在"双碳"目标背景下，识别城市碳排放的空间格局并探究其影响机制，是空间规划领域进行减碳研究的重要切入点。文章通过梳理国内外相关文献，归纳"自上而下"和"自下而上"两种碳排放空间格局的构建方法，并在梳理五种常用的碳排放影响机制定量分析方法基础上，总结既有研究中关于经济社会和城市建设因素对碳排放影响的主要结论。文章提出了空间规划领域碳排放研究的未来走向，为进一步推动相关探索提供参考。

关键词　城市碳排放；空间格局；影响机制

1　引言

联合国政府间气候变化专门委员会（Intergovernmental Panel on Climate Change，IPCC）发布的多次报告指出，人类活动所产生的碳排放是导致全球气候变化的重要原因。城市是人口、产业的聚集地，承载着高强度的人类活动。城市仅占地球2%的面积，碳排放量占比却高达75%（联合国人类住区规划署，2011），而我国城市碳排放的比重更是高达85%（Ou et al.，2019），且随着城镇化的进一步发展，这一比重将进一步提高（Miao，2017）。因此，降低城市碳排放是我国实现"双碳"目标的重要抓手。

碳减排问题一直是能源利用和生态保护领域的研究重点。随着2010年"低碳"目标正式写入我国政府工作报告，"低碳城市""低碳规划"等议题开始受到空间规划领域学者们的关注。早期的研究主要集中于案例借鉴（顾朝林等，2009）、理念辨析（潘海啸等，2008；仇保兴，2009）、

————————
作者简介

殷小勇、唐燕（通讯作者），清华大学建筑学院。

规划策略（顾朝林，2009）等方面，对城市碳排放的定量测度关注相对较少（叶祖达，2009）。随着2020年我国"双碳"目标的提出，空间规划领域学者开始注重碳排放的定量测度与分析（郭洪旭等，2019；郑德高等，2021），并将其应用于空间格局建构及作用机制辨析领域（李晓江等，2022）。但与能源、生态、环境领域的研究相比，空间规划领域相关研究的方法略显单一，科学程度有待提高，其主要原因在于建模分析与定量计算方法的缺失。

立足于空间规划领域专业特点，构建精细化的城市碳排放空间模型，精确识别碳排放的时空演化规律，并在此基础上叠合城市功能、人口活动、产业分布等其他空间数据，可定量揭示城市相关因素对于碳排放的作用机理，科学预测其发展趋势（冯长春等，2022），这对于合理配置土地资源、优化城市功能、制定碳减排制度，进而促进城市碳减排具有重要意义。

文章通过梳理国内外相关文献，关注城市碳排放空间格局与影响机制研究动态，重点揭示：①碳排放空间模型构建的研究进展，总结碳排放空间模型构建的主要方法，比较既有建模方法的优点和缺点；②梳理碳排放机制的定量分析方法，归纳城市影响碳排放的主要因素和作用机制。在此基础上，探讨空间规划领域碳排放格局识别与影响机制的研究方向。

2　城市碳排放空间格局的测度方法

城市碳排放可分为直接排放和间接排放，直接排放指城市直接消耗化石燃料等产生的碳排放，间接排放指向外界购买由化石燃料制造的电力、热力等二次能源，经使用后导致的碳排放。

直接排放测度即进行生产端的碳排放监测，卫星技术的发展为全口径、大范围内的碳监测提供了可能。1996年以来，美国航天局（NASA）、日本航天局（JAXA）和欧洲空间局（ESA）以及中国等四个国家和组织的相关机构，共发射了10台卫星进行大气碳浓度监测，监测对象主要包括二氧化碳、一氧化碳、甲烷等温室气体，利用光谱或雷达探测大气干空气柱中对流层温室气体体积混合比，即XCO_2，进而计算出全球碳排放的空间分布情况。此方法能客观反映不同区域、不同时间直接碳排放的强度和分布情况，并且随着减少云层和气溶胶影响、实现夜间监测等技术难点的突破，监测精度可以达到20米，已逐步应用到对污染排放源的实时监督中，但该方法实质上反映的是大气运动与各种碳汇作用之后的结果，不能反映间接碳排放的情况，而城市碳排放主要由间接排放决定（Du et al.，2019），如发电厂消耗煤炭，是城市碳排放的主要来源，但城市中的生活、交通、商业、办公等功能作为电力的实际使用者，是造成碳排放的根本原因，应该成为碳排放空间格局研究的重点。

间接排放更能反映城市中的能源消费情况，是城市碳排放空间格局构建的重点，目前碳排放空间格局构建方法可以总结为"自上而下"和"自下而上"两种（图1）。

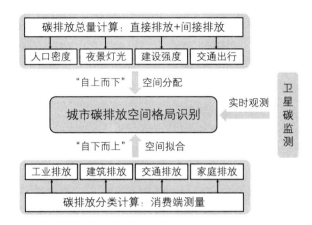

图 1 碳排放空间格局构建方法

资料来源：根据 City CHG 相关资料改绘。

2.1 "自上而下"：碳排放总量计算及空间分配

"自上而下"的方法综合考虑直接排放和间接排放，利用能源消耗、电力生产等面板数据核算某一区域内碳排放的总量，进而根据表征碳排放的经济社会活动强度，将其分配到精度更高的空间单元中。

2.1.1 碳排放总量计算

IPCC 于 1995 年首次公布《国家温室气体清单指南》，并于 2006 年和 2009 年两次修订，该指南从数据收集与整理、分类计算过程、报告编制范例等各方面提供参考，为各国碳排放的计算提供了统一、标准的算法（以下简称"IPCC 法"）。该方法的核心是分类计算并加总生产生活各个环节中的碳排放量：

$$C = \sum C_i = \sum T_i \times \delta_i$$

其中，C 指碳排放量；C_i 指活动 i 的碳排放量；T_i 指活动类型，包括能源、工业过程和产品使用、农业林业和其他土地利用、废弃物四个大类，每个大类又包括多个小类；δ_i 指碳排放因子，指根据活动类型，由不同学者综合化学过程、实验观测等多个方面，提出的不同活动碳排放因子的建议取值。在此基础上，部分机构针对活动类型进行了调整，如国际地方政府环境行动理事会（ICLEI）将碳排放活动分为固定能源活动、交通、废弃物、工业生产过程和产品使用、农林业和土地利用、其他六大类。此外，各国不同地方也会针对地方实际情况提出各地的碳排放因子，如我国国家发展改革委发布的《省级温室气体清单编制指南》中的建议取值与 IPCC 法中有所差异。

《国家温室气体清单指南》已经成为世界上使用最为广泛的碳排放核算方法，几乎所有的碳排放数据库都基于此算法计算而来，范围覆盖全球主要国家，但数据时间和精度存在一定差别（表 1）。

表 1　世界上常用的碳排放数据库

碳排放数据库	空间精度	时间精度	数据年份	空间范围
全球碳预算数据库 （Global Carbon Budget，GCB）	国家	每年	1959～2019	140 个国家与地区
二氧化碳信息分析中心数据档案库 （Carbon Dioxide Information Analysis Center，CDIAC）	1°×1°	每年、每月	1751～2016	220 个国家与地区
全球大气研究排放数据库 （Emissions Database for Global Atmospheric Research，EDGAR）	0.1°×0.1°	每年、每月、 每小时	1970～2018	227 个国家与地区
英国石油公司 （British Petroleum，BP）	国家	每年	1965～2020	89 个国家与地区
美国能源信息署 （Energy Information Administration，EIA）	国家	每年	1980～2019	230 个国家与地区

随着空间模拟与计算机技术的发展，在国家、省域等尺度和不同行业领域开展碳排放模拟的方法也逐渐成熟（王少剑等，2022），主要通过构建历史数据、发展目标、相关影响因素等变量之间的定量关系，对未来碳排放量进行模拟，应用较为广泛的方法主要包括以下四种：

（1）情景分析（Scenario Analysis）法与 LEAP 模型。该方法假定某种现象或趋势持续到未来的各类情景，选择相关变量并设定参数取值，对未来可能的情景进行预测模拟（赵息等，2013）。作为基于情景分析法的成熟软件平台，长期能源替代规划系统模型（Long-range Energy Alternatives Planning System，LEAP）由美国 Tellus 研究所与瑞典 ESI 研究所联合开发，允许研究者根据研究目的、数据可获取情况、研究对象特点等灵活调整模型结构（刘慧等，2011），现已广泛应用于国内外的能源战略研究中（洪竞科等，2022）。但由于该方法不能反映资源、经济的相互关系（吉平等，2013），故而在揭示碳排放结果产生机制方面受到限制。

（2）系统动力学（System Dynamic，SD）模型。该方法可以将复杂系统内可量化的所有因素纳入考量，以便于用可视化的方法理解、分析复杂系统内部各因素之间的因果关系，并且依托成熟的软件（Vensim、Stella 等）进行辅助操作，形成了成熟的研究步骤，包括：①建立模型框架，构建系统因果关系图；②构建系统流图，确定要素定量关系；③进行系统仿真模拟和有效性检验；④结果分析。

（3）可计算一般均衡（Computable General Equilibrium，CGE）模型。该方法是建立于一般均衡理论的模拟分析模型，假设在一定约束条件下不同主体会选择最优决策，用隐含了决策过程的方程来模拟当某一变量发生变化时，经济系统内市场供求关系的变动情况（王灿等，2005）。在环境领域，主要用于模拟碳减排政策对宏观经济以及碳减排的影响作用。该方法也形成了统一的研究步骤，包括：

①构建 CGE 模型；②编制社会核算矩阵表；③设定研究参数；④数据模拟与结果分析。

（4）神经网络（Neural Network，NN）模型。作为机器学习领域常用的非线性动力学习系统，神经网络模型基于对样本信息的训练，实现信息的分类、模拟、预测等功能。在碳排放模拟与预测中，BP（Back Propagation）神经网络和广义回归神经网络（General Regression Neural Network，GRNN）两种算法较为常见。BP 神经网络是一种有监督式学习算法，调节参数较多，灵活性较大，但也可能导致计算结果陷入局部最小值（纪广月，2014）；广义回归神经网络没有需要训练的模型参数，具有较强的非线性映射能力和学习速度（Specht，1991），且人为调节参数仅有一个阈值，能够很大程度避免主观假定对预测结果的影响。也有学者在比较了两种方法之后，发现 BP 神经网络的计算准确率高于广义回归神经网络（陈文婕等，2022）。

上述四种方法中，后者计算的复杂程度较前者更高，前两种方法主要用于碳排放规模预测，后两种方法还可用于分析碳排政策效果及其对经济的影响（表 2）。在具体操作中，即使采用同一种方法，也会因基础数据的选取、模型方程结构的构建、模型参数选择等的不同，导致研究结论存在差异（张兴平等，2015）。

表 2　四种研究方法的指标变量与研究结论对比（以上海市为例）

研究方法	预测时间	基础数据/指标变量	主要结论	来源
情景分析法	2015、2020	2000～2010 年上海市碳排放数据	2015、2020 年 CO_2 排放量： 基准情景：3.19 和 3.88 亿吨； 低碳情景：2.44 和 2.58 亿吨	黄芳等，2012
系统动力学模型	2020～2050	2000～2019 年 GDP 规模、人口增长率、科技投入、生产能源消费等 15 个指标； 社会经济、第一产业碳排、第二产业碳排、第三产业碳排、生活碳排、碳强度 5 个子模型	基础情景与低排放情景的碳排放在 2030 年达到峰值，低排放情景碳排放较基础情景降低 4.4%； 高排放情景的碳排放在 2033 年达到峰值，较基础情景上涨 5.6%	林晓娜等，2022
可计算一般均衡模型	2020、2030	生产、消费、政府行为、对外贸易、市场均衡、宏观闭合 6 个模块和部门层面的碳交易模块； 构建基准情景、部门碳排放限制情景、地区碳排放限制情景、区域内碳交易情景、跨区域碳交易情景 5 个情景	跨区域碳交易情景对上海经济的干扰程度最小； 2030 年，跨区域碳交易情景下碳价将达 164.64USD/tCO_2，总交易规模将达 1.90 亿吨	刘智卿，2018
BP 神经网络模型	以 2015～2016 数据为基础进行预测	2015 年 9 月 30 日～2016 年 12 月 23 日上海市碳交易价格和碳交易量数据	可以精确预测出碳交易价格和碳交易量	Liu et al.，2017

2.1.2 碳排放空间分配

碳排放总量计算或模拟均以特定行政单元为对象，无法体现行政单元内空间的能源消耗情况。目前建立精度更高的碳排放空间模型的常用做法是根据人类活动强度将某一行政单元内的碳排放总量分配到更小的空间单元中，人类活动强度的表征要素包括土地利用、人口密度、夜景灯光等（表3）。

表3 "自上而下"的碳排放空间建模主要研究成果

分配要素	来源	研究对象	空间精度	时间跨度
土地利用	姜洋等，2013	北京	全市	2011
	Zhang et al.，2018a	厦门	地块	2010
	Chuai and Feng，2019	南京	300m	2016
人口密度	Andres et al.，1996	全球	1°×1°	1950～1990
	蔡博峰、王金南，2013	天津	1km×1km	2007
	蔡博峰、张力小，2014	上海	1km×1km	2007
夜间灯光	Doll et al.，2000	全球	1°×1°	1994～1995
	Oda and Maksyutoy，2011	全球	1km×1km	1980～2007
	Meng et al.，2014	中国	1km×1km	1995～2010
	Cui et al.，2019	华北地区	5km×5km	2012～2016
	Han et al.，2018	长三角	1km×1km	2003～2013

测度不同土地类型碳排放强度的主要原理是将能源统计部门的碳排放分类与不同土地类型对应起来，如工业碳排放对应到工业用地上、交通碳排放对应到道路用地上（图2），这已经在我国北京（姜洋等，2013）、厦门（Zhang et al.，2018a）、上海（蔡博峰、张力小，2014）等地有所应用。此外，由于夜间灯光数据（nighttime light，NTL）可以反映人类与能源相关的活动强度（Doll et al.，2000），故而被广泛使用到碳排放空间模型构建中，其主要方法是根据城市夜间灯光值的分布分配研究区域内碳排放量的统计值，这在宏观层面误差较小，有研究表明全国整体层面模拟的碳排放量与统计数据计算值的相对误差为7.65%（王少剑等，2018）；但在城市层面，有学者认为该方法低估了中心城区的碳排放强度，而高估了中心城区外围与郊区的碳排放强度（Huang et al.，2022），也有学者认为，由于夜景灯光数据一般会低估工业和交通部门的碳排放强度（Ghosh et al.，2010），故而发展中国家夜景灯光数据与碳排放强度之间的相关性不如发达国家（Doll et al.，2000）。也有学者综合大数据挖掘与面板数据分析的方法，汇集住宅小区数据、居民数量、建筑数量、土地利用强度等数据，综合POI分布、能耗统计、统计年鉴等数据（Chuai and Feng，2019），来提高人类活动强度与能源使用的测算精度。

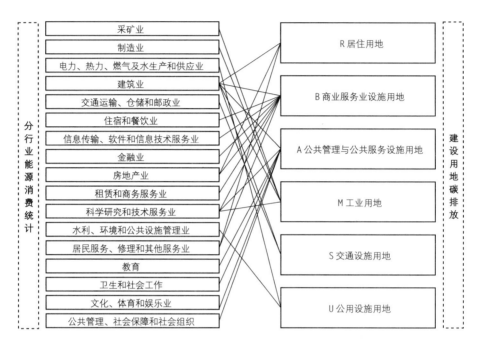

图 2 能源消费与建设用地碳排放核算对应关系

资料来源：根据姜洋等（2013）、Zhang et al.（2018a）的研究进行总结。

2.2 "自下而上"：碳排放分类计算及空间拟合

"自下而上"的碳排放测度方法指根据排放源来测量或计算排放数据，相比于"自上而下"的测度方法而言更为客观直接，其核心是立足于社区、园区、街区等微观尺度，通过部门监测、模拟、问卷调查等数据，统计工业、住宅、汽车等点状排放源的排放数据，汇总拟合形成片区的碳排放空间格局。

2.2.1 碳排放分类计算

工业、建筑、交通是城市能源消费的三大主要领域，也是造成直接和间接碳排放的主要责任领域（江亿、胡姗，2021），在当前我国约 100 亿吨的二氧化碳年排放量中，三大领域的排放占比分别达到 68.0%、17.6%、10.0%（丁仲礼，2022），故而成为"自下而上"碳排放研究的重点领域。此外，家庭碳排放的研究综合考虑经济社会、人口活动等因素，也成为碳排放格局研究的重点。

（1）工业碳排。世界主要国家工业企业的监测制度与数据库的建设均较为完善，如欧盟企业温室气体排放核算规则建立了包括监测与报告、认可与核证、指南与模板等在内的完善的制度体系框架，并进行多次修订（EU ETS，2022）。我国在国家层面已出台大量企业排放核算方法的相关标准与监测制度，包括国家发展改革委在 2013～2015 年公布的针对 24 个行业企业温室气体排放的核算方法与报告指南、2015 年国家标准化管理委员会发布的《工业企业温室气体排放核算和报告通则》及 10 个重点行业的企业温室气体排放核算和报告要求、2021 年生态环境部发布的《企业温室气体排放报告核查指南（试行）》等。同时，我国针对重点行业建设了点状排放源监测数据库，包括中国水泥排放数据库（CCED）、工业企业污染排放数据库、中国燃煤电厂排放数据库（CPED）等，其均包含了较为详细的活动数据、运行情况、排放因子等，是研究全国主要企业污染排放的重要支撑，为燃煤电厂、钢铁行业等领域研究的大规模开展提供了支持（Liu et al.，2015）。

在工业碳排放模拟方面，前文（2.1.1 部分）所述情景分析法与 LEAP 模型被广泛应用于火力发电（Yan et al.，2019）、钢铁（段蒙等，2016）等行业的碳排放预测中；也有学者探索将 LEAP 模型应用于微观尺度如产业园区的碳排放模拟中（杨培志等，2019）。

（2）建筑碳排。建筑碳排放包括建筑运行过程中的直接碳排放，使用电力、热力导致的间接碳排放，以及建筑建造和维修耗材的生产、运输导致的碳排放等（江亿、胡姗，2021）。根据 2022 年 IPCC AR6 报告建筑章节，2019 年全球建筑运行阶段温室气体碳排放量占当年全球温室气体排放量的 21%，并且排放量和占比仍在持续增长。建筑运行过程中的碳排放的测度主要通过建筑电力、热力等能耗数据计算而来，但不同国家和区域人均建筑能耗差异较大（表 4）。其中，城市单体建筑能源消耗的数据在电力、热力等能源部门有详细统计，但难以同时获得各个部门的精确数据，所以，相关学者和机构大多通过监测、模拟等手段得出建筑的能源消耗情况，进而计算出碳排放。

表 4　主要国家与地区的建筑能耗对比

分类	世界	中国	美国	加拿大	日本	OECD 欧洲	印度	非洲
建筑总能耗 （亿 kWh）	162 086	9 606	47 136	5 737	9 924	37 909	4 388	3 574
人均建筑能耗 （kWh/人/年）	2 572	743	16 030	18 206	7 774	5 219	412	420

资料来源：清华大学建筑节能研究中心（2007）。

能耗监测主要指政府部门、专业研究机构开展的建筑能耗监测。自 1979 年开始，美国能源信息署每两年主要针对居住建筑和商业建筑进行建筑能耗的抽样调查。就国内而言，各类研究机构与团体是建筑碳排放测度的主力：清华大学建筑节能研究中心负责中国建筑能耗数据库建立、运行与维护等工作，自 2007 年开始每年发布《中国建筑节能年度发展研究报告》，在对我国不同区域、不同功能建筑能耗情况进行分析的基础上，针对建筑节能、温室气体排放等重点问题展开研究（表 5）；中国建筑节能协会自 2016 年起，每年发布中国建筑能耗研究报告，自 2018 年起报告主题重点关注建筑碳排放测算、建筑碳达峰预测、建筑碳中和情景预测等领域。从政府管理角度来看，建筑排放监测逐渐从发达城市的探索扩展为全国各地的普遍要求：从 2012 年起，上海市政府开始建立公共建筑能效监测平台，对各类大型非住宅建筑的能源使用情况进行监测；2016年，住房和城乡建设部办公厅印发《省级公共建筑能耗监测平台验收和运行管理暂行办法》，要求每个省份对楼宇能耗进行监测，2019年进一步公布《建筑碳排放计算标准》（GB/T5 1366—2019），明确了建筑物碳排放的计算边界、排放因子以及计算方法，并在《建筑节能与可再生能源利用通用规范》（GB 55015—2021）中，进一步明确将建筑碳排放计算作为强制要求。

表5　我国不同类型建筑能耗强度（不含采暖）

建筑功能	大型酒店、商场、超市	大型综合楼	大型办公楼	交通枢纽、文化场所、医院	中型办公楼	学校、一般公共建筑	城镇住宅
能耗强度（kWh/年/m²）	180	120	90	60	50	40	23

资料来源：清华大学建筑节能研究中心（2008）。

此外，对特定类型建筑的能源消耗进行模拟的技术已相当成熟，并且形成了Energy Plus（美国能源部、劳伦斯·伯克利国家实验室）、DeST（清华大学建筑技术科学系环境与设备研究所）、天正节能（中国天正公司）等能耗模拟软件，其主要原理是综合气候环境、建筑材料、建筑形态、开窗方式等因素，进行建筑的冷热负荷模拟。海普尔和赛勒（Heiple and Sailor，2008）使用美国能源部发布的快速能源模拟工具（eQUEST），结合调查数据，建立了建筑能耗模拟模型，可以模拟出优于100米精度的地块每小时的能源消耗情况；周宇宇和格尼（Zhou and Gurney，2010）将该方法应用于美国印第安纳波利斯市居住和商业建筑排放的测算中，并得出二氧化碳排放量的空间变化主要与建筑密度、建筑高度和建筑类型相关的结论。史蒂文等（Steven et al.，2014）通过对美国波特兰和亚特兰大地块层面的建筑形式与碳排放的模拟，得出容积率与碳排放强度呈现出倒U形关系，而建筑密度越低则碳排放强度越高；石井等（Ishii et al.，2010）模拟了日本宇都宫市未来的三种可能的城市形态（高密度集中、中密度平均、低密度分散）下，居住、办公、商业等不同类型建筑的利用模式，并叠加光伏电池、热电联产等技术利用情况，得出三种情景中中密度平均模式可以实现最高的减排效率。

（3）交通碳排。我国交通碳排放约占10%，纽约、伦敦、巴黎等完成工业化的城市由于工业排放量的下降，交通碳排放占比均超过25%（金昱，2022）。随着出行便利程度的提高，交通碳排放占比将进一步提高，预计在2030年和2050年全球碳排放占比将分别达到50%和80%（IEA，2009）。交通碳排放包括区域交通碳排放和城市交通碳排放两个方面，其中，对飞机、铁路等区域交通碳排放的研究较多，本研究则主要关注城市内部交通碳排放及其空间格局。在城市内部，OD调查是调查城市居民出行距离、时间、方式的常用手段，也被应用于出行碳排放的调查中。欧盟比较了城市居民不同类型出行方式的碳排放强度（表6），斯特德（Stead，1999）使用国家交通调查数据核算了英国居民不同交通方式的碳排放情况，证明不同交通工具的出行距离可以用来表征碳排放量。国内秦波等（Qin，

2010）、荣培君等（Rong，2018）分别调查了不同交通工具的出行里程、油耗等数据，使用空间自相关分析和地理加权回归分析了北京、开封典型家庭的交通出行行为及能源消耗情况。

近年来，GPS技术的广泛应用能详细收集机动车的运动轨迹，根据车行速度、行驶里程等信息计算燃料消耗，进而模拟出机动车出行碳排放的时空变化情况（Gennaro et al.，2016）。卡林等（Carling et al.，2013）在瑞典博伦厄市的调研中，通过在研究车辆上安装GPS系统来监测从城市中心到城市边缘的购物中心的出行模式，进而比较不同位置购物中心对碳排放的影响。在国内，由于个人出行的GPS数据尚难以获取，深圳于2017年建立交通碳排放工程实验室，通过高精度的GPS数据与本地化碳排放因子的测度，建立了深圳市道路交通排放监测平台，其他针对上海（Luo et al.，2017）、北京（Zhang et al.，2018b）、杭州（Xia et al.，2020）等城市的已有研究主要聚焦在对出租车出行碳排放特征的分析上。

表6　不同交通方式的碳排放强度

类别	交通工具	碳强度（g/人/km）
小汽车	私家车、出租车等	135.0
公共汽车	公交车、巴士	35.0
轨道交通	地铁	9.1
助动车	电动自行车、摩托车	8.0
绿色交通	步行、自行车	0.0

资料来源：欧盟TREMOVE 2.4手册。

随着交通模拟技术的不断优化，有学者构建仿真模型，综合考虑交通拥堵、交通成本、运输周期等因素，有效模拟运输网络和交通运行的动态特性，从而更精准地描述基于时空动态特性的交通碳排放特征（Han et al.，2018）。

（4）家庭碳排。通过问卷调查调查不同类型家庭的生活方式，进而计算不同类型家庭的碳排放总量，并研究物质环境、经济情况、生活习惯等多方面的影响机制：①物质环境的研究包括居住区位（Rong et al.，2020）、居住面积（Ewing et al.，2008）、居住形式、配套设施（Papachristos，2015）等方面；②经济情况包括产权（Elnakat et al.，2016）、收入（Liu et al.，2019）等多个方面；③家庭结构和生活习惯方面，包括家庭人口数量（Rong et al.，2020）、女性数量比例（Elnakat et al.，2016）、居民的空调温度设置、是否使用节能电器等生活习惯（Hara et al.，2015）等。李晓江等（2022）通过对不同城市、不同类型社区的跟踪调查，发现不同家庭食物摄入产生的碳排放水平相近，但碳排放强度（人均碳排放、单位面积碳排放）受家庭收入、消费水平、家庭构成、房屋类型等因素影响较大。

2.2.2　碳排放空间拟合

基于"自下而上"的方法，可以综合多种排放源进行全口径碳排放核算。由于该方法数据来源多、工作量大，世界范围内主要由大学等研究机构为主开展。

自 2002 年起，由美国宇航局和能源部共同资助普渡大学开展的"火神计划"（Vulcan Project），汇集了美国所有经济部门涉及的 48 种燃料统计数据库，按照点源、非点源和移动源三种排放统计与模拟工业、商业、住宅、公共设施、移动源的二氧化碳排放，以 10 千米×10 千米网格为空间分辨率、每小时为时间分辨率，核算出了全美国二氧化碳排放量的时空分布图。2012 年，美国又开展了研究精度更高的"赫斯提亚计划"（Hestia Project），综合建筑能源模拟、交通数据、电力生产报告和当地空气污染报告等数据，形成以小时为精度对城市的单个建筑物、不同路段和其他生产设施的碳排放强度进行量化的测度方法，并将其应用到印第安纳波利斯市、洛杉矶和凤凰城的研究中（Kevin et al.，2012）。基于点排放源自下而上的空间化方法，我国生态环境部环境规划院建立了高空间分辨率排放网格数据库（China High Resolution Emission Gridded Database，CHRED），使用全国统一的数据源，将火电企业、钢铁企业、水泥企业等工业源、废弃物处理等相关产业排放数据，经标准化处理后，构建了 1 千米×1 千米网格精度的二氧化碳排放网格数据。清华大学各研究团队建立了全国、全球尺度的多个碳排放相关数据库，包括中国多尺度排放清单模型（Multi-resolution Emission Inventory for China，MEIC）、全球基础设施排放数据集（Global Infrastructure Emission Database，GID）、全球 0.1°×0.1°分辨率的碳排放网格数据集（Global Carbon Grid）、全球首个 0.1°×0.1°的近实时碳排放数据库（Carbon Monitor）等。已有的数据库为开展不同区域和不同时段的比较研究提供了支撑，但由于各数据库平台数据来源、核算方法、系数取值的差异，不同数据库中的碳排放规模尚未统一。

2.3 方法比较

直接碳排放测度方面，卫星观测可以较精确、全面地构建城市碳排放格局。间接碳排放需要通过核算进行计量，目前使用的"自上而下"和"自下而上"两种方法存在差异（表 7），由于数据精度、统计口径等方面不同，不同方法产生的结果差异较大（蔡博峰、张力小，2014；OU et al.，2015；Huang et al.，2022；Pan et al.，2017）。

表 7 碳排放空间格局测度方法比较

方法	碳监测	碳核算	
	卫星观测	"自上而下"	"自下而上"
覆盖面	全球	全球	地区
最高精度	1km	500m	点状
时间精度	周度/月度/年度	小时/月度/年度	根据调查时间确定
可获得程度	免费公开数据	免费公开数据	需要使用非公开数据计算
应用尺度	国家、区域、城市	城市、片区、街区、建筑	

基础数据方面，"自上而下"的方法中多使用官方统计的各类能源消耗的统计年鉴，数据来源权威且相对稳定；"自下而上"的方法中，除工业点源排放和部分建筑碳排放监测数据外，生活碳排放、交通碳排放等数据多为研究者通过问卷调查、替代模拟等方法估算而来，数据来源缺乏统一口径，并且不同研究中使用的数据类型差异较大。

计算方法方面，"自上而下"的方法主要包括两个步骤，第一步多使用 IPCC 法进行碳排放总量核算，第二步再使用表征经济社会活动强度的指标进行空间拟合，方法较为成熟统一，不同研究中的差别主要在于碳排放因子的取值和经济社会活动强度表征指标的不同，而造成一定的结果差异。此外，在碳排放规模预测中，尽管第一步中使用多种方法进行碳排放总量模拟计算的方法相对成熟，但开展第二步空间分配的研究很少，主要原因在于城市未来的经济社会活动强度的精准预测挑战极大，在清华大学开发的中国未来排放动态评估模型（Dynamic Projection model for Emissions in China，DPEC）中，2015～2060 年预测的排放数据网格精度仅为 50 千米×50 千米（Tong et al.，2020）。"自下而上"的方法中，工业、建筑、交通碳排放来自于监测数据或利用 GPS 数据进行核算，仅需与空间位置进行拟合，方法已十分成熟，并且已探索出不同类型碳排放模拟的计算方法，而家庭碳排放数据主要基于问卷调查的方法进行模拟，问卷口径差异较大，尚未形成统一方法。

适用情景方面，"自上而下"的方法在碳排放整体规模核算方面优势明显，但在空间分配方面的精度受限于经济社会活动表征要素，更适用于区域、省区市、都市圈等大规模尺度的碳排放空间格局测度；"自下而上"的方法最突出的优点是精度高，主要用于城市内部片区尺度的碳排放测算，但是该方法缺乏统一的测算方法，不同城市的统计口径未必统一，不同部门如能源利用、废弃物排放、社会经济等数据难以实现尺度和时间方面的完全一致，导致该方法难以适用于不同城市之间或者同一城市内不同时间阶段的比较（Cai et al.，2021）。

3　城市碳排放的影响机制

碳排放的影响因素是一个多维度的复杂系统问题，既涉及气候变化周期、技术进步迭代，又涉及区域产业和人口的变化（冯长春等，2022），同时也与城市功能布局以及居民生活习惯相关，其中经济社会因素和城市建设因素是空间规划领域关注的重点。

3.1　定量分析模型

碳排放影响机制的定量分析中，一般以碳排放总量、碳排放强度（人均碳排放、地均碳排放、单位 GDP 碳排放）作为因变量，以人口、城镇化率、经济发展水平等影响因素作为自变量，使用定量分析模型进行因果关系或者相关性分析，主要方法包括以下五种（表 8）。

表8 碳排放驱动因素定量分析模型

方法	算法	指标说明	来源	代表研究
IPAT	$I = P \times A \times T$	I 影响评价； P 人口； A 富裕程度； T 科学和技术进步程度	Ehrlich and Holdren，1971	Wood et al.，2014； Fang and Miller，2013
STIRPAT	$I = e^{\beta_0} P^{\beta_1} A^{\beta_2} T^{\beta_3} e^{\varepsilon_i}$	I 影响评价； P 人口； A 富裕程度； T 科学和技术进步程度； β_0、β_1、β_2、β_3 要被估计的参数； ε_i 随机误差	Dietz and Rosa，1994	Shi，2003； 张丽峰，2013
Kaya 恒等式	$GHG = \dfrac{GHG}{TOE} \times \dfrac{TOE}{GDP} \times \dfrac{GDP}{POP} \times POP$	GHG 温室气体排放量； TOE 能源消耗量； GDP 国内生产总值； POP 人口总量	Kaya，1990	Tadhg，2013； 袁路、潘家华，2013
脱钩 分析	$Ratio = \dfrac{(EP / DF)_T}{(EP / DF)_0}$	$Ratio$ 脱钩率； EP 环境压力； DF 驱动因素； O 基期； T 报告期	OECD，2000，2002	Schandl et al.，2016； 钟太洋等，2010
LMDI	$E = \sum_{ij} Q \times S_i \times I_i \times M_{ij}$	E 产业终端能源消费总量； i 产业类型； j 能源类型； Q GDP 总量； S_i 第 i 产业的产业增加值占总产出水平的比重； I_i 产业 i 的能源消耗强度； M_{ij} i 产业 j 燃料的消费量占该产业终端能源消费量的比例	Ang et al.，1998； Ang and Liu 2001； Ang，2005	Vinuya et al.，2010； Luciano and Shinji，2011

续表

方法	算法	指标说明	来源	代表研究
IDA[1]	$D_{Xk} = \dfrac{\sum i X_{1i}^O L X_{ki}^T L X_{ni}^O}{\sum i X_{1i}^O L X_{ki}^T L X_{ni}^O}$	D_{Xk} 某一变量基期到报告期变动对碳排放相对变化; $X_{1,k,n}$ 第 1, k, n 个因素变量; O 基期; T 报告期	Park, 1992	Ang and Zhang, 2000; Yao et al., 2014
SDA[2]	$\begin{aligned}\Delta TE &= \dfrac{\Delta SP_t L_t Y_t + \Delta SP_o L_o Y_o}{2} \\ &+ \dfrac{S_t \Delta PL_t Y_t + S_o \Delta PL_o Y_o}{2} \\ &+ \dfrac{S_t P_t \Delta L Y_t + S_o P_o \Delta L Y_o}{2} \\ &+ \dfrac{S_t P_t \Delta L Y_t + S_o P_o L_o \Delta Y}{2}\end{aligned}$	ΔTE 碳排放变化情况; P 碳强度效应; S 不同能源在产品中的投入; L 投入结构对碳排放总量的影响; Y 产出总量; t 比较期; o 基期	Syrquin, 1976	Hoekstra et al., 2016; 郭朝先, 2010; 马峥等, 2020

注:(1)IDA 模型共有八种广泛使用的算法,其他形式详见程郁泰等(2017)的研究,此处列出 LD 算法的乘法形式。
（2）SDA 模型常用的有四种形式,详见郭朝先(2010)的研究,此处以马峥和崔豫泓(2020)的研究中关于能源结构效应、碳强度效应、投入产出技术效应和总量效应四个方面的因素分解为例。

（1）**IPAT** 环境压力模型建立了人文因素与环境影响之间的账户恒等式,用来表征人类活动对环境问题的成因,但该模型默认环境压力（I）与各驱动因素（P、A、T）之间成 1:1 的等比例对应关系,即假设不同因素对环境压力的贡献相同,故而被学者们认为不符合实际情况。STIRPAT（Stochastic Impacts by Regression on Population, Affluence and Technology,人口、富裕和技术的随机回归影响模型）在 **IPAT** 模型的基础上引入了新的因子,并且可以根据研究需要增减影响因素,灵活性和准确度均大幅度提高,现已广泛地用于研究碳排放、空气污染、能源消费等领域各类环境影响因素的定量分析（王侃宏、何好,2022）。

（2）**Kaya** 恒等式是 IPCC 第四次评估报告的碳排放驱动因素分析方法,将人口、经济、政策等社会经济政策因素和碳排放量联系起来。该方法具有分解无残差、对碳排放变化驱动因素解释力强等优点,但也存在一定的局限性:只能解释碳排放量流量变化而无法解释存量变化,等式中主要为表象驱动因素,得到的政策建议存在模糊性和非理性的问题（袁路、潘家华,2013）。

（3）脱钩分析（**Decoupling**）原来是物理学的概念,后来被引入环境分析领域,用来衡量经济增长与能源消耗和环境污染之间的变化关系,环境负荷或者资源消耗与经济增长"脱钩"即表示经济的增长不会带来环境负荷或者资源消耗的上升,但该方法目前缺少一个统一的指标体系,不同研究所采用的测度方法差别很大（钟太洋等,2010）。

（4）LMDI、IDA、SDA 是资源环境领域常用到的驱动因素分解分析方法。LMDI（Logarithmic Mean Divisia Index，对数平均迪氏指数法）实操性强，将碳排放分解为相关影响因素的乘积，根据不同的确定权重的方法进行分解，以确定各个影响因素所占的份额，具有易于分解、无残值和数据零值、容易使用且分解结果唯一等特点（Ang，2015）。IDA（Indexed Decomposition Analysis，指数分解分析）数据相对简单，多用于部门层面能源消费分析和碳排放驱动因素分析。SDA（Structural Decomposition Analysis，结构分解分析）对投入产出模型中关键参数的变动而引起的结果变动进行识别，能全面分析各种直接或间接的影响因素，特别是一部门需求变动给其他部门带来的间接影响，但数据结构与可得性受限，应用范围小于 IDA。

（5）Pearson 相关性检验（李建豹等，2019）、Granger 因果关系测试（赵爱文、李东，2011）、层次分析、空间自相关模型（邹艳芬、陆宇海，2005）等统计学经典模型也被广泛应用于碳排放影响因素的分析中。

以上模型主要应用于国家、区域或者城市的整体碳排放驱动因素分析，部分方法也用于碳排放规模的预测（李建豹等，2022；蔡博峰等，2022），对城市内部或更小尺度的碳排放因素的分析较少。一方面，既有研究主要来自于环境资源领域或者经济学领域，研究视角普遍比较宏观；另一方面，受限于城市内部碳排放空间统计数据的不足，使用面板数据核算的方法决定了既有研究对象只能是城市或更大的单元尺度，难以深入到城市内部更小的空间单元的分析。

3.2　主要影响机制

不同国家、地区或城市由于其自然本底情况与经济社会发展阶段不同，而产生不同的碳排放特征（刘扬、陈劭锋，2009）。相关因素对城市碳排放的影响模式包括正向促进和反向抑制两种，而在城市发展的不同阶段，同一种因素会产生先升后降或者先降后升等曲线型影响模式，即环境库兹涅茨曲线（Environmental Kuznets Curve，EKC）（Grossman and Krueger，1991）及其各种形式的演变与组合（图 3）。

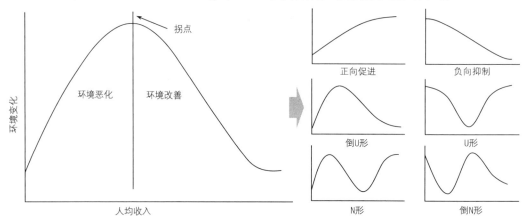

图 3　环境库兹涅茨曲线及其不同演变与组合形式

3.2.1 经济社会因素

经济社会因素主要包括经济水平、产业发展、人口结构与分布、城镇化四种（表 9）。

表 9　经济社会因素对碳排放的影响机制相关研究

维度	自变量	因变量	研究对象	主要结论	作者
经济水平	人均 GDP	人均碳排放量	130 个国家与地区，1951～1986	倒 U 形曲线：拐点处于人均 GDP 35 428～80 000 美元	Selden and Douglas, 1995
	人均 GDP	碳排放量	中国所有省份，1995～2007	倒 U 形曲线：拐点为人均 GDP 7 884 元	吴献金、邓杰，2011
	居民收入	人均居住碳排放量	中国 254 个城市，1999～2006	正相关：生活用电碳排放比收入增长快，人均收入增加 10%，人均用电排放会增加 14.5%	郑思齐等，2011
	人均 GDP	人均碳排放量	北京，1981～2010	倒 U 形曲线：拐点为人均 GDP 34 423 元	张丽峰，2013
产业发展	第二产业比重	单位 GDP 碳排放量	北京，1996～2009	正相关：二产比重与单位 GDP 碳排放正相关，但起到的影响作用正逐渐减弱	马晓微、崔晓凌，2012
	第二产业比重、外资强度	单位 GDP 碳排放量	中国 283 个城市，1992～2013	正相关：第二产业比重高、外资投资强度高的城市，碳排放强度高	王少剑、黄永源，2019
	经济集聚度	碳排放强度	中国 61 个城市，2004～2016	N 形曲线：低经济密度城市倒 U 形，高经济密度城市 U 形	刘宇佳，2020
	经济集聚度	人均碳排放量	中国 30 个省，1995～2016	倒 N 形曲线：拐点为 393.5 和 10 251.4 万元/平方千米	邵帅等，2019
人口结构与分布	人口增长	人均碳排放量	美国 66 个大都市区	正相关：新增人口的人均碳排放量要高于存量人口	Glaeser and Matthew, 2010
	人口密度	单位 GDP 碳排放量	中国 283 个城市，1992～2013	负相关：单位 GDP 碳排放高的城市；不相关：单位 GDP 碳排放低的城市	王少剑、黄永源，2019
	人口密度	人均碳排放量	欧盟 28 个成员国，2000～2012	负相关：人口密度增加，人均碳排放减少	Xu et al., 2019
	人口结构	碳排放量	全球，1975～2000	负相关：高收入国家；正相关：中上、中下、低收入国家	Fan et al., 2006
	老龄化率	碳排放量	26 个经合组织国家，1960～2005	正相关：人口老龄化会促进碳排放量	Menz et al., 2012

续表

维度	自变量	因变量	研究对象	主要结论	作者
人口结构与分布	城市密度	碳排放量	美国洛杉矶	负相关：低密度住宅和带状商业区的扩张会直接增加碳排放	Ewing，1977
	居住密度	人均碳排放量	加拿大多伦多两个街区，1997	负相关：低密度郊区（16 套住宅/公顷）的人均能耗与碳排放水平是高密度城市中心区（150 套住宅/公顷）的 2～2.5 倍	Norman et al.，2006
	居住密度	单位 GDP 碳排放量	中国 108 个地级市，2003～2015	负相关：居住密度的提高均显著地减少了 CO_2 排放	易艳春 等，2018
	居住密度	碳排放量	杭州，2017 年 6 月 5 日	正相关：杭州市中心区域居住密度与城市碳排放正相关	Xia et al.，2020
	居住密度	交通碳排放量	荷兰，1998	负相关：每平方英里增加 500 户能够减少 15%左右碳排放	Fabio et al.，2008
	居住密度	交通碳排放量	美国加利福尼亚州，2001	负相关：每平方英里增加 1 000 个住房单元，每年增加 4.8%的交通出行和 5.5%的交通燃料	Brownstone et al.，2009
城镇化	城镇化水平	碳排放量	88 个发展中国家，1975～2006	负相关：中高收入国家（27 个）；不相关：收入弹性高的国家（44 分）；正相关：中低收入国家（17 个）	Martínez，2011
	城镇化水平	碳排放量	MSCI 分类的 16 个新兴国家，1971～2009	不相关：碳排放与城镇化水平的相关性在统计学上不显著	Sadorsky，2014
	城镇化水平	碳排放量	中国 285 个地级市，2013	正相关：城市化水平每提高 1 个百分点，城市碳排放量会增加 0.19%	杨青林 等，2018

（1）经济水平测度中，使用最多的指标为人均 GDP，研究对象包括国家、区域、城市等各个尺度。大部分研究表明，碳排放与人均 GDP 与之间存在倒 U 形关系，即符合 EKC 曲线特征。在经济发展水平较低的阶段，一般指工业化阶段，碳排放强度随着经济水平的提高而提高，在经济发展水平达到一定水平之后，区域产业结构逐渐转型，从第二产业转为第三产业，对能源的消耗减少，碳排放强度随着经济水平的提高逐渐降低。也有研究提出，经济发展水平与碳排放之间不存在倒 U 形关系或者存在倒 N 形关系，主要是由于不同研究中的关注的对象、选取的时间段不同，因而产生不同的曲线曲率和不同的拐点。

（2）产业发展水平方面，一般认为第二产业比重与碳排放正相关，这在我国不同规模、不同发展阶段城市的研究中均得到验证。另外，经济集聚度与碳排放呈现出 N 形、倒 N 形、倒 U 形曲线等不同特征，其结果差异主要源自研究对象的尺度与发展阶段的不同，同时也来自于经济集聚度的测度方法的不统一。

（3）人口数量的增长对碳排放具有促进作用，而人口密度对碳排放的影响在国内外城市中呈现出不一样的特征。欧美城市人口密度较低，人口密度的提高是减少碳排放的有效途径；国内城市人口密度较高且发展水平差异较大，提高人口密度在发展水平较低的城市中能起到减排作用，而在发展水平较高的城市中会进一步加剧碳排放。在人口结构方面，劳动人口和老龄人口比重的提高均对碳排放有正向影响。

（4）城镇化水平在不同发展阶段国家与区域的研究中呈现出正相关、负相关或者 N 形结构等不同特征，也有不少研究证明二者不相关，主要由城镇化所处的阶段差异所导致。

3.2.2 城市建设因素

除城市规模外，体现城市物质建设情况的城市形态和体现城市功能布局的城市结构通常用于城市建设情况的衡量，也是分析城市碳排放影响因素的重要的关注点（表 10）。

表 10　城市建设因素对碳排放的影响机制相关研究

维度	自变量	因变量	研究对象	主要结论	作者
城市形态	复杂度 紧凑度 集中度	碳排放量	中国所有地级市，2000～2015	正相关：形态复杂性促进二氧化碳排放；大型及超大型城市用地的紧凑度提高会降低城市二氧化碳排放效率；负相关：提高中小城市紧凑度和集中度，有利于降低二氧化碳排放	宫文康，2020
	复杂度 紧凑度	碳排放量	中国 30 个省会城市，1990～2010	正相关：形态复杂性与碳排放正相关；负相关：紧凑度与碳排放负相关	Fang et al.，2005
	集中度	户均供暖碳排放量	柏林，2006	负相关：紧凑城市比分散城市户均家庭供暖能耗低 16.2%	Liu and Sweeney，2012
	蔓延度	臭氧等	美国 45 个大都市区，1990～2002	正相关：城市蔓延度每增加 1 个标准差，每年增加 5.6 个污染日	Stone，2008
	紧凑度	人均碳排放量	欧盟 28 个成员国，2000～2012	正相关：城市土地斑块密度与人均碳排放正相关	Xu et al.，2019
城市结构	多中心/单中心	碳排放量	中国 232 个城市，2000～2010	负相关：多中心有利于提高碳排放效率；不相关：中心数量与碳排放不相关	Sha et al.，2020
	多中心/单中心	交通碳排放量	意大利，1990～2005	正相关：多中心提高碳排放	Burgalass and Luzzati，2015

续表

维度	自变量	因变量	研究对象	主要结论	作者
城市结构	多中心/单中心	碳排放量	北京、上海、天津、广州，1990～2010	正相关：单核的城市结构促进碳排放	Ou et al.，2013
	功能区位	碳排放量	多伦多大都市区，2001	中央核心区—边缘地区—农村地区 碳排强度"高—低—中"	Vandeweghe and Kennedy，2017
	绿地、水体可达性	居住碳排放量	厦门 24 个镇，2013	负相关：绿地和水体的可达性、面积增加，居住碳排放减少	Ye et al.，2015

虽然也有学者质疑城市形态在节能减排中的效果（Echenique et al.，2012），但是大量研究表明城市空间形态对碳排放具有很大影响。空间形态指数和景观格局指数是用来定量分析城市空间形态的常用方法，使用复杂度、紧凑度、蔓延度、集中度等多种方法衡量城市建设用地的分布和变化情况：①复杂度用来衡量建设用地斑块和城市整体形态的复杂程度，针对国内外城市的研究均表明，城市形态和用地斑块越规整，则碳排放强度越低；②紧凑度和蔓延度均是衡量城市内部建设用地聚集程度的指标，普遍认为紧凑的城市空间形态可以减少居民出行距离，进而减少碳排放，但是也有学者提出大型和超大型城市用地的进一步聚集反而会降低碳排放效率；③集中度用来衡量城市用地的聚集程度，既有研究均表明城市用地集中度的提高能减少城市交通的碳排放。此外，随着城市形态研究从二维拓展至三维空间领域，学者可以更准确地测度建设规模、建设强度对碳排放的影响，许晓聪等（Xu et al.，2020）在分析 2015 年中国 86 个城市情况的基础上，发现与二维空间密度的提高可以减少碳排放的作用机制不同，三维空间密度的提高对碳排放具有促进作用，而且三维空间不规则程度的提高可降低碳排放。

城市中心的数量和布局对城市功能布局及活动特征起到核心引导作用。对国内城市的研究普遍认为多中心城市的碳排放效率明显高于单中心城市，但对意大利的研究却发现多中心的城市结构会提高碳排放（Burgalass and Luzzati，2015）。也有学者（Wang et al.，2014）在模拟了北京从单中心转变为多中心的城市形态后，发现这可能会增加行驶距离，进而提高碳排放。另外，不同功能区位的城市用地呈现出不同碳排放特征，提高绿地水体等开放空间的可达性能有效减少碳排放（Ye et al.，2015）。

3.2.3 多因素比较

城市作为一个复杂系统，各系统之间互相影响，影响碳排放的众多因素之间也必然存在相互作用关系。既有研究主要集中在单因子与碳排放关系的研究上，而对多个因子影响权重的比较分析较少。就国内部分研究而言，经济和产业结构在碳排放的影响中起到重要作用（表 11）。

表 11　影响碳排放的因素影响因子排序

作者	研究对象	自变量	影响因子排序
张丽峰，2015	北京，1985~2012	碳排放弹性系数	经济规模＞人口规模＞城镇化水平＞居民消费水平
杨青林等，2018	中国 285 个地级市，2013	碳排放量	GDP 总量＞人口密度＞城镇化水平＞人口规模＞人均 GDP
陈珍启等，2016	中国 99 座非工业城市，2009	碳排放量	正向因素：人均 GDP＞货运总量＞城市绿地比例； 负向因素：客运总量＞人均道路面积＞人口规模； 不相关因素：人口增长率、人口密度、经济增长率、工业总产值、所处区域、城市形态、建设用地面积、建设用地占比
刘卫东等，2019	中国，1980~2014	单位 GDP 二氧化碳排放量	1980~1991 年：高耗能产业规模及占比、化石能源占比和技术进步； 1992~2007 年：服务业占比、化石能源价格、居民传统消费； 2008 年后：新能源占比、居民新兴消费

4　总结与展望

4.1　总结

国内外关于城市碳排放空间格局构建和碳排放影响机制方面的定量研究已形成丰富的研究方法，并且部分领域已形成较成熟的研究结论，为空间规划领域开展进一步研究提供了良好的基础。

城市碳排放空间格局建构方面，"自上而下"的方法数据来源较为稳定，已用于建立国家、区域、市域等宏观尺度的碳排放空间模型，并可以进行不同区域与不同时段的比较研究。"自下而上"的方法以其精细高而更适用于城市、街区及更小尺度研究，在工业、建筑、交通、居住等不同门类的碳排放研究方面已相对成熟，但目前受限于缺乏权威的监测系统、数据采集工作量大、分析方法尚未统一等原因，使该方法在对比研究方面受到限制，并且进行全口径城市碳排放拟合的研究尚未大规模开展。

城市碳排放影响机制研究方面，来自于统计、地理、环境等学科的五种主要定量分析方法已得到广泛应用，但主要集中在城市宏观层面，对街区、地块层面的研究较少。既有研究中，关于经济发展水平、第二产业比重、人口密度、城镇化率等经济社会因素对碳排放的影响机制已基本形成共识，另外，城市形态、城市结构等城市建设因素对碳排放的影响机制在不同国家地区呈现出不同的特征。

4.2　展望

碳排放问题的复杂性是研究工作难度高的根本原因，而既有研究中不同模型方法的理论基础、基础数据、指标取值的不同也是造成研究结果差异的重要因素。就空间规划领域而言，应在吸收既有经验的基础上提高研究方法的科学性，系统、准确识别影响碳排放的因素及其作用机制，为"双碳"目标的实现提供规划策略与制度引导支持。

研究方法方面，以准确识别城市碳排放空间格局为目标，可以重点开展：①进行多种独立方法的比较研究，选择与既有统计数据匹配的研究方法，确定符合不同区域实际情况的指标参数，构建统一的碳排放统计核算体系；②进行计算方法与监测结果之间的比较研究，融合多门类数据，探索"自下而上"方法为主、"自上而下"和卫星碳监测方法进行校核的研究方法，构建高精度的城市碳排放空间模型。

作用机制方面，发挥空间规划学科在城市功能结构、格局演变机制等方面的特长，可以重点开展：①城市碳排放核心因素识别，使用机器学习、系统动力学等多种手段方法，在产业调整、空间布局、生活习惯等众多因子比较的基础上识别核心影响因子；②规划管控相关因素叠合研究，揭示用地规模、容积率、功能等空间规划管控指标对碳排放的作用机制，为空间规划策略调整提供支撑；③拓展研究对象，国内既有研究主要集中在北京、上海等大城市，但我国中小城市数量多、第二产业聚集度高，应进一步针对性地加强对此类城市的研究，亦是实现减碳目标的重要抓手。

致谢

本文受国家自然科学基金项目"多源数据融合的城市高温脆弱性空间识别与城市设计策略应对"（51978363）资助。

参考文献

[1]　ANDRES R J, MARLAND G, FUNG I, et al. A 1° × 1° distribution of carbon dioxide emissions from fossil fuel consumption and cement manufacture, 1950-1990[J]. Global Biogeochemical Cycles, 1996, 10(3): 419-429.

[2]　ANG B W. The LMDI approach to decomposition analysis: a practical guide[J]. Energy Policy, 2005, 33(7): 867-881.

[3]　ANG B W. LMDI decomposition approach: a guide for implementation[J]. Energy Policy, 2015, 86: 233-238.

[4]　ANG B W, LIU F L. A new energy decomposition method: perfect in decomposition and consistent in aggregation[J]. Energy Policy, 2001(32): 537-548.

[5]　ANG B W, ZHANG F Q. A survey of index decomposition analysis in energy and environmental studies[J]. Energy, 2000, 25(12): 1149-1176.

[6]　ANG B W, ZHANG F Q, CHI K H. Factorizing changes in energyand environmental indicators through decomposition[J]. Energy, 1998, 23(6): 489-495.

[7]　BATIH H, SORAPIPATANA C. Characteristics of urban households electrical energy consumption in Indonesia

and its saving potentials[J]. Renew Sustain Energy Rev, 2016, 57(1): 1160-1173.

[8] BROWNSTONE D, GOLOB T F. The impact of residential density on vehicle usage and energy consumption[J]. Journal of Urban Economics, 2009, 65(1): 91-98.

[9] BURGALASSI D, LUZZATI T. Urban spatial structure and environmental emissions: a survey of the literature and some empirical evidence for Italian NUTS 3 regions [J]. Cities, 2015, 49: 134-148.

[10] CAI B, ZHANG L, XIA C, et al. A new model for China's CO_2 emission pathway using the top-down and bottom-up approaches[J]. Chinese Journal of Population, Resources and Environment, 2021, 19(4): 291-294.

[11] CARLING K, HAKANSSON J, TAO J. Out-of-town shopping and its induced CO_2-emissions[J]. Journal of Retailing & Consumer Services, 2013, 20(4): 382-388.

[12] CHUAI X, FENG J. High resolution carbon emissions simulation and spatial heterogeneity analysis based on big data in Nanjing city, China[J]. Science of the Total Environment, 2019, 686: 828-837.

[13] CUI Y, ZHANG W, WANG C, et al. Spatiotemporal dynamics of CO_2 emissions from central heating supply in the North China Plain over 2012-2016 due to natural gas usage[J]. Appl. Energy, 2019, 241: 245-256.

[14] DIETZ T, ROSA E A. Rethinking the environmental impacts of population, affluence, and technology[J]. Human Ecology Review, 1994(1): 277-300.

[15] DOLL C H, MULLER J P, ELVIDGE C D. Night-time imagery as a tool for global mapping of socioeconomic parameters and greenhouse gas emissions[J]. AMBIO A J. Hum. Environ, 2000, 29(3): 157-162.

[16] DU Q, SHAO L, ZHOU J, et al. Dynamics and scenarios of carbon emissions in China's construction industry[J]. Sustainable Cities and Society, 2019, 48: 101556. https://doi.org/10.1016/j.scs.2019.101556.

[17] ECHENIQUE M H, HARGREAVES A J, MITCHELL G, et al. Growing cities sustainably[J]. Journal of the American Planning Association, 2012, 78(2): 121-137. DOI: 10.1080/01944363.2012.666731.

[18] EHRLICH P R, HOLDREN J P. Impact of population growth[J]. Science, 1971(171): 1212-1217.

[19] ELNAKAT A, GOMEZ J D, BOOTH N. A zip code study of socioeconomic, demographic and household gendered influence on the residential energy sector[J]. Energy Rep., 2016, 2: 21-27.

[20] EU ETS. EU ETS Handbook[R]. European Commission: EU ETS, 2022.

[21] EUROPEAN COMMISSON. Monitoring, reporting and verification of EU ETS emissions[EB/OL]. (2021-07-14)[2022-07-10]. https://climate.ec.europa.eu/eu-action/eu-emissions-trading-system-eu-ets/monitoring-reporting-and-verification-eu-ets-emissions_en#tab-0-1.

[22] EWING R. Is los angeles-style sprawl desirable?[J]. Journal of the American Planning Association, 1997, 63(1): 107-126.

[23] EWING R, RONG F. The impact of urban form on US residential energy use[J]. Housing Policy Debate, 2008, 19(1): 1-30.

[24] FABIO G, BERGH V D, et al. An empirical analysis of urban form, transport, and global warming[J]. Energy Journal, 2008, 29(4): 97-122.

[25] FAN Y, LIU L, WU G, et al. Analyzing impact factors of CO_2 emissions using the STIRPAT model[J]. Environmental Impact Assessment Review, 2006, 26(4): 377-395.

[26] FANG C, WANG S, LI G. Changing urban forms and carbon dioxide emissions in China: a case study of 30

provincial capital cities[J]. Applied Energy, 2015, 158: 519-531.

[27] FANG W S, MILLER S M. The effect of ESCOs on carbon dioxide emissions[J]. Applied Economics, 2013, 45: 4796-4804.

[28] GENNARO D M, PAFFUMI E, MARTINI G. Big data for supporting low-carbon road transport policies in Europe: applications, challenges and opportunities[J]. Big Data Res., 2016, 6: 11-25.

[29] GHOSH T, ELVIDGE P C D, SUTTON P C, et al. Creating a global grid of distributed fossil fuel CO_2 emissions from nighttime satellite imagery[J]. Energies, 2018, 3(12): 1895-1913.

[30] GLAESER E L, MATTHEW E K. The Greenness of cities[J]. Journal of Urban Economics, 2010, 67(3): 404-418.

[31] GROSSMAN G M, KRUEGER A B. Environmental impact of a north American free trade agreement[R]. National Bureau of Economic Research, Working Paper 3914, NBER, 1991.

[32] GURNEY K R, MENDOZA D L, ZHOU Y, et al. High resolution fossil fuel combustion CO_2 emission fluxes for the United States[J]. Environment Science Technology, 2009, 43(14): 5535-5541.

[33] HAN J, MENG X, LIANG H, et al. An improved nightlight-based method for modeling urban CO_2 emissions[J]. Environ. Model. Software, 2018, 107: 307-320.

[34] HARA K, UWASU M, KISHITA Y, et al. Determinant factors of residential consumption and perception of energy conservation: time-series analysis by large-scale questionnaire in Suita, Japan[J]. Energy Pol., 2015, 87: 240-249.

[35] HEIPLE S, SAILOR D J. Using building energy simulation and geospatial modeling techniques to determine high resolution building sector energy consumption profiles[J]. Energy Build, 2008, 40: 1426-1436.

[36] HOEKSTRA R, MICHEL B, SUH S. The emission cost of international sourcing: using structural decomposition analysis to calculate the contribution of international sourcing to CO_2-emission growth[J]. Economic Systems Research, 2016, 28(2): 151-167.

[37] HUANG C, ZHUANG Q, MENG X, et al. A fine spatial resolution modeling of urban carbon emissions: a case study of Shanghai, China[J]. Sci. Re., 2022, 12: 9255. https://doi.org/10.1038/s41598-022-13487-5.

[38] International Energy Agency(IEA). Transport, energy and CO_2: moving toward sustainability[M]. IEA Paris, 2009.

[39] IPCC. Climate change 2022: mitigation of climate change [M]. Cambridge: Cambridge University Press, 2022.

[40] ISHII S, TABUSHI S, ARAMAKI T, et al. Impact of future urban form on the potential to reduce greenhouse gas emissions from residential, commercial and public buildings in Utsunomiya, Japan[J]. Energy Policy, 2010, 38(9): 4888-4896.

[41] KAYA Y. Impact of carbon dioxide emission control on GNP growth: interpretation of proposed scenarios[C]. Paris: IPCC Energy and Industry Subgroup, Response Strategies Working Group, 1990.

[42] KEVIN R G, IGOR R, YANG S, et al. Quantification of Fossil Fuel CO_2 Emissions on the Building/Street Scale for a Large U. S. City[J]. Environmental Science & Technology, 2012, 46(21): 12194-12202.

[43] LIU F, ZHANG Q, TONG D, et al. High-resolution inventory of technologies, activities, and emissions of coal-fired power plants in China from 1990 to 2010[J]. Atmos. Chem. Phys., 2015, 15(23): 13299-13317.

[44] LIU X, SWEENEY J. Modelling the impact of urban form on household energy demand and related CO_2 emissions in the Greater Dublin Region[J]. Energy Policy, 2012, 46: 359-369.

[45] LIU X, WANG X, SONG J, et al. Indirect carbon emissions of urban households in China: patterns, determinants and inequality[J]. Journal of Cleaner Production, 2019, 241: 118335.

[46] LIU Z, SUN Z. The carbon trading price and trading volume forecast in Shanghai city by BP neural network[J]. World Academy of Science, Engineering and Technology International Journal of Economics and Management Engineering, 2017, 11(3): 628-634.

[47] LUCIANO C F, SHINJI K. Decomposing the decoupling of CO_2 emissions and economic growth in Brazil[J]. Ecological Economics, 2011, 70(8): 1459-1469.

[48] LUO X, DONG L, DOU Y, et al. Analysis on spatial-temporal features of taxis' emissions from big data informed travel patterns: a case of Shanghai, China[J]. Clean. Prod. , 2017, 142: 926-935.

[49] MARTINEZ Z. The Impact of urbanization on CO_2 emissions: evidence from developing countries[J]. Ecological Economics, 2011, 70(7): 1344-1353.

[50] MENG C, YUAN S, et al. The need for urban form data in spatial modeling of urban carbon emissions in China: a critical review[J]. Journal of Cleaner Production, 2021, 319: 128792.

[51] MENG L, GRAUS W, WORRELL E, et al. Estimating CO_2 (carbon dioxide) emissions at urban scales by DMSP/OLS (Defense Meteorological Satellite Program's Operational Line scan System) nighttime light imagery: methodological challenges and a case study for China[J]. Energy, 2014, 71: 468-478.

[52] MENZ T, WELSCH H. Population aging and carbon emissions in OECD countries: accounting for lifecycle and cohort effects[J]. Energy Economics, 2012, 34(3): 842-849.

[53] MIAO L. Examining the impact factors of urban residential energy consumption and CO_2 emissions in China — evidence from city-level data[J]. Ecological Indicators, 2017, 27: 29-37.

[54] NORMAN J, MACLEAN H, KENNEFY C. Comparing high and low residential density: life-cycle analysis of energy use and greenhouse gas emissions[J]. Journal of Urban Planning and Development, 2006, 132(1): 10-21.

[55] OECD. Decoupling: a conceptual overview[R]. Paris: OECD, 2000.

[56] OECD. Indicatiors to measure decoupling of environmental pressures for economic growth[R]. Paris: OECD, 2002.

[57] ODA T, MAKSYUTOY S. A very high-resolution (1 km × 1 km) global fossil fuel CO_2 emission inventory derived using a point source database and satellite observations of night-time lights[J]. Atmos. Chem. Phys., 2011, 11 (2): 543-556.

[58] OU J, LIU X , LI X, et al. Quantifying the relationship between urban forms and carbon emissions using panel data analysis[J]. Landscape Ecology, 2013, 28(10): 1889-1907.

[59] OU J, LIU X, LI X, et al. Evaluation of NPP-VIIRS nighttime light data for mapping global fossil fuel combustion CO_2 emissions: a comparison with DMSP-OLS nighttime light data[J]. 2015, 10(9): e0138310.

[60] OU J, LIU X, WANG S, et al. Investigating the differentiated impacts of socioeconomic factors and urban forms on CO_2 emissions: empirical evidence from Chinese cities of different developmental levels[J]. Journal of Cleaner Production, 2019, 226(20): 601-614.

[61] PAN K, LI Y, ZHU H, et al. Spatial configuration of energy consumption and carbon emissions of Shanghai, and

our policy suggestions[J]. Sustainability, 2017, 9(1): 104. https://doi.org/10.3390/su9010104.

[62] PAPACHRISTOS G. Household electricity consumption and CO_2 emissions in the netherlands: a model-based analysis[J]. Energy Build, 2015, 86: 403-414.

[63] PARK S H. Decomposition of industrial energy consumption: an alternative method[J]. Energy Economics, 1992, 14(4): 265-270.

[64] QIN B, HAN S S. Planning parameters and household carbon emission: evidence from high- and low-carbon neighborhoods in Beijing[J]. Habitat Int., 2010, 37: 52-60.

[65] RONG P, ZHANG L, QIN Y, et al. Spatial differentiation of daily travel carbon emissions in small- and medium-sized cities: an empirical study in Kaifeng, China[J]. Clean. Prod., 2018, 197: 1365-1373.

[66] RONG P, ZHANG Y, QIN Y, et al. Spatial patterns and driving factors of urban residential embedded carbon emissions: an empirical study in Kaifeng, China[J]. Journal of Environmental Management, 2020, 271: 1-11.

[67] SADORSKY P. The effect of urbanization on CO_2 emissions in emerging economies[J]. Energy Economics, 2014, 41: 147-153.

[68] SCHANDL H, HATFIELD D S, WIEDMANN T, et al. Decoupling global environmental pressure and economic growth: scenarios for energy use, materials use and carbon emissions[J]. Journal of Cleaner Production, 2016, 132: 45-56.

[69] SELDEN T M, DOUGLAS H E. Stoking the Fires? CO_2 emissions and economic growth[J]. Journal of Public Economics, 1995, 57(1): 85-101.

[70] SHA W, CHEN Y, WU J, et al. Will polycentric cities cause more CO_2 emissions? A case study of 232 Chinese cities[J]. Environ. Sci. (China), 2020, 96: 33-43.

[71] SHI A. The impact of population pressure on global carbon dioxide emissions, 1975-1996: evidence from pooled cross-country data[J]. Ecological Economics, 2003, 44: 29-42.

[72] SPECHT D F. A general regression neural network[J]. IEEE Transactions on Neural Networks, 1991, 2(6): 568-576.

[73] STEAD D. Relationships between transport emissions and travel patterns in Britain[J]. Transport Policy, 1999, 6(4): 247-258.

[74] STEVEN J Q, ATHANASSIONS E, THOMS G, et al. Computing energy performance of building density, shape and typology in urban context[J]. Energy Procedia, 2014, 61: 1602-1605.

[75] STONE J B. Urban sprawl and air quality in large US cities[J]. Journal of Environmental Management, 2008, 86(4): 688-698.

[76] SYRQUIN M. Sources of industrial growth and change: an alternative measure[C]//European Meeting of the Econometric Society, Helsinki, 1976.

[77] TADHG M O. Decomposition of Ireland's carbon emissions from 1990 to 2010: an extended Kaya identity[J]. Energy Policy, 2013, 59: 573-581.

[78] TONG D, CHENG J, LIU Y, et al. Dynamic projection of anthropogenic emissions in China: methodology and 2015-2050 emission pathways under a range of socio-economic, climate policy, and pollution control scenarios[J]. Atmos. Chem. Phys., 2020, 20: 5729-5757.

[79] VANDEWEGHE W J, KENNEDY C. A spatial analysis of residential greenhouse gas emissions in the Toronto census metropolitan area[J]. Journal of Industrial Ecology, 2007, 11(2): 133-144.

[80] VINUYA F, FURIO D F, SANDOVAL E. A decomposition analysis of CO_2 emissions in the United States[J]. Applied Economics Letters, 2010, 17(10): 925-931.

[81] WANG J, WU D, WANG X. Urban multimodal transportation system simulation modeling considering carbon emissions[C]. 2018 Chinese Control And Decision Conference (CCDC), 2018: 3040-3045. DOI: 10. 1109/CCDC.2018.8407646.

[82] WANG Y, HAYASHI Y, CHEN J, et al. Changing urban form and transport CO_2 emissions: an empirical analysis of Beijing, China[J]. Sustainability, 2014, 6(7): 4558-4579.

[83] WOOD F R, DAWKINS E, BOWS L A, et al. Applying ImPACT: a modelling framework to explore the role of producers and consumers in reducing emissions[J]. Carbon Management, 2014, 5(2): 215-231.

[84] XIA C, XIANG M, FANG K, et al. Spatial-temporal distribution of carbon emissions by daily travel and its response to urban form: a case study of Hangzhou, China[J]. Journal of Cleaner Production, 2020, 257: 120797. https: //doi.org/10.1016/j.jclepro.2020.120797.

[85] XU C, HAASE D, SU M, et al. The impact of urban compactness on energy-related greenhouse gas emissions across EU member states: population density vs physical compactness[J]. Applied Energy, 2019, 254: 113671.

[86] XU X, OU J, LIU P, et al. Investigating the impacts of three-dimensional spatial structures on CO_2 emissions at the urban scale[J]. Science of the Total Environment, 2021, 762: 143096. https://doi.org/10.1016/j.scitotenv.2020.143096.

[87] YAN Q Y, WANG Y X, LI Z Y, et al. Coordinated development of thermal power generation in Beijing-Tianjin-Hebei Region: evidence from decomposition and scenario analysis for carbon dioxide emission [J]. Journal of Cleaner Production, 2019, 232: 1402-1417.

[88] YAO C R, FENG K S, HUBACEK K. Driving forces of CO_2 emissions in the G20 countries: an index decomposition analysis from 1971 to 2010[J]. Ecological Informatics, 2014, 26: 93-100.

[89] YE H, HE X Y, SONG Y, et al. A sustainable urban form: the challenges of compactness from the viewpoint of energy consumption and carbon emission[J]. Energy & Buildings, 2015, 93: 90-98.

[90] ZHANG G, GE R, et al. Spatial apportionment of urban greenhouse gas emission inventory and its implications for urban planning: a case study of Xiamen, China[J]. Ecological Indicators Integrating Monitoring Assessment & Management, 2018a, 85: 644-656.

[91] ZHANG J, CHEN F, WANG Z, et al. Spatiotemporal patterns of carbon emissions and taxi travel using GPS data in Beijing[J]. Energies, 2018b, 11(3): 500. https://doi.org/10.3390/en11030500.

[92] ZHOU Y, GURNEY K. A new methodology for quantifying on site residential and commercial fossil fuel CO_2 emissions at the building spatial scale and hourly time scale[J]. Carbon Manage, 2010, 1 (1): 45-56.

[93] 蔡博峰, 吕晨, 董金池, 等. 重点行业/领域碳达峰路径研究方法[J]. 环境科学研究, 2022, 35(2): 320-328.

[94] 蔡博峰, 王金南. 基于1km网格的天津市二氧化碳排放研究[J]. 环境科学学报, 2013, 33(6): 1655-1664.

[95] 蔡博峰, 张力小. 上海城市二氧化碳排放空间特征[J]. 气候变化研究进展, 2014, 10(6): 417-426.

[96] 陈文婕, 吴小刚, 肖竹. 中国四大经济区域道路交通碳排放预测与减排潜力评估——基于私家车轨迹数据的情

景模拟[J]. 经济地理, 2022, 42(7): 44-52.

[97] 陈珍启, 林雄斌, 李莉, 等. 城市空间形态影响碳排放吗?——基于全国 110 个地级市数据的分析[J]. 生态经济, 2016, 32(10): 22-26.

[98] 程郁泰, 张纳军. 碳排放 IDA 模型的算法比较及应用研究[J]. 统计与信息论坛, 2017, 32(5): 10-17.

[99] 丁仲礼. 深入理解碳中和的基本逻辑和技术需求[J]. 党委中心学习, 2022(4): 18.

[100] 段蒙, 项定先, 卢腾飞, 等. 武汉市钢铁行业碳减排潜力及成本分析[J]. 中国人口·资源与环境, 2016, 26(S1): 41-44.

[101] 冯长春, 赵燕菁, 王富海, 等. 面向碳中和的规划响应[J]. 城市规划, 2022, 46(2): 25-31.

[102] 宫文康. 基于夜间灯光数据的中国地级市尺度城市形态与二氧化碳排放关系研究[D]. 上海: 华东师范大学, 2020.

[104] 顾朝林, 谭纵波, 刘宛, 等. 气候变化、碳排放与低碳城市规划研究进展[J]. 城市规划学刊, 2009(3): 38-45.

[103] 顾朝林. 低碳城市规划发展模式[J]. 城乡建设, 2009(11): 71-72.

[105] 郭朝先. 中国二氧化碳排放增长因素分析——基于 SDA 分解技术[J]. 中国工业经济, 2010（12）: 47-56.

[106] 郭洪旭, 肖荣波, 李晓晖, 等. 城市控制性详细规划的碳排放评估[J]. 城市规划, 2019, 43(9): 86-94.

[107] 洪竞科, 李沅潮, 郭偲悦. 全产业链视角下建筑碳排放路径模拟: 基于 RICE-LEAP 模型[J/OL]. 中国环境科学: 1-11[2022-09-20]. DOI: 10.19674/j.cnki.issn1000-6923.20220507.011.

[108] 黄芳, 江可申, 卢愿清, 等. 低碳经济下上海市能源需求暨碳排放情景分析[J]. 华东经济管理, 2012, 26(4): 1-4.

[109] 吉平, 周孝信, 宋云亭, 等. 区域可再生能源规划模型述评与展望[J]. 电网技术, 2013, 37(8): 2071-2079.

[110] 纪广月. 基于灰色关联分析的 BP 神经网络模型在中国碳排放预测中的应用[J]. 数学的实践与认识, 2014, 44(14): 243-249.

[111] 江亿, 胡姗. 中国建筑部门实现碳中和的路径[J]. 暖通空调, 2021, 51(5): 1-13.

[112] 姜洋, 何永, 毛其智, 等. 基于空间规划视角的城市温室气体清单研究[J]. 城市规划, 2013, 37(4): 50-56+67.

[113] 金昱. 国际大城市交通碳排放特征及减碳策略比较研究[J]. 国际城市规划, 2022, 37(2): 25-33.

[114] 李建豹, 黄贤金, 揣小伟, 等. "双碳"背景下长三角地区碳排放情景模拟研究 [J/OL]. 生态经济: 1-15[2022-09-14]. http://kns.cnki.net/kcms/detail/53.1193.F.20220824.1136.014.html.

[115] 李建豹, 黄贤金, 孙树臣, 等. 长三角地区城市土地与能源消费 CO_2 排放的时空耦合分析[J]. 地理研究, 2019, 38(9): 2188-2201.

[116] 李晓江. 城市社区/生活碳计量与去碳路径的实证研究[J]. 可持续发展经济导刊, 2022(4): 20-21.

[117] 李晓江, 何舸, 罗彦, 等. 粤港澳大湾区碳排放空间特征与碳中和策略[J]. 城市规划学刊, 2022(1): 27-34.

[118] 联合国人类住区规划署. 城市与气候变化: 全球人类住区报告 2011[M]. 北京: 中国建筑工业出版社, 2017.

[119] 林晓娜, 张飞舟. 基于系统动力学的 2000-2050 年上海市化石能源 CO_2 排放情景模拟[J]. 科技管理研究, 2022, 42(9): 222-230.

[120] 刘慧, 张永亮, 毕军. 中国区域低碳发展的情景分析——以江苏省为例 [J]. 中国人口·资源与环境, 2011, 21(4): 10-18.

[121] 刘卫东, 唐志鹏, 夏炎, 等. 中国碳强度关键影响因子的机器学习识别及其演进[J]. 地理学报, 2019, 74(12): 2592-2603.

[122] 刘扬, 陈劭锋. 基于 IPAT 方程的典型发达国家经济增长与碳排放关系研究[J]. 生态经济, 2009(11): 28-30.

[123] 刘宇佳. 经济集聚对碳排放强度的影响与路径研究[D]. 山西: 山西财经大学, 2020.

[124] 刘智卿. 基于动态 CGE 模型的碳交易研究[D]. 上海: 上海交通大学, 2018.

[125] 马晓微, 崔晓凌. 北京市终端能源消费及碳排放变化影响因素[J]. 北京理工大学学报(社会科学版), 2012, 14(5): 1-5.

[126] 马峥, 崔豫泓. 基于 SDA 模型的中国碳排放驱动因素分解研究[J]. 煤炭经济研究, 2020, 40(7): 32-36.

[127] 潘海啸, 汤諹, 吴锦瑜, 等. 中国"低碳城市"的空间规划策略[J]. 城市规划学刊, 2008(6): 57-64.

[128] 清华大学建筑节能研究中心. 中国建筑节能年度发展研究报告 2007[M]. 北京: 中国建筑工业出版社, 2007.

[129] 清华大学建筑节能研究中心. 中国建筑节能年度发展研究报告 2008[M]. 北京: 中国建筑工业出版社, 2008.

[130] 清华大学建筑节能研究中心. 2022 年中国建筑节能年度发展研究报告[M]. 北京: 中国建筑工业出版社, 2022.

[131] 仇保兴. 我国低碳生态城市发展的总体思路[J]. 建设科技, 2009(15): 12-17.

[132] 邵帅, 张可, 豆建民, 经济集聚的节能减排效应: 理论与中国经验[J], 管理世界, 2019, 35(1): 36-60+226.

[133] 王灿, 陈吉宁, 邹骥. 基于 CGE 模型的 CO_2 减排对中国经济的影响[J]. 清华大学学报(自然科学版), 2005(12): 1621-1624.

[134] 王侃宏, 何好. 中国碳达峰模型研究综述[J]. 河北省科学院学报, 2022, 39(4): 57-64.

[135] 王少剑, 黄永源. 中国城市碳排放强度的空间溢出效应及驱动因素[J]. 地理学报, 2019, 74(6): 1131-1148.

[136] 王少剑, 莫惠斌, 方创琳. 珠江三角洲城市群城市碳排放动态模拟与碳达峰[J]. 科学通报, 2022, 67(7): 670-684.

[137] 王少剑, 苏泳娴, 赵亚博. 中国城市能源消费碳排放的区域差异、空间溢出效应及影响因素[J]. 地理学报, 2018, 73(3): 15.

[138] 吴献金, 邓杰. 贸易自由化、经济增长对碳排放的影响[J]. 中国人口·资源与环境, 2011, 21(1): 43-48.

[139] 杨培志, 韩春洋. 基于 LEAP 模型的长沙市某产业园区长期能源需求量与碳排放分析[C]//中国环境科学学会 2019 年科学技术年会——环境工程技术创新与应用分论坛论文集(一), 2019: 306-310.

[140] 杨青林, 赵荣钦, 丁明磊, 等. 中国城市碳排放的空间格局及影响机制——基于 285 个地级市截面数据的分析[J]. 资源开发与市场, 2018, 34(9): 1243-1249.

[141] 叶祖达. 碳排放量评估方法在低碳城市规划之应用[J]. 现代城市研究, 2009, 24(11): 20-26.

[142] 易艳春, 马思思, 关卫军. 紧凑的城市是低碳的吗?[J]. 城市规划, 2018(5): 31-38.

[143] 袁路, 潘家华. Kaya 恒等式的碳排放驱动因素分解及其政策含义的局限性[J]. 气候变化研究进展, 2013, 9(3): 210-215.

[144] 张丽峰. 北京碳排放与经济增长间关系的实证研究——基于 EKC 和 STIRPAT 模型[J]. 技术经济, 2013, 32(1): 90-95.

[145] 张丽峰. 北京人口、经济、居民消费与碳排放动态关系研究[J]. 干旱区资源与环境, 2015(2): 8-13.

[146] 张兴平, 朱锦晨, 徐岸柳, 等. 基于 CGE 碳税政策对北京社会经济系统的影响分析[J]. 生态学报, 2015, 35(20): 6798-6805.

[147] 赵爱文, 李东. 中国碳排放与经济增长的协整与因果关系分析[J]. 长江流域资源与环境, 2011, 20(11): 1297-1303.

[148] 赵息, 齐建民, 刘广为. 基于离散二阶差分算法的中国碳排放预测[J]. 干旱区资源与环境, 2013, 27(1): 63-69.

[149] 郑德高, 吴浩, 林辰辉, 等. 基于碳核算的城市减碳单元构建与规划技术集成研究[J]. 城市规划学刊, 2021(4): 43-50.

[150] 郑思齐, 霍燚, 曹静. 中国城市居住碳排放的弹性估计与城市间差异性研究[J]. 经济问题探索, 2011(9): 124-130.

[151] 钟太洋, 黄贤金, 韩立, 等. 资源环境领域脱钩分析研究进展[J]. 自然资源学报, 2010(8): 166-178.

[152] 邹艳芬, 陆宇海. 基于空间自回归模型的中国能源利用效率区域特征分析[J]. 统计研究, 2005(10): 67-71.

[欢迎引用]

殷小勇, 唐燕. 城市碳排放空间格局与影响机制研究综述[J]. 城市与区域规划研究, 2023, 15(1): 164-192.

YIN X Y, TANG Y. Literature review of the spatial pattern and impact mechanism of urban carbon emissions[J]. Journal of Urban and Regional Planning, 2023, 15(1): 164-192.

基于新制度经济学视角的集体土地租赁住房发展研究

李晨曦　何深静

Developing Rental Housing on Collective Land from the Perspective of New Institutional Economics

LI Chenxi, HE Shenjing
(Faculty of Architecture, The University of Hong Kong, Hong Kong SAR 999077, China)

Abstract Since the housing reform in the late 1990s, China's housing system has been evolving into a dual-track supply system characterized by the commodity housing provided by the market and affordable housing subsidized by the government. With the deepening of the housing marketization reform, housing affordability has become a serious social issue, affecting people's well-being and social stability. As public housing is only available for a small number of people, market rental housing has become the primary choice of most new urban migrants. Since 2017, the Chinese government has been encouraging rental housing development on collective land to alleviate the shortage of existing housing in megacities and maintain social stability. Taking the Chengshousi project, Beijing's first market-oriented rental housing project, as an example, this paper aims to unravel the internal mechanism and significance of this institutional change in collective land use for promoting rental housing development based on the theory of property rights, transaction costs, and collective action in New Institutional Economics. The research finds that the new institution breaks through the land monopoly and can effectively improve the efficiency of collective land use, increase housing supply, and thus stabilize housing prices and rents. Furthermore, collective land reform encourages village collectives and market players'

摘　要　近20年来，我国逐步形成了市场与政府双轨制的住房供应体系。随着住房市场化改革不断加深，住房可支付性已成为重要的社会问题，影响着居民福祉和社会稳定。由于公共住房覆盖面窄，市场租赁住房成为大部分城市新移民的居住选择。2017年，国家开始鼓励利用集体土地建设租赁住房，以缓解大城市的住房短缺问题，维持社会稳定。文章从新制度经济学的视角出发，基于产权、交易成本和集体行动理论，以北京首例面向市场的集体土地租赁住房项目为例，揭示了集体土地直接入市的制度转型对于促进租赁住房发展的内在机制和重要意义。研究表明，该项新制度突破了原来国有土地住房建设的垄断地位，有助于提高集体土地使用效能，增加住房供给，平抑市场房价和租金；通过降低交易成本，明晰产权，亦有助于提升村集体和市场主体的参与意愿。此外，集体土地租赁房可惠及"夹心层"群体，提升租客的住房安全性和居住品质。未来集体土地租赁住房建设需要进一步考虑产权、持份者利益、融资和市场需求等问题，逐步完善租赁住房供给制度，以期解决大城市居住问题。

关键词　集体土地；租赁住房；制度创新

1　研究背景

自20世纪90年代末住房市场化改革以来，中国的住房结构发生了极大的变化，福利分房制度停止，住房私有化成为主要趋势（Shi et al.，2016）。截至2019年末，中国住房自有率已高达96%，远超西方发达国家（约60%）[①]，

作者简介
李晨曦、何深静，香港大学建筑学院。

participation through cutting transaction costs, and decomposing and clarifying property rights. It is expected that the rental housing on collective land can benefit the sandwich group in megacities, and improve housing safety and life quality of tenants. In the future, the rental housing on collective land needs to further consider issues, such as property rights, stakeholder interests, financing, and market demands, and gradually improve the rental housing supply system, in order to resolve the housing problem in megacities.

Keywords collective land; rental housing; institutional innovation

但由于快速城市化背景下大规模的人口流动，这一数据并不能真实反映居民在常住地的住房自有率。北京、上海、深圳等超一线城市的租房比率已高达 40%～50%[②]。中国的住房改革一直以来面临着增大保障性住房供应来安置大量的城市移民与依靠房地产发展地方经济的矛盾（Wu，2001）。住房市场化改革促使了商品房市场的全面发展，与之相随的是房价上涨导致的住房可支付性问题，以及由此引发的社会极化和不稳定（Chen et al.，2014）。因此，廉租房、公租房、经济适用房、安置房、共有产权房等公共住房项目作为重构社会福利体系和维护社会稳定的工具，得到了快速发展。其中，公租房为符合申请条件的部分本地居民以及外来务工人员提供基础的住房保障（Chen et al.，2014），已成为许多大城市公共住房供应的"主力军"（Li et al.，2019）。我国逐步形成了由市场与政府双轨制的住房供应体系（Chen et al.，2014；Zhou and Ronald，2016）。但长期以来，公共住房项目建设面临地方财政压力过大、融资渠道有限（Zou，2014；Zhou and Ronald，2016）、优质土地供应不足、市场主体参与性低（刘玉亭、邱君丽，2018）、保障人群覆盖面窄以及社区污名化（Wu and Webster，2010；高义，2011）等问题。另外，从市场端来看，近 20 年房价高涨，租售结构失衡，住房可支付性已逐渐成为尖锐的社会问题，影响居民福祉和社会稳定（Chen et al.，2014）。住房租赁市场存在供需不匹配、机构化发展不充分、市场秩序混乱、监管缺失、立法滞缓等问题（邵挺，2020；Chen et al.，2021）。据住建部 2018 年统计，仅 2.1%的移民居住在公租房内（Tian et al.，2020）。大量进城务工人员、新就业大学毕业生等暂不具备购房能力，以租房为主的"夹心层"人群的住房安全和居住品质问题仍未得到有效解决（邵挺，2020；Ying et al.，2013；Chen et al.，2021）。

2015 年以来，中央和地方政府相继出台一系列政策鼓励租赁住房发展。2017 年起，国家开始推广利用集体土地建设租赁住房（包括长租房和保障性租赁住房）的政策，拟通过制度调整盘活城内低效使用的集体土地，扩大租赁住房供给，缓解市场供需矛盾。2019 年，修正后的《土地管理法》从立法层面明确了"集体经营性建设用地，土地所有权人可以通过出让、出租等方式交由单位或者个人使用"的制度转型。2021 年，"十四五"规划中提到"有效增加保障性住房供给，完善土地出让收入分配机制，探索支持利用集体建设用地按照规划建设租赁住房，完善长租房政策，扩大保障性租赁住房供给"。集体土地的直接入市被广泛认为是我国突破地方政府土地垄断的重大转变（Tian et al., 2020），有助于缓解城市土地资源紧缺和住房供应不足的问题，标志着国家调节住房市场、增加可支付性住房供给的手段从"强制型"的指标任务导向逐步过渡到以多方盈利为基础的"激励型"导向。

2　基于新制度经济学视角的集体土地改革研究框架

　　新制度经济学以"产权""交易成本"和"集体行动"等基础理论为核心，常被用于探讨我国城乡二元土地制度、城中村转型以及城市空间的再生产等研究领域（朱晨光，2020；王兴民等，2020；徐雨璇等，2014；He et al., 2009；仝德、李贵才，2010）。这些探讨对于集体土地制度改革和租赁住房制度创新同样具有重要意义。

2.1　新制度经济学相关理论

　　一般而言，产权被认为是"占有权、使用权、收益权和处分权"构成的权利束，具有排他性、可分割性、可转让性和安全性（卢现祥、朱巧玲，2009）。产权是复数的概念，可以进行更细致的分解。随着生产社会化程度的提高，产权由"整合"到"分散"，是社会分工发展在产权权能行使上的表现（卢现祥、朱巧玲，2009）。产权的整体效应也并非所有权、使用权、收益权和处分权的简单叠加，而是在可转让条件下分解的全部权利在时间和空间上的分布形态，以及产权内部各种权利之间的边界和相互制约关系（卢现祥、朱巧玲，2009）。产权实质上是一套激励与约束机制，资源配置的有效性取决于产权界区的清晰度（Coase，1960）。产权界区的明确、法律的制定和实施、体制的完善与政策的推行等等，都是以降低交易成本为目标（张五常，2000；Williamson，1975）。交易成本是经济世界的摩擦力，发生在人与人之间的社会关系中（张五常，2000），包括信息成本、谈判成本、界定和控制产权的成本、监督成本以及制度结构变化的成本（Coase，1937）。交易成本的产生来源于人的有限理性和投机主义、环境的不确定性和复杂性、交易的独特性、信息不对称以及交易双方的信任度（Williamson，1975）。

　　城市建设中，由于持份者利益诉求不同，交易不确定性较大，城市土地及住房的交易中存在明显的"摩擦力"。产权激励可以有效地降低交易成本，一定程度上消除市场主体对城市资源配置效用预期的不确定性，从而促进各个市场主体更加积极、高效地参与到城市空间再生产和资源再分配的过程中，并分享随之产生的社会经济收益。此外，城市建设涉及政府、开发商、村集体等多主体的共同参与，也会面临集体行动理论中的搭便车、道德风险、代理人机会主义等问题，故需要依靠自上而下的引导，合法强制，或足够的利益激励来实现（Olson，1965）。个体是否愿意参与集体行动，是其理性分析投入成本和个人利益的结果。此外，集体行动还可能存在寻租的问题，即利益集团在非市场领域，通过政治过程获得超过机会成本的经济报酬，导致社会资源的极大浪费（Krueger，1974）。在城市土地增值收益再分配的过程中，政府通过相关制度的调整以平衡各持份者利益，政策的适度干预和引导可以有效地调动各方积极性，促进城市开发和旧城改造（刘芳、张宇，2015；丰雷，2018；王兴民等，2020）。

2.2　集体土地建设租赁住房中的产权、交易成本与集体行动困境及其对策

基于上述的新制度经济学理论，本文剖析了集体土地建设租赁住房中的困境，并基于此进一步探讨集体土地改革的可能出路。长期以来，我国集体建设用地必须先被国家征收，转换成国有土地之后才能被出让到市场进行城市建设（图 1）。由于缺乏征收补偿标准，村民可能无法分享城市化红利，征收过程中的土地增值收益转换成了政府的土地出让收入和开发商的利润（高艳梅等，2016）。集体土地征收和再交易的程序复杂，谈判成本、时间成本和资金成本等都较高，故虽存量客观，但土地潜能却无法被高效地开发和利用。因此，集体土地一直被认为是土地市场中"难啃的骨头"。20 世纪 90 年代以来，由于农村工业化快速发展，国家开始在广东、江苏、浙江等几个省市开展集体建设用地使用权流转试点（在不改变集体土地所有权的前提下，规划出租给外来企业）。但由于集体土地的产权缺陷、利益分配不公等问题，集体土地改造进度缓慢（姚之浩、田莉，2018）。2009 年以来，在广东地区推行的"三旧改造"政策，试图打破传统的由政府拆迁、收储并通过"招拍挂"以垄断土地一级市场的更新模式，转向由土地原业主、开发商、政府共享土地增值收益的合作模式（田莉，2018）。该政策一

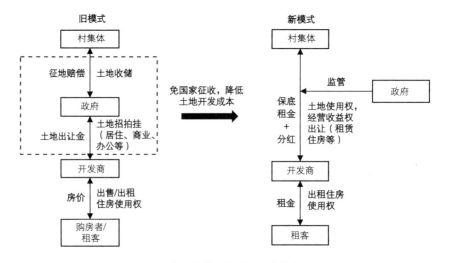

图 1　集体土地入市的新旧模式对比

定程度上调动了市场主体的积极性，但也存在一些困境。由房地产开发主导的内城改造一味追求高容积率和高强度开发，集体土地增值收益分配失衡，公共利益遭受严重的挑战（田莉，2018）。此外，在城中村或城边村集体土地上建设租赁住房，也可能导致由于"钉子户"抬价或政府多机构管制而带来的"反公地困局"（栾晓帆、陶然，2019）。由于制度的不确定性，在集体土地转型中可能出现"寻租"行为，直接导致土地租金的损失（徐雨旋等，2014；郭炎等，2016）。此外，旧村改造带来的土地增值和环境提升也会引发绅士化的现象，加剧对原租住的外来人口或底层市民的边缘化和排斥（姚之浩、田莉，2018；田莉等，2020）。

已有研究表明，集体土地更新的难点在于产权的重构与土地利益的分配（田莉等，2015；Zhu，2018）。集体土地产权与西方私有产权和一般国有土地产权不同，在2019年《土地管理法》修订之前，集体土地只有通过政府征收转为国有土地之后才能进入土地交易市场。长期以来，集体建设用地由于政府与集体间的产权模糊性、开发尺度小、福利型的村社体制等因素不能高效实施开发（郭炎等，2016）。由于产权不稳定，转让权和收益权缺失，土地无法合法流通。同时，国家对集体土地交易的管治缺失，导致集体土地使用的外部性无法内部化，长期低效使用（姚之浩等，2020）。通过制度设计和产权分配规则来平衡个体利益、集体利益与公共利益，是旧城/村改造的核心议题（田莉，2018；郭炎等，2016；姚之浩等，2020）。集体土地产权的界定和流通规则是由国家制度与乡村社会规范共同构建，是多方博弈的结果（姚之浩等，2020）。故界定集体土地的产权，完善产权权益，合理分配产权束内部的不同权利，减少交易成本，需要建立不同利益主体共赢的制度。

集体土地改革是循序渐进的，长期以来政府都禁止集体土地直接进入住房市场，禁止村内房屋流转（Tian et al.，2020）。2010年，北京开始进行集体土地建设公租房的试点，即村集体可按照"控制规模、优化布局、集体自建、只租不售、土地所有权和使用权不得流转的原则"申请集体用地建设公租房试点。2017年，国土资源部和住建部联合印发《利用集体建设用地建设租赁住房试点方案》，截至目前已有18个试点城市。2019年，修正的《土地管理法》中明确"集体经营性建设用地，土地所有权人可以通过出让、出租等方式交由单位或者个人使用"，"通过出让等方式取得的集体经营性建设用地使用权可以转让、互换、出资、赠予或者抵押"，使集体土地直接入市全面合法化。

基于新制度经济学的相关理论，从土地供应来看，利用集体土地建设租赁住房的政策以及集体建设用地直接入市的合法化，将有效增加城市住房用地供给，有助于缓解大城市住房供给和需求的矛盾。集体土地直接入市简化了交易结构，土地流转从"村集体—国家—开发商"的两次交易简化为"村集体—开发商"的一次交易，直接减少了由于交易双方的有限理性、投机主义、不确定性和信息不对称等造成的交易成本，将有效激励市场主体参与，促进城市空间资源的再生产和分配（图1）。

从合作模式的角度看，新的产权制度安排有助于平衡各利益主体的收益，提升市场积极性，促进多方合作。新制度下的集体土地产权是具有"分解性"的，即村集体享有的土地"权利束"从单一的"使用权"扩展为了较完整的"转让、互换、出资、赠予、抵押"等权能。村集体可以选择让渡一定的权能获得相应的收益，市场主体可竞争获得集体建设用地的使用权和收益权。一般而言，集租房项目是由村集体自发发起并申报的开发项目，即通过村集体内部谈判协商，确定初步改造方案并向政府申报，一般不涉及后期开发商或政府与村民谈判协商的过程。在产权分解、权能明晰的前提下，这种村集体基于村民利益"自下而上"发起的改造模式与传统由政府主导、开发商实施的集体土地改造不同，"谈判前置"的沟通方式将有效降低改造过程中的谈判和交易成本，一定程度上避免"反公地困局"，并减少交易的不确定性，从而有效提升各主体的合作效率（田莉等，2020；栾晓帆、陶然，2019）。

从融资创新的角度看，国家鼓励和支持集租房项目进行融资，提供建设补助和稳定优质的贷款，也同步推进公募不动产投资信托基金（REITs）等创新融资渠道的探索。通过降低市场交易的不确定性以促进集租房项目的合作开发和运营，实现城市中低效集体土地的再利用。从市场需求来看，集租房项目覆盖的租赁人群广泛。与传统的保障房项目有严格和复杂的申报及筛选程序不同，集租房既可以打造为面向市场租客的长租公寓，亦可以与所在区政府合作开发为保障性租赁住房，集体土地上的保障性租赁住房申请门槛相对较低，且可服务外来务工人群。由于租赁使用权转让的覆盖面广，租金价格将结合市场综合考量，开发主体盈利的机会增大，交易的不确定性降低，也将促进项目的合作开发。

3　北京市利用集体土地建设租赁住房的实证分析

3.1　案例情况

北京作为首个支持集体建设用地直接入市建设租赁住房的城市，在新制度下的项目实施对于其他城市具有重要的参考和借鉴意义。2011 年，北京唐家岭等五个村集体申请建设公共租赁房的项目获批，建租赁住房近 1.5 万套。区政府将大部分房源按市场价格趸租，再向保障房家庭按公租房价格出租，由政府统一进行出租、运营和管理。项目资金来源于村或乡自筹资金与区政府垫付的租金相结合。

自 2017 年起，北京相继发布《关于进一步加强利用集体土地建设租赁住房工作的有关意见》《关于加强北京市集体土地租赁住房试点项目建设管理的暂行意见》《关于我市利用集体土地建设租赁住房相关政策的补充意见》等文件，从土地供应、主体选择、工程建设、租赁运营等全过程支持和规范集租房建设与运营。新制度明确村集体可以将土地使用权作价入股，或通过联营的方式与国有企业合作，或通过项目经营权出租的方式与社会资本合作。2020 年，北京市出台集体土地建设租赁住房的资金补助方案，成套住房补贴 4.5 万元/套，非成套住房 3 万元/间，集体宿舍 5 万元/间。政府通过资金补贴来降低投资方的交易成本，通过降低市场主体的投资风险进而减少交易的不确定性，进一步调动市场参与者的积极性。

北京首个面向市场的集体土地租赁房项目是位于北京南三环的万科泊寓成寿寺社区（图 2），该项目由丰台区南苑乡成寿寺村与万科合作开发，其中成寿寺村以土地经营和收益权入股，万科负责项目的开发、建设与运营等（图 3）。2018 年 4 月，北京金城源投资管理公司与北京万科企业有限公司共同出资成立了北京金城万源置业有限公司，作为成寿寺泊寓项目公司。前者代表南苑乡成寿寺村集体持股 51%，北京万科持股 49%。二者合作为委托运营模式，集体土地仍属于成寿寺村集体企业，万科承担建设与运营职能。前者将项目建成后 50 年的经营权和收益权转让给万科，万科负责项目融资和开发建设，并支付给村集体固定租金以及超额经营收益的分红。村集体在保障自身基础收益的基础上，通过直接出让产权束中的使用权、经营权和收益权，降低了土地开发的交易费用，提升了项目整体的经济效益，从而实现了城市空间的再生产。在此过程中，万科依靠政策支持及企业信用背书获得 25 年期专项信用贷，缓解了资金压力。经过整体拆除重建，破旧的原始板房区变成了精装修的长租公寓。万科泊寓成寿寺社区项目供给 900 余间长租公寓（图 3）。

a. 改造前　　　　　　　　　　　　　　　　　　b. 改造后

图 2　改造前后的成寿寺社区

资料来源：https://new.qq.com/omn/20200707/20200707A09IHK00.html?pc.

成寿寺项目的住房产品主要为 21～34 平方米开间（独卫）公寓，租金定价 3 498～4 948 元/月，为周边 40 平方米左右一室一厅价格（约 5 500 元/月）的 70%～80%，高于周边自如合租单间卧室（非独卫，3 000～3 500 元/月）③。从市场需求来看，成寿寺项目区位较好，在同等品质精装修的市场出租房源中性价比较高，开业前七天即满租，受到市场客户的青睐。万科已经参与到包括成寿寺、高立庄等六个集体土地租赁住房项目中，总投资额约 90 亿元，建筑面积 75 万平方米，计划供应约 2 万套/间租赁房源。

截至 2020 年 8 月，北京市已批准 69 块集体土地直接入市建设租赁住房，总建筑面积 533 万平方米，其中六成左右已与开发商签约确权。利用集体土地建设租赁住房，较大地降低了开发企业的土地获取成本，在保障居住品质的前提下，有效地降低了租客的租金成本。在本案例中，通过对集体土地所有权、使用权、经营权和收益权的分离，调动了开发企业、村集体和地方政府的积极性。村企合作模式的创新，既避免了利用集体土地开发小产权房的灰色地带，也跳出了集体所有权国有化的高成本一刀切的做法。

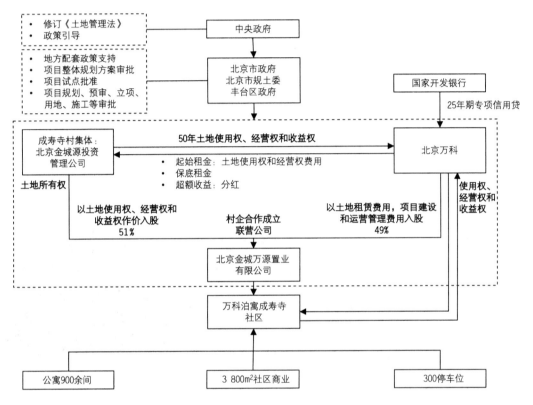

图 3　万科成寿寺项目村企合作模式

3.2　关于利用集体土地建设租赁住房的探讨

利用集体土地建设租赁住房是我国土地制度的重大创新，下文将基于北京首例集体地入市建设长租房的项目，结合新制度经济学的产权理论、交易成本和集体行动理论，从土地供应、合作模式、融资创新、市场需求等方面来探讨该制度转向对于推动住房供给、缓解大城市住房危机的重要意义。

3.2.1　土地供应

利用集体土地建设租赁住房的新政策突破了长期以来垄断的国有用地供地模式，将有助于盘活大量闲置集体土地，增加租赁住房供应，缓解城市住房问题（Tian et al., 2020）。新制度赋予了集体土地与国有土地同等的权能，如转让、互换、出资、赠予、抵押等。集体土地的再利用可跳过政府收储和再出让的环节，直接通过"出让、出租或作价出资入股"等方式让渡一定年限的使用权、经营权和收益权。在新的土地管理制度下，村集体可以采用更加灵活的合作方式整理出低效使用的、易开发的建设地，直接通过与开发商合作建设集租房，获取长期的、稳定的土地增值收益，享受城市发展的红利。例如在本案例中，南苑乡成寿寺村集体将村内可再利用的建设用地地块 50 年的土地经营权和收益权出让给万科，村集体获得稳定的保底租金和超额分红。集体土地产权的分解和交易流程的简化，可以降低土地交易的成本，有效地拓宽了城市土地供应的渠道。同时，新制度也保障了村民权益，显著地调动了村集体参与到集租房项目建设中的积极性。除了建设直接面向市场的租赁社区外，国家更大力鼓励利用集体土地建设保障性租赁住房，以解决新市民、青年人等"夹心层"群体住房困难问题。截至2021年12月底，全市累计开工的集体土地租赁住房项目共48个，提供房源约7.5万套[④]。可见，集体土地的直接入市将突破由国有划拨用地建设公共住房的土地供应瓶颈，有效缓解地方政府的经济发展与保障性住房建设的冲突。

3.2.2　合作模式

集体土地可直接入市建设租赁住房的政策推出后，乡镇、村集体经济组织和市场主体都积极响应，包括房地产商、金融机构、租赁企业等。在新的村企合作模式下，村集体经纪公司可根据村内集体建设用地的具体情况，在获得相应比例的村民支持后，向所在区规划局进行申报和初步立项，村集体经纪公司可以自行开发运营，也可以通过联营、入股等方式建设运营集租房项目。这种由村集体"自下而上"自主推动的旧村改造与珠三角"三旧改造"中由开发商主导的"拆迁+新建"的房地产销售导向的城中村改造不同，集租房项目是通过合作运营以获取长期稳定收益为目标。从新制度经济学的视角来看，通过联营合作的总体收益高于项目开发和运营的成本是集租房政策能够顺利推行的原因。根据对项目开发商的访谈，租赁机构化的推行是目前租赁市场的重要转型方向，发展长租公寓也是各大房地产企业的新业务分支，但其盈利模式还需要逐步探索。传统项目"包租"的合作模式盈利普遍达不到企业的投资回报期望。长期来看，集体土地建设租赁社区的新制度安排为开发主体提供了新的合作模式，同时为大都市区内的旧村改造提供了新的解题思路，是有发展前景的创新尝试。

从新制度经济学的角度看，集体土地再开发的制度一定程度上减少了土地收储和再出让的不确定性，同时降低了市场主体的投资风险和土地交易成本，进而提升了土地再开发的效率。土地产权的分解有效提升了村集体经济组织和市场开发主体的参与热情。村集体掌握着土地所有权，通过出让土地使用权和经营权，或以之入股合作联营，可以直接分享集体土地增值的收益。同时，开发商能以较低土地成本进入，享有土地使用权、经营权和收益权，投资风险相对较低。以北京万科为例，目前已参与到六个集体土地建设租赁房的项目中。在本案例中，南苑乡成寿寺村集体（北京金城源投资管理公司）将集体土地作价入股，与北京万科组建投资联营公司（北京金城万源置业有限公司），将土地使用权、经营权和收益权交给联营公司（图3）。在村企合作中，除了村集体经济组织在联营公司中占比不得低于51%之外，土地租金形式和项目收益分配没有固定的模式，因此，村企在集体土地一级开发、住房建设、管理运营等方面都存在复杂的博弈（严雅琦等，2020）。由于村集体享有控股地位和保底收益，在合作中享有优势，而开发企业的投资回报率仅6%左右，投资回收期较长，其盈利需求仍未得到充分考量（严雅琦等，2020）。

从集体行动的视角看，新制度不仅提升了住房供应端的热情，也惠及了政府和租户。大量集体土地入市将有效扩大租赁住房供应，从而抑制租金过快增长，为大城市"夹心层"人群提供稳定的租房保障。对地方政府而言，利用集体土地建设租赁住房将有效地缓解住房供需失衡的问题，其中保障型租赁住房是地方公共住房建设的重要补给。2022 年，北京发布全年拟供应租赁住房用地 87 宗，总用地面积 307.35 公顷，其中集体土地租赁住房项目约 115 公顷，占比 37%⑥。机构化的租赁住房建设和运营管理可显著提升租住品质与城市面貌，有助于吸引人才，促进城市产业经济的发展。但是，由于地方政府长期依赖土地财政，而集体土地直接入市建设租赁住房的新制度可能影响到地方土地市场和房地产市场，进而影响到地方经济发展，故大规模推行集体地租赁住房项目还需更广泛的政策优化和调整（Tian et al.，2020）。

3.2.3　融资创新

2018 年，中国证监会、住建部联合发布《关于推进住房租赁资产证券化相关工作的通知》，积极推动多类型具有债权性质的资产证券化产品，试点发行不动产投资信托基金（REITs），优先支持利用集体建设用地建设的住房租赁项目实现资产证券化。国家鼓励向符合条件的农村集体经济组织、与国企合作的联营公司提供长期、足额贷款，贷款期限可达 25～30 年，贷款金额最高可达项目总投资的80%。在本案例中，万科依靠企业信用及稳定的预期现金流收益，获得 25 年期专项信用贷，缓解了资金压力。根据开发商访谈，尽管国家在顶层政策设计上拟为租赁类项目拓宽融资渠道，提供租赁专项企业债等，但租赁类项目由于没有土地产权，融资依然十分困难，这也是目前社会资本参与租赁类项目的主要难题。例如，北京的一些已经有开发商确权合作的集租房项目，由于暂未找到合适的融资渠道和资金来源，暂时处于停滞的状态。2021 年 6 月，公募股权的 REITs 在基础设施建设领域发行了九只；7 月 2 日，国家发展改革委发布《关于进一步做好基础设施领域不动产投资信托基金（REITs）试点工作的通知》，将 REITs 试点范围拓展到保障性租赁住房领域。2022 年 4 月，深圳市人才安居集团以四个位于深圳核心区保障性租赁住房项目作为底层资产，报送国家发展改革委，成为全国首个正式获批的保障性租赁住房 REITs 项目。可见，国家尝试通过创新的金融化手段，丰富资本市场的产品供给，为开发主体提供资本保障并降低企业投资风险。从长期来看，集体土地租赁住房项目发行 REITs将逐步缓解市场主体的融资问题，有效引导社会资金参与到租赁住房建设中，推动形成市场企业从进入到退出的完整闭环。

3.2.4　市场需求

在集体土地上建设的租赁住房包括面向市场的长租房和由政府分配的保障性租赁住房。从北京的试点来看，集体土地租赁住房项目可以面向市场客户，也可由项目所在区人民政府统筹考虑公共租赁住房轮候家庭、新就业无房职工、城市服务保障行业务工人员等租赁需求，组织开展租赁分配工作。成寿寺项目即为面向市场客户的集体地长租房项目，由于土地交易成本的下降，房租较周边同类产品更低，租赁社区的配套更加完善，生活更加便捷，既保障了租赁住房的品质，又为"夹心层"租户提供了具有可支付性、安全性和稳定性的住房。此前的公租房或人才房完全由政府分配，申请限制条件繁多，手续冗杂，轮候时间长，为部分低收入人群/特殊人才提供住房保障，然而庞大的中低收入群体却无法被纳入保障体系。集体土地租赁住房发展的新制度，旨在解决城市新市民、青年人等群体的住房困难问题，扩大住房保障的覆盖面，提升一线城市"夹心层"租户的住房品质和安全，同时也推动公共住房从"生存型保障"向"发展型保障"转型。

4　讨论与结论

从北京的试点经验来看，利用集体土地建设租赁住房是大城市解决租房问题，完善住房保障体系的重要途径。首先，集体土地直接入市突破了原国有土地建设住宅的垄断地位，可有效提升闲置集体地的使用效率，扩大城市中心区的土地供给。其次，由村集体"自下而上"推动的闲置集体建设用地建设租赁住房项目，优化了集体土地征收和再出让的程序，降低了与村民谈判的交易成本，在保障村民收益的同时也增大了市场主体的利润空间。同时，通过产权分解和明晰，一方面，有助于促进村集体拿出更多的闲置集体土地用于集租房项目建设，以获取长期稳定的收益；另一方面，也激发了市场主体参与的积极性，从而提升了城市土地使用效率。此外，为发展租赁住房，中央和地方政府积极鼓励拓宽融资渠道，降低企业投资风险，为社会资本提供从进入到退出的闭环。目前，保障性租赁住房已纳入公募 REITs 试点，融资渠道进一步打开，市场主体参与投资的不确定性和风险性降低，将吸引更多的投资者参与。利用集体土地建设的租赁住房项目囊括面向市场租户的长租房项目以及具有政策性质的保障性租赁住房项目。集体土地租赁住房的新制度，在保障低收入人群住房需求的同时，也惠及了大城市"夹心层"群体。同时，集体土地租赁住房倡导的长租模式有助于规范租房市场，增强租户的租房稳定性和安全性，提高居住品质，强化租房信心，从而抑制大城市房价的过快增长，辅助房地产软着陆。

当然，利用集体土地建设租赁住房的新制度在实际推行中也存在潜在的障碍和问题。首先，由于地方政府长期以来对土地财政的依赖，该制度的施行可能对房地产市场有潜在的风险和负面影响，故地方政府推进该政策的积极性可能存在不足（Tian et al., 2020）。其次，村企合作模式虽然简化了土地交易的流程和成本，但由于土地开发、项目建设与运营的过程十分繁杂，双方的利益分配和平衡也成为项目推进的难点。目前来看，新制度在充分保障村民收益的基础上，还未充分考虑市场主体的盈利需求以及低收入群体的可支付能力。根据相关政策，利用集体地建设保障性租赁住房能进一步降低租金，为有需要的低收入和中低收入居民提供住房保障。租赁住房项目的开发融资还普遍比较困难，尽管集体土地租赁住房项目受到国家的大力推崇和支持，但由于租赁住房项目利润率较低，投资回收期长，如何获得稳定优质的项目融资仍然是最核心的议题。总体来看，集体土地建设租赁住房才刚刚起步，实际执行层面的各类程序和规范还需进一步研究，各地政府需要尽快出台相关的配套政策，进一步考虑产权、持份者利益、融资和市场需求等问题，逐步完善租赁住房供给制度，以期解决大城市居住问题。

注释

① 新华社新闻，http://www.xinhuanet.com/fortune/2020-04/27/c_1125910537.htm。

② 中国新闻网，https://fdc.rednet.cn/content/2021/05/08/9268476.html。

③ 数据来源：贝壳找房，自如租房。

④ 北京市住房和城乡建设委员会网站，http://zjw.beijing.gov.cn/bjjs/zfbz/jttdzlzfgxdjpt/gzxx38/10907295/index.shtml。

⑤ 《北京日报》，https://baijiahao.baidu.com/s?id=1728801534828695404&wfr=spider&for=pc。

参考文献

[1] CAO G Z, FENG C C, TAO R. Local "land finance" in China's urban expansion: challenges and solutions[J]. China & World Economy, 2008, 16: 19-30.

[2] COASE R. The nature of the firm[J]. Economica, 1937, 4(16): 386-405.

[3] COASE R. The problem of social cost[J]. The Journal of Law and Economics, 1960, 3(1): 1-44.

[4] CHEN J, YAO L, WANG H. Development of public housing in post-reform China[J]. China & World Economy, 2017, 25(4): 60-77.

[5] CHEN J, YANG Z, WANG Y P. The new Chinese model of public housing: a step forward or backward?[J]. Housing Studies, 2014, 29(4): 534-550.

[6] DEMSETZ H. Toward a theory of property rights[J]. American Economic Review, 1967, 57(2): 347-359.

[7] HE S, LIU Y, WEBSTER C, et al. Property rights redistribution, entitlement failure and the impoverishment of landless farmers in China[J]. Urban Studies. 2009, 46(9): 1925-1949.

[9] LI J, STEHLIK M, YI W. Assessment of barriers to public rental housing exits: evidence from tenants in Beijing, China[J]. Cities, 2019, 87: 153-165.

[8] KRUEGER A O. The political economy of the rent-seeking society[J]. The American Economic Review, 1974, 64(3): 291-303.

[10] NORTH D. Institutional change and economic growth[J]. The Journal of Economic History, 1971, 31(1): 118-125.

[11] OLSON M. The logic of collective action[M]. Harvard University Press, 1965.

[12] SHI W, CHEN J, WANG H W. Affordable housing policy in China: new developments and new challenges[J]. Habitat International, 2016, 54: 224-233.

[13] TIAN L, YAN Y Q, GEORGE C S LIN, et al. Breaking the land monopoly: can collective land reform alleviate the housing shortage in China's megacities?[J]. Cities, 2020, 106: 102878.

[14] WILLIAMSON O. Markets and hierarchies: analysis and antitrust implications[M]. New York: Free Press, 1975.

[15] WU F L. Housing provision under globalization: a case study of Shanghai[J]. Environment& Planning A, 2001, 33(10): 1741-1764.

[16] WU F, WEBSTER C. Marginalization in urban China: comparative perspectives[J]. Springer and Planning A, 2010, 33(10): 1741-1764.

[17] YING Q, LUO D, CHEN J. The determinants of homeownership affordability among the "sandwich class":

empirical findings from Guangzhou, China[J]. Urban Studies, 2013, 50(9): 1870-1888.

[18] ZHOU J, RONALD R. The resurgence of public housing provision in China: the Chongqing programme[J]. Housing Studies, 2016, 32(4): 428-448.

[19] ZHOU J, RONALD R. Housing and welfare regimes: examining the changing role of public housing in China[J]. Housing, Theory and Society, 2016, 34(3): 253-276.

[20] ZHU J M. Path-dependent institutional change to the collective land rights in the context of rural to urban organizational and spatial changes[J]. Journal of Urban Affairs, 2018, 40(7): 1-14.

[21] ZOU Y. Contradictions in China's affordable housing policy: goals vs structure[J]. Habitat International, 2014, 41: 8-16.

[22] 丰雷. 新制度经济学视角下的中国农地制度变迁: 回顾与展望[J]. 中国土地科学, 2018, 32(4): 8-15.

[23] 高艳梅, 田光明, 宁晓峰. 集体建设用地再开发中的土地产权政策建议——广东省"三旧"改造的实践及启示[J]. 规划师, 2016, 32(5): 99-103.

[24] 高义. 保障房建设中地方政府群体行为进化博弈与治理机制研究[J]. 中国经济问题, 2011, 6(269): 52-56.

[25] 郭旭, 严雅琦, 田莉. 产权重构, 土地租金与珠三角存量建设用地再开发——一个理论分析框架与实证[J]. 城市规划, 2020, 44(6): 8.

[26] 郭炎, 朱介鸣, 袁奇峰. 福利型村社体制约束与集体建设用地改造突围——以珠三角南海区为例[J]. 现代城市研究, 2016, 31(12): 69-76.

[27] 刘芳, 张宇. 深圳市城市更新制度解析——基于产权重构和利益共享视角[J]. 城市发展研究, 2015, 22(2): 25-30.

[28] 刘玉亭, 邱君丽. 企业主义视角下大城市保障房建设的策略选择及其社会空间后果[J]. 人文地理, 2018, 33(4): 52-55.

[29] 卢现祥, 朱巧玲. 新制度经济学[M]. 北京: 北京大学出版社, 2009.

[30] 栾晓帆, 陶然. 超越"反公地困局"——城市更新中的机制设计与规划应对[J]. 城市规划, 2019, 43(10): 6.

[31] 邵挺. 中国住房租赁市场发展困境与政策突破[J]. 国际城市规划, 2020, 35(6): 20-26.

[32] 田莉. 摇摆之间: 三旧改造中个体, 集体与公众利益平衡[J]. 城市规划, 2018, 42(2): 78-84.

[33] 田莉, 陶然, 梁印龙. 城市更新困局下的实施模式转型: 基于空间治理的视角[J]. 城市规划学刊, 2020, 7(3): 41-47.

[34] 田莉, 姚之浩, 郭旭, 等. 基于产权重构的土地再开发——新型城镇化背景下的地方实践与启示[J]. 城市规划, 2015(1): 8.

[35] 仝德, 李贵才. 运用新制度经济学理论探讨城中村的发展与演变[J]. 城市发展研究, 2010, 17(10): 102-106.

[36] 王根贤. 财政分权激励与土地财政、保障性住房的内在逻辑及其调整[J]. 中央财经大学学报, 2013(5): 1-5.

[37] 王兴民, 吴静, 孙翊. 破解中国"千城一面"之谜: 一个新制度经济学的解释框架[J]. 城市发展研究, 2020, 27(2): 90-96.

[38] 徐雨璇, 何深静, 钱俊希. 基于新制度经济学视角的学生化社区房屋租赁现象研究——以广州南亭村为例[J]. 人文地理, 2014, 29(4): 36-43.

[39] 严雅琦, 田莉, 王崇烈. 利用集体土地建设租赁住房的实践与挑战——以北京为例[J]. 北京规划建设, 2020, 190(1): 95-98.

[40] 姚之浩, 田莉. "三旧改造"政策背景下集体建设用地的再开发困境——基于"制度供给—制度失效"的视角[J]. 城市规划, 2018, 42(9): 45-53.

[41] 姚之浩, 朱介鸣, 田莉. 产权规则建构: 一个珠三角集体建设用地再开发的产权分析框架[J]. 城市发展研究, 2020, 27(1): 110-117.

[42] 张五常. 经济解释[M]. 北京: 商务印书馆, 2000.

[43] 朱晨光. 城市更新政策变化对城中村改造的影响——基于新制度经济学视角[J]. 城市发展研究, 2020, 27(2): 75-81.

[欢迎引用]

李晨曦, 何深静. 基于新制度经济学视角的集体土地租赁住房发展研究[J]. 城市与区域规划研究, 2023, 15(1): 193-206.

LI C X, HE S J. Developing rental housing on collective land from the perspective of new institutional economics[J]. Journal of Urban and Regional Planning, 2023, 15(1): 193-206..

跨地区文明互动下东南亚古代都城规划研究

曹 康 林新悦

Research on Urban Planning of Ancient Capitals in Southeast Asia Under Civilization Interaction Across Regions

CAO Kang[1, 2, 3], LIN Xinyue[1]
(1. College of Civil Engineering and Architecture, Zhejiang University, Hangzhou 310000, China; 2. Center for Balance Architecture, Zhejiang University, Hangzhou 310000, China; 3. The Architectural Design & Research Institute of Zhejiang University Co. Ltd., Hangzhou 311100, China)

Abstract There has been frequent civilization interaction between India in South Asia and Southeast Asian countries since ancient times. This paper firstly identifies the stages and characteristics of the interaction between the two regions from the perspective of two civilization interaction paths (adoption and innovation). It then, from the two sources of Indian religious cosmology and thinkers' urban planning assumptions, explores the formation of urban planning in ancient India, particularly that of the capital city. On this basis, three typical capital cities of ancient kingdoms in the Indochina Peninsula of Southeast Asia are selected for a case study. Consequently, it respectively elaborates on how the three capital cities adopted the Indian planning model and how they carried out localized innovation and summarizes the characteristics of capital planning in the Indochina Peninsula of Southeast Asia so as to reveal the adoption and innovation mechanism of

作者简介
曹康，浙江大学区域与城市规划系，浙江大学平衡建筑研究中心，浙江大学建筑设计研究院有限公司；
林新悦，浙江大学区域与城市规划系。

摘 要 南亚印度与东南亚诸国自古以来一直有频繁的跨地区文明互动。文章通过吸收与创新这两条文明互动路径，归纳两个地区互动的阶段与特征；然后从印度宗教宇宙观与思想家的城市规划设想两个来源，探讨古印度城市规划尤其是都城规划模式的形成。在此基础上，文章选取了东南亚中南半岛地区的三个代表性王国都城，分别分析其如何吸收印度规划模式并进行在地化创新，归纳东南亚中南半岛都城规划特征，以此揭示古代跨地区文明互动下城市规划模式的吸收与创新机制。

关键词 印度文明；曼荼罗；考底利耶；中南半岛

1 引言

南亚的印度是人类文明的发祥地之一。鉴于南亚与东南亚的地缘关系，南亚的印度与东南亚诸国自古以来在经济、文化等领域一直有频繁的互动。当前对该互动的研究主要集中在宗教、行政制度、艺术（包括建筑、雕塑、绘画等）、文学、语言等领域，较少涉及城市规划及建设领域。但在古代——具体说是从公元纪元前后东南亚地区出现早期政权至 15 世纪初伊斯兰教开始传入该地区——基于古印度宇宙观与政治学说的都城规划模式确实通过各种途径，直接或间接影响了古代东南亚地区诸多王国的都城规划与建设。这一现象值得从跨地区文明互动的角度进行分析，探究古代城市规划模式的跨区域传播与创新机制。首先，众多东南亚古代王国为何要主动学习、吸纳古印度的高级文明？其次，源自古代印度地区的城市规划模式如何

urban planning model under the background of civilization interaction across regions in ancient times.

Keywords Indian Civilization; Mandala; Kautilya; Indochina Peninsula

被这些国家吸收、应用于其都城规划与建设当中，并在此过程中进行在地化创新，形成具有当地文化特色的新模式？最后，不同的东南亚古代都城各自形成了哪些本地创新？本文第二节旨在从吸收与创新两条路径回答第一个问题，解析两个地区文明互动的方式以及东南亚古代王国主动吸收印度高级文明的原因；第三与第四节通过典型案例研究的方式，回答第二与第三个问题，分析印度城市规划模式如何通过吸收与创新在东南亚地区在地化，形成具有东南亚特色的都城规划模式。

由于东南亚古代王国众多（图1），选取案例时主要考虑以下三点：①东南亚地区由中南半岛和南洋群岛两个区域组成。中南半岛地处中国与南亚次大陆之间，因而旧称印度支那半岛或中印半岛（Indo-China Peninsula）。其北面与中国接壤，西濒孟加拉湾、安达曼海与马六甲海峡，东倚太平洋的南海。该半岛在公元前后出现了扶南、骠国[①]等多个早期国家，经过数世纪的发展已形成数个稳定且持久的国家政权。其中，占婆、骠国、吴哥等大国各自建立了规模庞大、秩序井然的都城，在东南亚历史上具有一定代表性。南洋群岛地势崎岖，在古代曾出现如室利佛逝、夏连特拉等几个较大的王国。不过与中南半岛相比，南洋群岛政权上纷争动荡，存续时间不长的小国此起彼伏地出现，其都城至今大多无从查考（陈玉等，2008）。因此，本文对印度化时期东南亚都城的考察以中南半岛为主。②中南半岛地区王国都城选择上以存续时间较长且具有一定影响力为标准。③越南北部地区在历史上长期依附于中国直至其10世纪末独立，所以基本未受印度文明影响，故对越南本文只分析其受古印度文明影响的南部地区。

基于上述标准，最终选择了建于公元5世纪的室利差呾罗古城、9世纪的吴哥城和13世纪的素可泰这三座都城进行重点分析（图1）。三座都城延续时期也是古代印度文明和东南亚文明频繁互动的时期。但在进行都城建设实践分析与都城规划特征归纳时，亦参考了东南亚其他都城的情况。

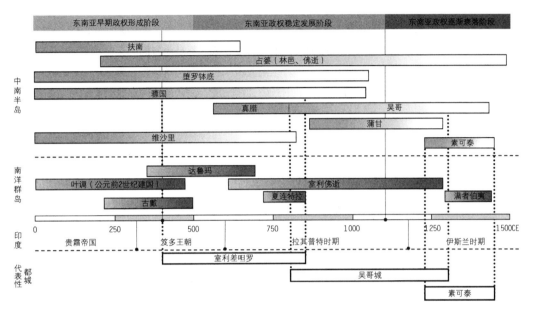

图 1　1～15 世纪南亚与东南亚文明互动时期东南亚的主要国家

注：部分存续时间短或不可考的国家未标注。

2　南亚与东南亚的跨地区文明互动：吸收与创新

古印度文明对古代东南亚地区的政治、经济、文化等多方面确实存在深远影响，曾有学者从殖民主义角度出发，将这一影响界定为东南亚地区的印度化。法国东方学学者乔治·赛代斯在《东南亚的印度化国家》[2]一书中将印度化的本质界定为一种系统的（印度）文化向外印度地区的传播过程。这种文化建立于印度的王权观念上，其特征表现为信奉婆罗门教和佛教、信仰《往世书》里的神话并遵守《法论》等，以梵文为表达工具（赛代斯，2008）。新西兰东南亚历史学家尼古拉斯·塔林在《剑桥东南亚史》中也使用了该术语来描述印度对东南亚地区经济、政治等方面的影响（塔林，2003）。不过，英国学者霍尔在《东南亚史》一书中虽用众多实例证明印度对东南亚地区的影响，但不赞成赛代斯所述东南亚被动接受印度文明的观点。因为东南亚的印度化实质上是东南亚地区将外来文明修正以后同本地传统融合，进而形成新的交汇文化的过程[3]。

近年来，殖民主义式的视角已为不同地区文明互动的视角所取代。这一视角以对等、沟通的态度看待文明的传播，不再仅仅关注文明的压迫式输出，而是开始关注各地区对外来文明的主动学习、选择性接收与创造性革新。在此视角下审视自公元纪元前后东南亚地区出现早期王国至 15 世纪伊斯兰教传入该地区这近 1 500 年的文明交流，可知南亚的古印度文明通过各种非殖民、非战争途径传入东南亚，其文明互动特点如下：①互动是以文字（梵文）为媒介的高级文明的跨地区传播过程——公元 2、

3 世纪以来，东南亚各国长期以梵文为官方文字（林太，2012）；②其始于宗教领域，但已在数百年传播过程中扩大到多数意识形态领域，如政治、艺术与文学；③其不是单方面的文化输出，而是外来文明与本土传统综合作用下形成新的文明的过程。东南亚古代王国的都城规划作为上层意识形态的集中物质表现，鲜明地体现出这种文明互动、交汇下新模式的形成、成熟过程。

2.1 互动过程分期

虽然东南亚本土主要的宗教信仰都是在外来的印度宗教——包括佛教和印度教（早期为婆罗门教）——的影响下形成的（陈玉等，2008），但由于形成过程中不易清晰区分两种宗教各自的影响（霍尔，1982），所以很难依据宗教传播来对互动过程进行分期。而东南亚古代诸王国的行政体系基本上沿袭了印度的机制，故本文主要依据古印度政权更迭以及东南亚诸王国形成、演替的阶段性特征，将两个地区近 2 000 年的文明互动分为三个阶段（图 2）。

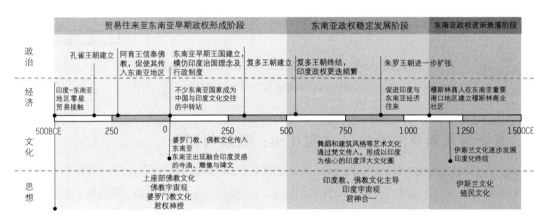

图 2 公元纪元前后至 15 世纪南亚与东南亚文明互动的三个阶段

2.1.1 阶段一：前期贸易往来至东南亚早期王国形成

印度与东南亚的互动，源于公元前 6 世纪以来两个地区间的零星贸易接触④以及部分印度商人与东南亚人通婚下的文化传播（Mabbett，1977）。孔雀帝国时期（前 324～前 187 年）统治者阿育王信奉佛教，推动佛教快速发展。继孔雀帝国而起的贵霜帝国也笃信佛教。至公元前后，佛教不仅在北印度具有很高的地位，还逐渐传入东南亚地区⑤；而在南印度，此时掌权的安度罗王朝信奉婆罗门教。东南亚地区最早的一批国家（如占婆、扶南等）也公元前后开始建立，并迅速主动接纳了古印度主流的佛教乃至文明，其原因有二：①这些国家的行政制度尚未成型，从印度传入的宗教能较好迎合当地统治者由部落首领转为国王过程中所需的神权支持（Wheatley，1964）；②印度宗教文化与当时盛行于东南亚的生殖崇拜、泛灵论等信仰有相通之处（梁志明等，2013），所以易于为统治者接受（贺圣达，2015）。

传入的文明结合东南亚本土长期发展的原始文化，开始推动当地社会、文化等多个领域发生渐进式转变。东南亚各国经过一段时间的吸收与适应，在政治与社会结构上开始模仿印度治国理念及行政制度，建立起基于阶级社会的集权王国；在宗教上开始信奉由印度传入的宗教；在建筑、艺术上出现了汲取印度灵感的寺庙、雕像与碑文。这些转变是日后大规模主动学习印度城市规划模式的基础。

2.1.2 阶段二：印度黄金时代与东南亚古代政权上升发展

古印度笈多王朝时期（公元 320～540 年）宗教、哲学、建筑、雕塑和文学艺术繁荣，该时期也被誉为古印度文明的黄金时代。此时在印度本土，脱胎于婆罗门教的印度教已成为主要宗教。这一是因为笈多王朝统治者的支持，一是因为其比佛教更多顾及人数不断增加的世俗阶层或普通民众的利益与需求（本特利、齐格勒，2007）。在这一时期，东南亚国家以梵文为媒介，主动学习了印度教以及笈多王朝的行政体系、货币制度、艺术（如舞蹈和建筑风格）。究其原因，笈多王朝作为南亚历史上最强盛的王朝之一拥有完善的行政体系，而东南亚统治者希望参考强大的外部体系来管理人民（Smith，1999），因而主动接受了印度式的政权组织和治国方略（本特利、齐格勒，2007）。梵语对东南亚国家语言发展的影响广泛而深远，例如在爪哇语中，每 1 000 个爪哇语单词中就有 110 个梵语单词（赵自勇，1994）。使用共同的书面文字，为跨地区文明互动第二阶段中东南亚地区引入作为印度行政管理制度一部分的城市规划模式奠定了基础。

2.1.3 阶段三：东南亚古代政权从成熟到衰落

公元 6 世纪印度笈多王朝宣告终结，北印度进入政权更迭频繁的所谓中世纪阶段；南印度较北方相对稳定。这时伊斯兰教开始传入南亚，但并未对各区域产生较大影响。11 世纪时南印度的朱罗王国在东南亚进行扩张，促进了其与东南亚地区的贸易来往。东南亚的政权发展上，诸王国开始由沿海向内陆扩张，政治中心逐步内移（安忻，2018），出现了一些更为成熟、独立的王国，包括越人建立的越南封建王朝、泰族建立的素可泰、曼谷王朝和缅人所建立的蒲甘王朝等等。宗教发展上，印度教和伊斯兰教在该阶段逐渐主导印度本土，上部座佛教则兴盛于东南亚地区的泰国、缅甸和柬埔寨等国。政权与宗教成熟下形成了影响至今的东南亚各国传统文化，随之规划、兴建的吴哥、蒲甘、素可泰等王国都城也集中体现了跨地区文明互动下形成的都城规划模式。随着宗教上伊斯兰教的传入和政治上西方在东南亚的殖民扩张，东南亚古代政权逐渐衰落，印度与东南亚的古代文明互动逐渐消退[⑥]。

2.2 互动特征：上下混合的主动吸收

印度几乎从未征服或殖民过东南亚，两个地区的文明互动在官方与民间这上下两个层面当中进行（梁志明等，2013）。在官方或政治上，东南亚当地统治者及社会精英阶层出于各种目的如更有效地统治本地，自发进行区间文化交流与互动，并选择性地借鉴了印度文明的某些方面（Bellina，2003）。在民间，两地的联系起源于贸易接触，后通过印度人在东南亚的经商、移民等方式将印度文明传入东南亚地区。高级文明传播下两个地区互动的主要特征如下。

2.2.1　互动路径：海路为主

　　东南亚中南半岛（或称"东南亚大陆地区"）是整个东南亚最早接受印度文明的地区。在古代，该地区地广人稀、丛林山区遍布、陆上交通阻滞，对外交流也以海运为主。印度文明最初沿着孟加拉湾沿岸一带向东传入该地区。《厄立特里亚海回航记》中曾提及公元初年时，印度已能制造一种被称作"柯兰底亚"的大船（赵自勇，1994），说明当时的印度已掌握一定造船技术与航海技术。航海经验更为丰富后就不再沿海岸线航行，而是直接跨过安达曼海到达中南半岛的西部沿海地区乃至东南亚海岛地区的马来群岛，并进一步穿过地峡，来到中南半岛的东部沿海地区（韦庚男，2012）。到了文明互动第二、三阶段，更先进的制船技术和更完备的商贸机构、制度等的出现，使得南亚与东南亚区间贸易的数量和规模都远超第一阶段。中南半岛地区三面临海且内陆多山，但半岛内有数条河流流经，其流域是该地区农业文明的发源地。半岛早期国家如扶南、占婆、骠国诸城邦、室利佛逝等也集中出现于大河流域和部分沿海地区，使得东南亚早期文化兼具大河流域与沿海文化的特点（韦庚男，2012）。

　　不过，印度与东南亚之间也有陆路通道。根据司马迁《史记》记载，张骞在大夏（今阿富汗）发现了从印度流入大夏的中国产物，走的是西南丝绸之路——蜀身毒道（司马迁，1979）。这条连通中国、东南亚与印度的商道和文明互动之路，起于中国四川，历经中国的云南、东南亚的缅甸、泰国直至印度的阿萨姆。后来中国汉朝在湄公河上游设立永昌郡，也是为保护该路线。缅甸骠国遗址中出土的资料也可证明某些印度影响是通过陆路传至缅甸的（霍尔，1982）。但总体来说，印度与东南亚的主要交流通道是海路（霍尔，1982）。

2.2.2　互动内容：高级文明

　　印度对东南亚的影响主要体现在宗教、语言文学、艺术、以君主体制和行政管理体系为代表的政治体制等高级文明方面。宗教上，由于古代印度文明带有强烈的宗教色彩，早期东南亚国家受印度文明的影响就直接体现为受印度各种宗教的影响上（贺圣达，2015）。其中，佛教影响了诸如缅甸的骠国诸城邦的建立；源于婆罗门教的印度教影响了如占婆、吴哥王朝等信奉印度教的东南亚王朝的建立。不过，佛教与印度教及其诸教派的影响无法严格区分，对东南亚产生影响的印度文化也来自于印度的不同地区（林太，2012）。例如，骠国中后期城邦室利差呾罗王国的都城室利差呾罗城中既建有佛教建筑窣堵坡，也存在印度教的寺庙；柬埔寨王国虽奉佛教为国教，但婆罗门祭司一直在宫廷中居于高位（姚楠，1995）。这些情况说明东南亚部分地区兼容并蓄着佛教和印度教，两者共同影响了该地区的政治、社会、文化。这一特征也体现在当地城市（尤其是都城）的规划与建设上。

　　在语言和文学上，除了经文是以梵文及巴利文写就，互动时期东南亚还出现了用梵文表达的文学作品。政治与社会结构上，东南亚统治阶层主动学习、借鉴了印度的君主制，建立了与印度相似的宫廷、仪式形式和行政管理制度。例如在最早受印度影响的国家之一扶南，统治者逐渐接受了印度的宗教与政治传统，以印度的方式宣扬自己的君权神授（霍尔、周中坚，1984），梵语也成为官方语言。城市规划模式——尤其是都城的规划模式——作为高级文明当中的重要组成部分、政权的物质集中体现，也在这种高级文明的灌输下，通过各种方式被传入东南亚诸王国。

3 印度古代城市规划模式的形成

3.1 从宇宙观到城市规划

不少学者认为在古代，城市体现了微缩的宇宙，宇宙论是城市构成的典型逻辑之一。例如林奇认为任何一个聚落的空间形态都表达了某种宇宙模式（林奇，2001）。申茨认为在古代中国，基于宇宙秩序的世界观——九宫格——最终演化为神圣都城的空间布局模式（申茨，2009）。吴庆洲认为在古印度吠陀时代，已在运用曼荼罗图式来规划城市以表达某种宇宙观（吴庆洲，1997）。布野修司也分析了曼荼罗图式下的古印度城市规划案例（布野修司，2009）。

曼荼罗系梵文音译，意译则为坛、坛场、坛城等（韦庚男，2016），是均兴起于古印度的佛教与印度教共通的宇宙观模型。它常被表达为空间的或平面的方、圆等几何图形，代表了一种有序的世界，引申为诸佛顿悟世界的途径。起源于公元前 6000～前 3000 年、最早在印度教最古老的典籍之一《梨俱吠陀》当中被提及的印度堪舆学（Vastu Shastra）[⑦]是印度的传统建筑设计原理，它基于曼荼罗对建筑与自然的关系、建筑各部分的功能和相对位置、空间构成等进行描述。曼荼罗图式既可用于表现印度教诸神的坛场和神殿、比拟佛教世界的结构，也可用于规定人类世界中构筑物的方位、比例、尺度，使之呈现出明显的秩序和主次关系。古印度人通过印度堪舆，不仅将曼荼罗这一象征图式运用在单体建筑设计上，也运用在更宏观层面的城市的规划建设上（安忻，2018）。在众多曼荼罗中，与建筑设计、城市规划关系最为密切的是原人曼荼罗[⑧]。其图式中造物主大梵天居中，头朝东北、脚朝西南；众神围绕大梵天并位居不同方位，代表不同涵义（图 3）（吴庆洲，2000）。

平面曼荼罗图式为正方形或圆形。其在城市规划中的具体应用方式如下：①正方形曼荼罗呈十字轴对称、平方分格的结构，每边可被均分为 1～32 份，所以整个曼荼罗最多可被分为 1 024 等份（32×32）的模块。据此，印度堪舆依据正方形曼荼罗图式定义了多达 32 种规划城市的方式（Begde，1978）。比较常见的是被分为 64 等份（8×8）的曼杜卡/昌蒂塔（Manduka/Chandita）曼荼罗，或 81 等份（9×9）的帕拉马萨伊卡（Paramasaayika）曼荼罗。②由于纵横两个维度被等分，所以这些正方形曼荼罗的基本构型是一致的，中央区域是大梵天，四周被同心的模块圈层围绕。但大梵天所占模块的数量有差异——在 3×3 和 5×5 这两类曼荼罗中中央区域占 1 个模块；在 4×4 和 8×8 这两类中占 4 个模块；在 7×7 和 9×9 中占 9 个模块。这样的构型为各类正方形城市空间结构奠定了基础。③曼荼罗的核心单元是大梵天，其余模块则需要通过宗教仪式（陈玉等，2008）来确定其所属的神祇、名称与功能。方位与功能作为平面曼荼罗的两大核心要素，也被延续到城市规划的原则当中。综上，印度堪舆通过平面正方形曼荼罗包含的方位、主次关系、模数逻辑来协调空间要素之间的各种关系，演化出的设计模式可应用在城市选址、功能分区和城市重要建筑的设计等方面。具体实践当中，首先确定城市的选址与朝向，这需要统筹考虑宗教传统、星象占卜和实际需求（莫里斯，2011）。选址和朝向确定下来后，就可将城市各类功能区依照曼荼罗的方位与模数逻辑进行规划（里克沃特，2006）。这样一来，城市整体和其中的组成部分就都起到了对宗教教义进行诠释的作用（陈玉等，2008）。

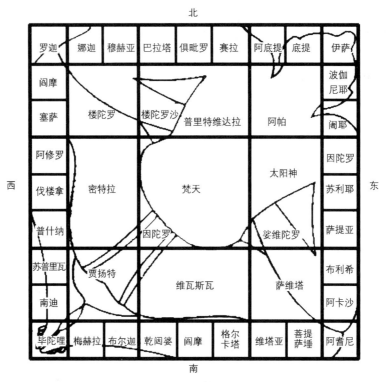

图 3　原人曼荼罗图式

资料来源：根据 https://5.imimg.com/data5/ND/YW/AO/SELLER-5282703/vastu-shastra-500x500.png 改绘。

　　空间曼荼罗则映衬出古印度神话中的宇宙结构——须弥山位于宇宙的中心，四周有八山七海呈同心圆环绕须弥山，第八座山外的第八海中坐落着四大部洲和八小部洲等数片陆地。这种空间曼荼罗后成为要表现君权神授之意的古印度城市的基本范型。譬如，通过修建宏伟的中心神庙来象征须弥山，以体现曼荼罗图式中"宇宙中心须弥山占据最高点""须弥山是中央神域"等意象；或开凿护城河或运河以象征围绕须弥山的原始大洋（贺圣达，2015），因为山与水都是印度教中宇宙形成的根源。

3.2　从从政指南到都城建设

　　古印度政治家、哲学家考底利耶在其著作《政事论》（*The Arthashastra*）中也有论述印度城市规划与建设的基本原理。考底利耶曾协助旃陀罗笈多一世建立孔雀王朝（Rangarajan，1992）。作为旃陀罗笈多一世及其后继者的从政指南，《政事论》所涉内容十分广泛，包括内政、外交、科学、军事、经济，法律等。城市规划、建设与管理的内容散见于全书，但该内容在第 2 卷第 3、4 章及第 6 卷第 1 章比较集中（Pillai，2017）（图 4）。本文重点分析《政事论》有关都城规划的阐述，因为这部著作是一个了解早期印度都城规划观念与实践的渠道（Kirk，1978）。虽然很难找寻到某座印度都城完全按照《政事论》拟定的城市规划原则进行建设，但该书对印度都城建设的阐述可能是所有印度古代文献中最为系统的。本文以其为基础，结合近现代学者对于古印度都城遗址的考古发掘与相关解读，归纳印度都城平面布局与内部建设的特点如下。

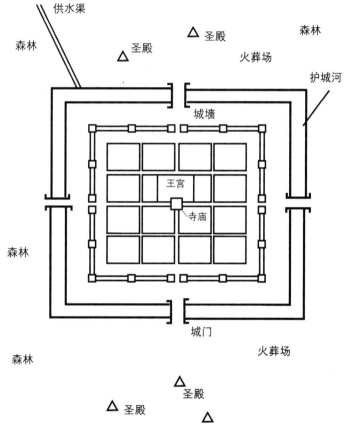

图 4　考底利耶《政事论》中的理想城市平面

资料来源：Kautilya，1992，Fig. 14。

3.2.1　都城选址

根据《政事论》，都城应位于一国之中心，由建筑专家选址。城址所在地的各项条件要尽可能匹配都城建设的要求，如临近河流交汇处、常年丰水的湖泊或人工蓄水池（蓄水池的形状依地形条件可以开凿成圆形、矩形或正方形）。所在地还要位于陆路和水路贸易路线上，使之有条件发展成为贸易城市（Rangarajan，1992）。《政事论》对水源的重视出于两方面原因。其一，水崇拜是古印度人自然崇拜的重要组成部分，也是印度宗教举行净化仪式不可或缺的工具——水可供印度教徒沐浴祈祷，举行宗教庆典时会围绕水池举行仪式（王锡惠，2015）。其二，水对农业发展与贸易发展也十分关键——水提供农业发展所需水源，原材料与货物也需要通过水路运输。即使是不靠近水域的都城，也会在城内外开挖较大规模的人工蓄水池（王锡惠，2015）。根据《政事论》，可利用运河（Rangarajan，1992）、泉水、天然河流等水源来补充蓄水池的水（Pillai，2017）。结合古印度其他都城的建设实践，可知都城选址主要有两方面考虑，一方面要尽可能满足宗教圣地所在地的基本周边条件，一方面要有利于发展农业和贸易（陈玉等，2008）（表1）。

表1　印度都城选址典型案例

朝代	都城	选址
孔雀王朝—笈多王朝	华氏城	恒河下游，水陆贸易中心点
贵霜王朝	白沙瓦	喀布尔河支流西岸、开伯尔山口东，商队集散地
伊克司瓦库王朝	龙树山	基斯特那河沿岸，坐落于台状丘陵地
戒日帝国	曲女城	恒河西岸

3.2.2　城市防御与市政建设

《政事论》详尽阐述了包括护城河、城墙及其附属设施、城门等城市防御设施的修建细节（Rangarajan，1992）。都城的防御设施上，城市应被3条护城河包围，其宽度分别为25米、22米和18米，护城河上的桥为移动式。城墙距最内侧护城河应为7米，高度在5.5～11米，宽度为其高度的一半，可利用挖掘护城河所得泥土建造。城墙顶面要覆以石头或砖；顶面栽植棕榈树为行道树，以区隔战车车道；沿城墙每隔一定距离修建炮塔。道路设施上，城内需要规划6条王道，东西向与南北向各3道，宽度均为12米并分别通向都城四面的12座城门。城市内部一般道路的宽度应为王道的一半。此外，《政事论》还述及城市应有良好的给排水通道以及遮阳处、公厕、开放空间、打谷场等公共设施（Pillai，2017）。在实际建设中，出于军事防御需要，古印度都城一般都筑有城墙、城壕或者护城河（王锡惠，2015）（表2）。

表2　印度都城防御设施与市政建设典型案例

朝代	都城	防御设施与市政建设
孔雀王朝—笈多王朝	华氏城	规则城墙，环有壕沟，64座城门，有哨兵站
戒日帝国	曲女城	城墙、壕沟、堡垒和亭楼
朱罗王朝	甘该孔达	两道城墙，外城墙宽1.8～2.4米

3.2.3　宗教与皇家建筑

根据《政事论》（Rangarajan，1992），供奉重要神祇如湿婆的庙宇应建在城市中心（Pillai，2017）

以体现中央神域。中心庙宇外的其他庙宇则应按照印度堪舆所确定的方位要素进行规划。皇宫应坐落于城市中心偏北，面积占整个城市居住区面积的1/9。皇宫应面朝吉祥方位的北方或东方，因为东北为大梵天头部所在位置，被认为是幸福繁荣的象征（薛恩伦，2015）。城外距护城河约200米处，要修建圣殿、火葬场并栽植树林。据此，《政事论》将曼荼罗图式中的神圣空间映射在了世俗的都城空间上——在神圣空间中须弥山是神的居所、宇宙的中心，则在世俗空间中将中心庙宇规划于都城中心；在神圣空间中各山由山脉及海洋环绕，则在世俗空间中都城由城墙与护城河环绕。此外，曼荼罗中所述的45诸神领域在该书中也有对应。这些对应关系说明，《政事论》的理想都城规划模式模仿了以须弥山及山上大梵天的神域为核心的曼荼罗意向（图5）（布野修司，2009）。实际建设中，部分古印度都城以神庙为中心，部分以皇宫为中心（表3）。

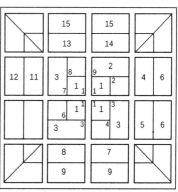

娜迦伐由	穆赫亚	巴拉塔	苏摩	米尔伽	阿底提	底提	伊萨波伽尼耶
罗迦	楼陀罗沙楼陀罗					阿帕阿帕瓦	阇耶
塞萨		密特拉	布哈拉		马亨德拉		
阿修罗			梵天		阿迭多		
伐楼拿				太阳神	萨提亚		
普什纳		维瓦斯瓦			布利希		
苏普里瓦道瓦里卡毕陀哩	因陀罗贲扬特梅赫拉	布尔迦	乾闼婆	阎摩	罗刹	萨维塔维塔亚	安塔瑞克沙阿耆尼菩提萨埵

核　　心　1神殿（寺院）群
内城圈　2王宫　3最佳的住宅地
　　　　4北偏东　5南偏东　7东偏南
中间城圈　8西偏南　10南偏西　11北偏西
　　　　13西偏北　14东偏北
外城圈　6北偏东和南偏东的远侧
　　　　9东偏南和西偏南的远侧
　　　　12南偏西和北偏西的远侧
　　　　15西偏北和东偏北的远侧

图5　曼荼罗图式与根据《政事论》的都城复原图

资料来源：布野修司，2009，图5-5（左图）；布野修司，2009，图5-7（右图）。

表3　印度都城重要建筑设施典型案例

朝代	都城	重要建筑设施
孔雀王朝—笈多王朝	华氏城	金宫为中心
质多王朝	苏帕尔加	神庙为中心
潘地亚王国	马杜赖	神庙为中心，城内有宫殿、两个市场
朱罗王朝	甘该孔达	宫殿为中心，神庙位于其东北并朝东

3.2.4　一般建筑

　　根据《政事论》，皇宫宫墙以外、外城城墙以内的内城区域中要修建广场、市场和居住建筑。《政事论》还规定，给每户人家分配的土地要能够确保其生产生活，且每 10 户人家要有一口井。种姓制度下印度社会等级分明，这一特点也反映在城市的实际居住空间中。神职人员（婆罗门）与官员（刹帝利）的宅邸位置一般较为靠近城市中心或位于城市主要道路旁（王锡惠，2015）。

4　东南亚中南半岛代表性王国都城规划

　　东南亚很多国家旨在通过吸纳比本地原生文明高级的印度文明的方式，来强化君权神授观念，并通过古印度城市规划模式使该观念在城市空间上得以具现。这些东南亚国家在进行都城规划时大都遵从如下原则——王权下建起的都城以王权为媒介与神论相结合，是"在大地上（人间）实现的宇宙缩影"（布野修司，2009）。

4.1　早期王国形成阶段的都城——室利差呾罗

　　缅甸的骠国属伊洛瓦底江流域信奉佛教的古代城邦联盟，是东南亚建立较早、文化较发达的城邦联盟政权之一。骠国后期的大城邦室利差呾罗王国的都城为室利差呾罗（Sri Ksetra）（图 6），位于缅甸中部的伊洛瓦底河沿岸，符合古印度对都城选址的要求。城市平面近似圆形，周长超过 13 千米，直径 3～4 千米，占地面积 14 平方千米左右。

　　室利差呾罗城早期属于无规划的自由发展，后期的规划在某些方面反映出古印度文明的影响。该都城的城市空间模仿了平面的和空间的曼荼罗图式，是对印度都城规划模式的吸收与创新。具体表现为：①室利差呾罗的城市功能组成部分在数量与命名上体现出印度教主、次神之间的地位差异和相互联系。国王希望通过这种方式取得与主神相同的地位，在名义上成为神的化身（陈玉等，2008）。例如室利差呾罗共 32 扇城门，体现了主神与 32 次神的关系；32 城门分别以各个藩属首领的名字命名，体现了君权神授之意（杜星月，2016）。②在都城中心偏西南向建有平面为矩形的宫殿建筑群，其中包括象征着宇宙中心须弥山的宫殿，包围着城市的护城河象征着古代印度宇宙观中的神圣的大洋，这些都源于空间曼荼罗。③城内外水系十分发达，建有 3 座蓄水池，有利于生活生产、交通运输和防御外敌（董卫，2015），也吻合水元素在印度宗教中的重要地位。

4.2　政权上升到成熟阶段的都城——吴哥城

　　柬埔寨的古代王国是目前已知最早的从古印度接受宗教思想和政治制度并建立中央集权的东南亚王国之一。柬埔寨的高棉王国在 9～13 世纪步入其黄金时代，王国的中心——坐落在柬埔寨西北部平原上的吴哥城也成为 11～12 世纪世界上最大的城市之一以及东南亚古代都城规划的典范。据考古学家

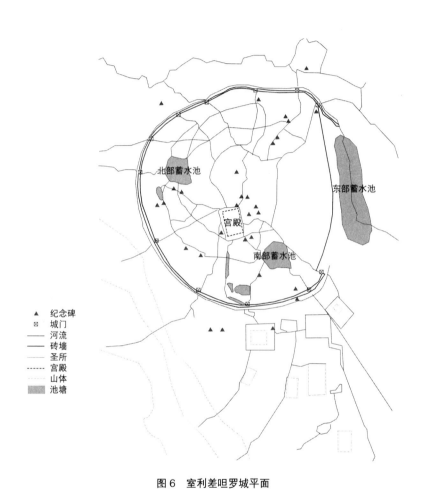

图 6　室利差呾罗城平面

资料来源：根据 https://zenodo.org/api/iiif/v2/c28c9fe1-d612-48bb-a404-e79771611a06: a767072e-
417e-47c9-9607-d873502a892d:Sri%20Ksetra%20phase4.jpg/full/750,/0/default.jpg 改绘。

考证，吴哥城的总体范围约 400 平方千米，由大量的寺庙、公共建筑、居住建筑、水利工程（人工湖、堤坝、水库、运河）等构成。吴哥城的主体是被称为吴哥通（Angkor Thom）的王城（图 7）以及王城南面被称为吴哥窟的佛寺，吴哥通之外还散布着罗洛士群和女王宫等宗教建筑群。吴哥通在当地语言中是"大城市"之意，城市规模宏大且布局严谨，由包括巴戎寺在内的多座寺庙、王宫、公共建筑等组成。吴哥通内没有一般居住建筑，居住区广布于吴哥通王城周围几百平方千米的大片区域之中，但现已无存。

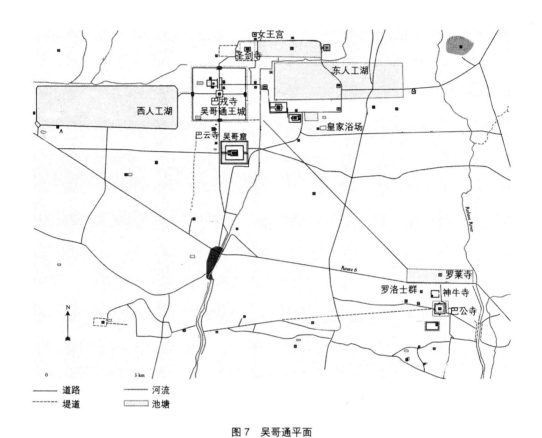

图 7　吴哥通平面

资料来源：https://triptins.com/wp-content/uploads/2018/03/Angkor-Wat-Map.jpeg.webp.

吴哥城先后修建过四次。若以影响高棉发展的宗教的变化为划分依据，其修建可分为两个时期。第一个时期为初建时期（9 世纪末～12 世纪末），受印度教影响，高棉国王阇耶跋摩一世（889～900 年在位）是吴哥城的始建者。据说他从印度请来了婆罗门帮助规划都城，以使国王为湿婆化身的说法合法化⑨（墨菲，2011），通过神王合一意向来巩固王朝统治。第二个时期为扩建时期（12 世纪末～15 世纪），受到印度教与佛教的综合影响，阇耶跋摩七世是吴哥城最重要的扩建者。他将大乘佛教定为国教，但仍承认印度教并崇拜许多印度教神，并同时接受两门宗教的传统和教义。阇耶跋摩七世规划扩建吴哥城，使其成为以巴戎寺为中心的都城。此后，高棉人继续在东南亚传播大乘佛教，直到 15 世纪王国灭亡。

吴哥通规划的核心指导思想是君（王）权神授，但已将神王合一。城市被认为是宇宙的缩影，是统治者与神力的结合在物质空间上的具现。吴哥通的规划通过运用空间曼荼罗图式，在城市尺度与建筑尺度上都体现了这一思想。在城市选址上，古高棉人一般将都城建于有山地和水域的地方，认为高山是宇宙中心须弥山的象征（韦庚男，2012），水域是须弥山周围的神圣大洋。由于吴哥城地处洞萨里湖旁的平原，缺乏山脉，所以，通过在吴哥通的核心部位修筑象征着宇宙中心圣山的神庙，将中央神域具象化（布野修司，2009）。

王城的空间形态上，其整体平面为规整的矩形，每边约 3 千米，总占地约 9 平方千米。王城被 8 米高的红土城墙环绕，象征着须弥山被正方形的山脉包围。城墙外有护城河环绕王城。内部结构上，王城被十字路形成的主轴均分为四个部分。神王合一思想下，阇耶跋摩七世将国庙巴戎寺置于主轴交叉处的城市中心（陈玉等，2008）。巴戎寺的五座佛塔即圣山的五座山峰，塔上建有四面佛的雕像——象征着梵天注视着四个方向或整个国家。这既意味着统治者与神力相结合，也将平面曼荼罗以空间曼荼罗的形式表现出来（杨昌鸣等，2001）。此外，历代高棉国王围绕王城及吴哥窟修建的大量大乘佛寺，在建筑尺度上也遵循了曼荼罗图式。这样，从整个王城的尺度，位于中心的国庙代表了宇宙中心须弥山，城墙象征着连绵的山脉，而护城河则代表深邃无垠的海洋（石泽良昭，2019），即以中央寺院、城墙和护城河再现出由圣山与海洋构成的神圣宇宙。吴哥通王城的空间图式来源于平面及空间曼荼罗，但以中南半岛本地特有的方式吸收并创新了印度古代都城规划模式。

同时，吴哥通的规划营建还有不少吻合《政事论》记载的细节。例如，王宫建造在巴戎寺以北，符合《政事论》中对王宫位置的规定，同时也表明君权神授。城墙高 8 米，符合《政事论》中关于城墙高度为 5.5～11 米的规定。王城东西有四座人工湖和一座皇家浴场，吻合《政事论》对于都城旁修筑人工蓄水池的论述。其中，以东、西两座人工湖的面积为最大，既承担举行宗教仪式的功能，加强都城的仪式象征意义，所蓄之水也可用于枯水期的农业灌溉用水（石泽良昭，2019），提高王国的农业生产效率（Hall，2011）。

但吴哥城发达的水网体系则是高棉人在吸收古印度文明后的创新。在王城周围，整个吴哥城范围内密布人工运河和引水渠，构成了农业水网体系。人工湖连同浴场、护城河、引水渠及覆盖整个吴哥城的庞大的运河网络，服务于城市的宗教祭祀、农业灌溉、交通运输等需求，是几代高棉王都在王城周围持续兴建、维护的结果。这一水网体系代表了包围着圣山的大洋，也反映出该都城受到印度崇拜水源思想的影响。但更重要的是，它将城市的仪式职能与实用功能完美结合，并以前所未有的规模体现着空间曼荼罗中的大洋意象。

4.3　政权成熟到衰落阶段的都城——素可泰

公元 13 世纪时，随着高棉人的势力在中南半岛北部逐渐衰落，从中国南部逐渐迁移到湄公河北部流域的泰族人迅速崛起，于公元 1238 年在现今泰国的中央平原建立了素可泰（Sukhothai）王国。它是泰国历史上首个有史料可查证的独立王国，都城是素可泰城（图 8）。该城总体范围约 70 平方千米，核心的王城呈矩形，东西长约 2 千米，南北长 1.6 千米。

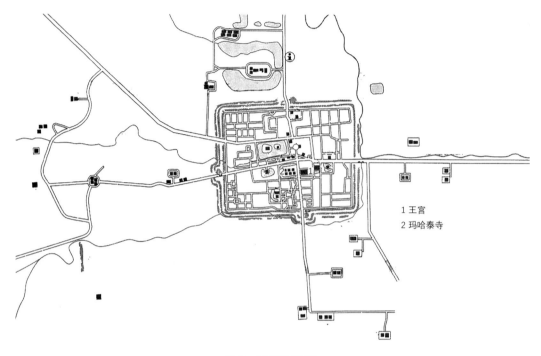

图 8 素可泰城平面

资料来源：根据 https://www.planetware.com/i/map/THA/old-sukhothai-sukhothai-map.jpg 改绘。

素可泰王国形成时，影响东南亚地区尤其是泰国的已是上部座佛教，但其根源仍是印度，且在素可泰王国形成以前该地区信奉印度教。所以，素可泰王国也受古印度文明影响，都城的规划理念则受曼荼罗图式的影响。整个都城的主体由象征须弥山的玛哈泰寺与王宫，以及象征环绕须弥山的大洋和山脉的护城河与城墙构成（Sthapitanonda and Mertens，2006）。在方位上，东西南北四个方向的城墙正中各开了一座城门。但由于曼荼罗中以东为贵，因而东门是都城主要出入口。数百年王朝更替中，素可泰城先后修建了内中外共三重城墙。环绕外层城墙四周的护城河既起到防御作用，也象征着须弥山外的海洋。除都城内最大的寺庙玛哈泰寺外，都城内外都分布着大量佛教寺院——其中城内有 26 座寺庙，城外 5 千米范围内另有 70 余座寺庙，说明素可泰王国时期佛教繁盛。

在南亚与东南亚地区古代文明互动的中后期，中南半岛地区的王国其国王的君权不断扩大，甚至基本与神权相当（布野修司，2009），素可泰的国王也将自己视为神的化身与代言人。表现在都城规划当中，是位于素可泰城中央的王宫和玛哈泰寺以同等关系共同构成都城的核心。这一点与室利差呾罗和吴哥城规划理念中的君权神授有很大不同，也是中后期东南亚王国在吸收外来文明后最重要的本土创新。在建筑尺度上，玛哈泰寺的设计也参考了曼荼罗图式。但与吴哥王城的巴戎寺所参照的方形曼荼罗不同，玛哈泰寺参照的是圆形曼荼罗图式。佛寺中心佛坛呈圆形，正中有一大型坐佛，其 8 个方位各建造有舍利塔，四面有沟渠环绕。

5 东南亚中南半岛诸王国都城规划特征

总体而言，东南亚的中南半岛古代王国代表性都城规划的特征有如下两点。

5.1 城市空间中君权与神权的博弈

南亚、东南亚跨地区文明互动下，东南亚诸王国的都城规划基本由宗教神权与世俗王权的力量共同决定。这两种力量紧密结合在一起，形成神王合一的统治观念，决定着都城的选址、建设等各个方面（陈玉等，2008）。但在一千多年的互动当中，神权与君权的力量对比在发生变化。公元前后直至10世纪，整个东南亚地区局势较为动荡，各国国王认为利用宗教信仰有利于掌握政权，所以通过君权神授来树立自己的威严。10世纪以后，随着古代东南亚政权的逐渐成熟，君权与神权的关系在一定程度上发生了变化，国王甚至可干预国家的宗教信仰（杜星月，2016）。从君权神授到神权与君权齐平甚至君权大于神权，是东南亚地区在吸收外来文明之后最主要的在地化创新之一。这一神权与君权的此消彼长也反映在东南亚前后期都城城市中心的布局上（表4）。

表4　东南亚都城中心布局典型案例

存续时间	都城名称	中心布局	意象
9~15世纪	吴哥	神庙为中心，王宫建造在寺院以北	君权神授
13~14世纪	素可泰	宫殿与寺庙共同位于都城中心	君权、神权齐平
14~16世纪	勃固	王宫位于城市中心	君权大于神权

5.2 古印度宇宙观的影响

古印度宇宙观中的曼荼罗为古印度城市规划模式的重要原型。古代东南亚都城遵循该模式，将古印度宇宙秩序融入都城的空间结构中，强调神权与君权的密切关联，出现了向心、轴线、对称等宇宙论模式城市形态的典型特征（陈玉等，2008）。

山（须弥山）与水（大洋）是印度教教义中宇宙形成的根源。作为宇宙的微缩形态，东南亚诸王国都城的选址布局受到了印度教对于山水崇拜的影响（安忻，2018），具有与宗教相关的文化意义（陈玉等，2008）。城市或傍山而建，或内部修建重要建筑物，如中央寺庙或王宫，来象征须弥山；由城墙与自然水系，或承担防御职能的水体，如护城河，来分别象征须弥山周围的山脉与海洋。另外，古代东南亚都城通常都有以城墙限定的较为规整的平面形式（表5），只有部分都城由于地形限制而建造为不规则平面。这也较为吻合方形曼荼罗的形态导向。由于中南半岛国家发明了依赖蓄水池和运河体系的农业灌溉技术，象征神圣宇宙空间中的大洋的城市水体不再局限于护城河，而是拓展为整个城市范围内的复杂水网，这一点在吴哥城表现得最为突出，同样是东南亚地区对印度模式的创新式应用。

表 5　东南亚都城整体布局典型案例

存续时间	都城名称	选址	平面形式
5～9 世纪	室利差呾罗	依山，伊洛瓦底江沿岸	近似圆形，建有城墙、护城河
9～15 世纪	吴哥城	湄公河沿岸	矩形平面，建有城墙、护城河
11～15 世纪	蒲甘	伊洛瓦底江沿岸	矩形平面，建有城墙、护城河
13～14 世纪	素可泰	依山，湄公河沿岸	矩形平面，建有三重城墙，护城河
14～18 世纪	阿瑜陀耶	湄南河与其支流围合形成的岛屿上	受地形影响整体呈不规则形状，建有城墙、护城河

6　结语

本文在跨区域文明互动视角下，分析东南亚代表性古代都城在规划建设时受到的古印度都城规划模式的影响，认为两个地区的文明互动是通过非战争、非殖民方式，以宗教、文化、行政制度等高级文明形式影响东南亚地区的过程，且可分为三个阶段。在宗教宇宙观的影响下，作为高级文明形式之一的印度本土的都城规划模式将宇宙观的图式表达——平面及立体的曼荼罗——映射在世俗空间中。印度思想家考底利耶的《政事论》中有关理想都城营建、治理的阐述，将上述抽象的都城规划模式具象化、可操作化。这一模式也在跨地区文明互动中传入东南亚地区，通过当地的选择性学习影响了其王国都城的规划。东南亚地区又在选择性吸收的基础上进行了在地化创新，形成了具有当地特征的新的规划模式。

本文选取了分别代表文明互动三个阶段的东南亚中南半岛地区的三个古代都城，并结合其他都城实践，探究其在都城规划中吸收印度文明并进行创新的表现。在吸收上，东南亚都城大多遵循曼荼罗图式以证明君权神授的合法性，并构建相应的城市实体空间，具体体现在都城选址、总体空间结构、各组成部分位置关系等方面。在创新上，各都城规划中都会对外来模式进行适应本土自然环境、社会人文情况的改变。这种吸收与创新的过程在世界其他地区、其他历史时期也在以不同方式发生，例证了规划理念与经验的跨区域流动规律，值得通过其他地区的案例进行进一步研究。

致谢

本文受国家自然科学基金"中国境外规划项目的知识流动研究：历程·机理·效应"（52278082）、中央高校基本科研业务费专项资金"全球史视域下城市规划通史的历史研究单元研究"、浙江大学平衡建筑研究中心配套资金"基于共同演化的地方层级国土空间规划分区管控机制研究——以浙江省市县级国土空间规划为例"资助。

注释

① 严格意义上，骠国并不是一个国家，而是骠人建立的众多城邦的统称。

② 法文版首版 1964 年出版，英文版首版 1968 年出版，中文版首版 2008 年出版。

③ 例如在越南东洋的石构神庙古建筑群，其雕刻风格并不完全是印度的传统表现形式，体现了东亚人对佛教艺术的理解（布朗，2002）。

④ 约成书于公元前 3 世纪的印度佛教寓言故事集《本生经》中，曾提到一位摩诃旃纳卡王子为了寻找大量宝藏和一伙商人结伴来到苏伐剌蒲迷（Suvarnabhumi，意为金地，位于今泰国境内）的故事。

⑤ 锡兰《大史》记载，公元前 241 年阿育王在首都华氏城举行第三次佛教胜会，期间曾派遣两名僧人到苏伐剌蒲迷进行传教活动，受到当地国王欢迎。从此僧伽罗人渐渐摒弃婆罗门教而改信佛教。

⑥ 12 世纪，穆斯林商人在东南亚重要港口地区建立穆斯林商业社区，其后 500 年中伊斯兰教在东南亚迅速发展，东南亚地区逐渐伊斯兰化。同时，欧洲也开始殖民东南亚地区。

⑦ Vastu 意即房屋、建筑物、场地、地面、居住区等，shastra 意即教义或经典。

⑧ Vastu purusha mandala。根据吴庆洲先生的考证，曼荼罗有三种文化渊源，分别为生殖崇拜渊源说、原人（大梵天的称号）渊源说和图腾崇拜渊源说。

⑨ 吴哥窟最初是供奉印度教湿婆神的中心。在毗湿奴成为主神之后其肖像便被放置在吴哥窟的圣殿里。

参考文献

[1] BEGDE P V. Ancient and mediaeval town-planning in India[M]. New Delhi: Sagar Publications, 1978.

[2] BELLINA B. Beads, social change and interaction between India and Southeast Asia[J]. Antiquity, 2003, 77(296): 285-297.

[3] HALL K R. A History of early Southeast Asia: maritime trade and societal development, 100-1500[M]. United States: Rowman & Littlefield Publishers, 2011.

[4] KIRK W. Town and country planning in ancient India according to Kautilya's Arthasastra[J]. Scottish Geographical Journal, 1978, 94(2): 67-75.

[5] MABBETT I W. The "indianization" of Southeast Asia: reflections on the historical sources[J]. Journal of Southeast Asian Studies, 1977, 8(2): 143-161.

[6] PILLAI R. Inside Chanakya's mind: a Anvikshiki and the art of the thinking[M]. Gurgaon: Penguin Random House India, 2017.

[7] RANGARAJAN L N. Kautilya: The Arthashastra[M]. New Delhi: Penguin Books India, 1992.

[8] SMITH M L. "Indianization" from the Indian point of view: trade and cultural contacts with Southeast Asia in the

early first millennium C E[J]. Journal of the Economic & Social History of the Orient, 1999, 42(1): 1-26.

[9] STHAPITANONDA N, MERTENS B. Architecture of Thailand: a guide to traditional and contemporary forms[M]. Singapore: Editions Didier Millet Pty Ltd., 2006.

[10] WHEATLEY P. Desultory remarks on the ancient history of the Malay Peninsula[M]. California: Institute for Southeast Asia Studies, 1964.

[11] 安忻. 中南半岛典型历史城市空间形态研究初探[D]. 南京: 东南大学建筑学院, 2018.

[12] 本特利, 齐格勒. 新全球史: 文明的传承与交流(上)[M]. 北京: 北京大学出版社, 2007.

[13] 布朗. 东南亚: 重新找回的历史[M]. 北京: 华夏出版社, 2002.

[14] 布野修司. 亚洲城市建筑史[M]. 北京: 中国建筑工业出版社, 2009.

[15] 陈玉, 付朝华, 唐璞山. 文化的烙印——东南亚城市风貌与特色[M]. 南京: 东南大学出版社, 2008.

[16] 董卫. 从"西南"到"东南亚"中国视角下的古代东南亚地区城市历史初探[J]. 建筑学报, 2015(11): 18-23.

[17] 杜星月. 大湄公河次区域古都空间形态初探[D]. 南京: 东南大学建筑学院, 2016.

[18] 贺圣达. 东南亚历史重大问题研究——东南亚历史和文化: 从原始社会到 19 世纪初(上)[M]. 昆明: 云南人民出版社, 2015.

[19] 霍尔. 东南亚史[M]. 北京: 商务印书馆, 1982.

[20] 霍尔, 周中坚. 扶南的"印度化": 东南亚第一个国家的经济史[J]. 印支研究, 1984(3): 58-62.

[21] 里克沃特. 城之理念——有关罗马、意大利及古代世界的城市形态人类学[M]. 北京: 中国建筑工业出版社, 2006.

[22] 梁志明, 李谋, 杨保筠. 东南亚古代史: 上古至 16 世纪初[M]. 北京: 北京大学出版社, 2013.

[23] 林奇. 城市形态[M]. 北京: 华夏出版社, 2001.

[24] 林太. 印度通史[M]. 上海: 上海社会科学院出版社, 2012.

[25] 墨菲. 亚洲史(插图修订第 6 版)[M]. 北京: 世界图书出版公司, 2011.

[26] 莫里斯. 城市形态史——工业革命以前(下册)[M]. 北京: 商务印书馆, 2011.

[27] 赛代斯. 东南亚的印度化国家[M]. 北京: 商务印书馆, 2008.

[28] 申茨. 幻方——中国古代的城市[M]. 北京: 中国建筑工业出版社, 2009.

[29] 石泽良昭. 东南亚: 多文明世界的发现[M]. 北京: 北京日报出版社, 2019.

[30] 司马迁. 史记·西南夷列传[M]. 云南: 云南大学历史系民族历史研究室, 1979.

[31] 塔林. 剑桥东南亚史 第 1 卷 从早期到公元 1800 年[M]. 昆明: 云南人民出版社, 2003.

[32] 王锡惠. 印度早期城市发展初探[D]. 南京: 南京工业大学建筑学院, 2015.

[33] 韦庚男. 东南亚湄公河流域地区建筑发展与演变[D]. 南京: 东南大学建筑学院, 2012.

[34] 韦庚男. 抽象与现实——东南亚传统城市空间形态研究[J]. 昆明理工大学学报(社会科学版), 2016, 16(3): 104-108.

[35] 吴庆洲. 太阳崇拜与印度传统建筑[J]. 规划师, 1997(2): 17-21.

[36] 吴庆洲. 曼荼罗与佛教建筑(上)[J]. 古建园林技术, 2000(1): 32-34+60.

[37] 薛恩伦. 印度建筑的兼容与创新: 孔雀王朝至莫卧尔王朝[M]. 北京: 中国建筑工业出版社, 2015.

[38] 杨昌鸣, 张繁维, 蔡节. "曼荼罗"的两种诠释——吴哥与北京空间图式比较[J]. 天津大学学报(社会科学版), 2001(1): 14-18.

[39] 姚楠. 东南亚历史词典[M]. 上海: 上海辞书出版社, 1995.

[40] 赵自勇. 古代东南亚的印度化问题浅谈[J]. 华南师范大学学报: 社会科学版, 1994(3): 94-99+129.

[欢迎引用]

曹康, 林新悦. 跨地区文明互动下东南亚古代都城规划研究[J]. 城市与区域规划研究, 2023, 15(1): 207-227.

CAO K, LIN X Y. Research on urban planning of ancient capitals in Southeast Asia under civilization interaction across regions[J]. Journal of Urban and Regional Planning, 2023, 15(1): 207-227.

未来城市形态的三个推测

迈克尔·巴蒂

梁佳宁 译

龙 瀛 校

The Shape of Future Cities: Three Speculations

Michael BATTY
(Centre for Advanced Spatial Analysis, University College London, London W55RF, UK)
Translated by LIANG Jianing[1], proofread by LONG Ying[1, 2, 3]
(1. School of Architecture, Tsinghua University, Beijing 100084, China; 2. Hang Lung Center for Real Estate, Tsinghua University, Beijing 100084, China; 3. Key Laboratory of Eco-Planning & Green Building, Ministry of Education, Tsinghua University, Beijing 100084, China)

Abstract World population has grown dramatically since the Industrial Revolution began 250 years ago. Cities are key elements in this growth, but by 2100, we will all be living in cities of one size or another. Here we speculate what this world will look like. First, the Industrial Revolution represents a clean break from a past composed of hardly any cities to one which is completely dominated by cities. Second, cities will continue to change qualitatively as they get larger but size limits will emerge. Third, cities will no longer be classified by their size but by their internal dynamics.

Keywords technology; the Fourth Industrial Revolution; future; cities

---

作者简介

迈克尔·巴蒂，伦敦大学学院高级空间分析中心。
梁佳宁，清华大学建筑学院；
龙瀛，清华大学建筑学院，清华大学恒隆房地产研究中心，清华大学生态规划与绿色建筑教育部重点实验室。

摘 要 自 250 年前工业革命开始以来，世界人口急剧增长。城市是这一增长的关键因素，而到 2100 年，我们都将生活在不同规模的城市中。文章将推测世界未来的模样：第一，工业革命标志着世界从过去没有城市彻底转变为由城市主导；第二，随着城市规模的扩大，城市将继续发生质的变化，但城市规模会出现上限；第三，城市将不再依据规模，而是按其内部动态网络和相互作用进行分类。

关键词 技术；第四次工业革命；未来；城市

大约 1.2 万年前的最后一个冰河时代结束以来，人类逐渐从狩猎采集的游牧生活转向定居的农业生活。又经过大约 6 000 年，第一批城市出现了，但直到公元前，世界上也只有约 5%的人口生活在我们认为是城市的地方。在大部分人类历史进程中，人口仅以每年几百万的速度缓慢增长，直到 15～17 世纪欧洲文艺复兴开始，才有迹象表明人口数量以指数级增长（Wiki，2022）。但人口的确爆发式增长了，这是由于当时工业革命催生了许多城市，这些城市仿佛工业皇冠上的宝石，新技术在城市被发明并传播。解释工业革命的起源并不容易，比如工业革命为什么没有更早地发生在中国、希腊和罗马帝国。但毫无疑问的是，18 世纪中叶时西欧的条件适合创新，这些创新产生了一系列的新技术，反过来，这些新技术使许多人的生活在人类史上首次超过勉强维持生计的水平。现在看来，这场革命的发生越来越标志着与过去的彻底决裂，下文将进行更详细的阐述。

以蒸汽动力发明为基础的第一次工业革命，使人们能够打破以往任何时候都存在的距离约束。不断增长的城市人口首次可以住在离工作地更远但仍然属于城市的地方，并享受更宽敞的空间和更顺畅的交通。城市规模也首次超过以往技术制约下的一百万人口上限。第一次工业革命后，多种新型的制造机器面世，而到 19 世纪末，第二次工业革命对机械与电力进行融合，汽车以及各种通信设备（如电话和无线电技术）应运而生，让人们能够轻松地进行远距离交流。第二次工业革命也打破了交流必须进行物理移动的障碍，并很快衍生出第三次工业革命，即以计算机的发明为标志的数字革命。而当下正在进行的第四次工业革命中，信息和数字技术渗入各种机器以及人类自身，并为地球建立起一层数字表皮（digital skin），帮助我们能够随时随地与任何人进行交流。

克劳斯·施瓦布（Klaus Schwab）将工业革命划分为上述的四次（Schwab，2016），并指出每一次工业革命并不是抵消或取代前者，而是由此前历次工业革命累积而成的。总之，每一次工业革命都从既有创新中发展，并从内外部对其进行全面更新。第三次和第四次工业革命尤其如此，它们以信息流补充能量流。此外，其他未来学家在描述这些革新时也使用了类似的术语。阿尔文·托夫勒（Alvin Toffler）所说的"第三次浪潮"（Third Wave）（Toffler，1980），与施瓦布提出的"第三、第四次工业革命"概念一致，而丹尼尔·贝尔（Daniel Bell）等学者所说的"后工业"（post-industrial）一词也适用于当下，即第一、第二次工业革命以来的世界（Bell，1974）。

显而易见，历次工业革命代表着一系列没有停止迹象的技术创新，并且正在加速发展，以至于一些人推测其发展可能会达到一个极限，一个奇点（singularity），一个我们不仅难以掌握且无法预测的临界点（Kurzweil，2005）。这些相互交织的变革浪潮的后果之一是，它们正在增加城市和社会的复杂性，使追踪它们对城市和社会系统的影响变得越来越难。正如远古城市是像"台形遗址"（tell）一样层层堆叠而成的，本世纪的城市也正在被一层又一层的新信息技术累积塑造。但不同的是，这些新技术正在频繁地更新换代，使我们很难清晰地剥离塑造城市的技术层。

在这场技术漩涡中，城市成为其中的关键点。在第一次工业革命之前，城市是少数的存在，而非普遍现象。即使在 1750 年左右第一次工业革命开始时的英国，居住在城市的人口比例也只有 20% 左右。250 年后的今天，这一比例已超过 90%，而剩余 10% 的人口尽管在地理上并不生活在城市（city），也是高度城市化的，参与城市化的活动。现在全世界居住在城市地区（urban areas）的人已接近 60%，到本世纪末，大多数人都将生活在大大小小的城市中（Batty，2011）。从这个角度看，城市的概念似乎有些过时并且存在问题，主要原因是城市被最广泛认同的定义之一是物理的，过去的城市边界往往是基于人口密度划分的硬性边界，而这样的边界显然是非常模糊的。在工业革命发生以及铁路和汽车等新交通技术出现之前，城市的硬性边界往往与城墙相关，用于抵御敌人（并留住城市人口），并且在当时，划定城市与周边农村和农业腹地的边界要明确得多。

从这个与前工业化时代彻底决裂的论述出发，本文提出了对未来城市的三种推测，下面将依次讨论。

1　推测一：在完全城市化的未来，城市的概念将消失

可以说，城市的概念将逐渐被视作一个早期的人造物。随着数字革命的步伐不断加快，我们都将具备一种使用地球上迅速建立的数字表皮与任何人交流的手段。本世纪结束前，通信方式将会实现完全的全球化。这种全球化可能会遇到地方性的反对，但数字技术的发展不太可能减缓，而且我们可以调整全球网络，以应对合理的、对城市生活仍必要的地方问题。

随着我们适应更快、更频繁的技术革命，第一次工业革命引发的急剧变革或不连续性将更加清晰，其中，城市的概念是我们理解这一变革的核心。因此，我们的第一个推测是，城市的概念将会消失，虽然城市化的地区仍会像过去一样存在隔离和聚集，名义上的城市概念依然存在；但就功能而言，城市的概念会消失。事实上，"城市"（city）一词很可能被纳入"城区"（urban）一词，尽管城区是一个侧重于城市化进程的概念，一般用于定义人口在城镇、城市等密集地区的聚集方式。在许多关于城市以及城市化过程特点的定义中，术语"城市"和"城区"之间存在内在的循环性。在此背景下，有两种反作用力主导着城市的增长，第一种是世界总人口，它为不同规模的城市提供了总额极限，第二种是不同规模城市的分布，通常遵循一个规律，即随着城市的发展，大城市的数量会减少；也就是说，由于资源有限，小城市比大城市数量多得多，并不是所有的城市都能发展为大城市。

在一个只由城市组成的世界中，不同规模的城市人口总和等于世界人口，我们可以将总人口定义为 P。城市人口的分布可以按其人口大小排序为 $P_1 > P_2 > P_3 \cdots > P_R$，注意其分布符合一个广为接受的模型，即城市位序规模法则（rank-size rule）或齐普夫定律（Zipf's Law），表述为 $P_r \propto r^{-1}$，其中 P_r 是排名为 r 的城市人口数。我们推测，当整个系统即全世界由城市组成时，这种模型仍适用，我们可以将最小的城市人口数作为一个人口单位，即有 $P_R \propto R^{-1} \propto 1$。分布可列为 $P_r = R r^{-1}$，其中最大规模的城市人口是 $P_1 = R$，总人口可以计算为 $P = R \sum_{r=1}^{R} r^{-1}$。这种关系与系统中的实际总人口无关，可以进一步缩放。但是，它的确取决于该系统中的城市数量，即 R。因此，任何缩放都必须在幂律关系的形式、参数以及最大和最小城市的实际规模之间进行权衡（Batty，2021）。

推测一还与这样一个事实有关，即随着城市规模变大且城市之间开始融合，历史上使用不同的后缀"polis"对其进行分类。康斯坦丁诺斯·道萨迪亚斯（Constantinos Doxiadis）定义了一个详细的序列（Doxiadis，1968），从最小的定居点——小村庄（hamlet）、村庄（village）……城镇（polis），到最大的定居点——大都市（metropolis）、大城市连绵区（megalopolis）……普世城（ecumenopolis）（Batty，2018）。但现在最常用的术语是"大城市连绵区"（megalopolis），最初由帕特里克·盖迪斯（Patrick Geddes）提出，简·戈特曼（Jean Gottmann）将其大致定义为"……非常大的城市，即一个拥有数百万人口的扩展城市地区"，他认为美国的东北沿海地区即符合该定义（Gottman，1961）。事实上，自戈特曼的研究后，"巨型城市"（mega city）一词常被用来指代巨大的城市群，例如连接香港、深圳、广州与珠海和澳门的大湾区，以北京和上海为核心的城市群，而其他，如西北欧的大部分地区和美国的东北沿海地区都属于这种多中心的发展模式。

最后一个佐证推测一的事实是，未来城市的增长可能存在未知的极限。尽管城市规模变得更大，但最大的城市在规模上相对其他城市在下降。随着城市相互融合，由此产生的城市群的功能与单个核心城市非常不同，当城市变大时，其大小、规模和交通方面可能会产生我们难以想象的质变。目前我们在工作日的可移动距离仍存在相当大的限制，但显而易见的是，在一个全球互联的世界中，不同的移动方式可能会共同改变物理位置的基础。

2 推测二：随着城市规模变大，城市会发生质变

历史上最大的城市与小城市存在质的不同，但要成为一个大城市，其必须首先成为一个小城市。这意味着，城市增长的每一刻都会有微妙的变化发生，使人们以不同的方式交流互动。最明显的变化发生在人们潜在相遇的模式。在一个人口为 P 的城市中，人与人之间共有 P^2 个潜在的联系，随着城市规模变大，这个数字会呈指数增长。这被称为梅特卡夫定律（Metcalfe's Law），它与网络的力量有关。但实际上，大多数潜在的联系都无法被利用，因为这个数字太大了，更接近真实的情况是，联系数量以一个远小于 2 的指数增长。即便如此，这仍会导致联系数量 Y 的超线性增长，它比潜在联系总量小得多，更接近 $Y = kP^{1.2}$，正如路易斯·贝当古（Luis Bettencourt）等人对各种城市属性（如个人收入）与城市规模之间的关系所证明的（Bettencourt et al.，2007）。

这意味着随着城市的增长，城市会产生规模经济（economies of scale），即阿尔弗雷德·马歇尔（Alfred Marshall）在 19 世纪末提出的"集聚经济"（agglomeration economies）。其背后隐含的关系属于异速生长科学（science of allometry）的内容，常被用于研究生物系统的大小和新陈代谢的关系。而其应用于城市时，如个人收入等属性与城市人口呈超线性关系，则意味着如果希望增加个人收入，就需要扩大城市规模。这个观点实际很深刻，因为它表明如果我们希望提高个人收入水平，就应该以生活在更大的城市为目标。用年轻人的话说，大城市很"酷"。然而到目前为止，我们还几乎没有意识到严格限制城市规模的后果，但在总人口有限的世界里，上述这些关系很可能会被打破。然而，这个新兴的世界中，城市具有固定的物理规模这一概念已不再成立，取而代之的认知是城市是其网络的函数。在这种情况下，规模经济更有可能与个人能够激活的网络规模有关。这表明只有当城市被分为与不同类型网络相关的群体时，才可能实现规模经济。因此，应在这个尺度而非城市尺度，将人口与其关键属性联系起来。即城市的未来将建立在城市之间相互融合的基础上，不会再有完全独立并独自运作的城市区域。

这类规模扩展还有另一个维度。城市实体基础设施往往与城市规模呈亚线性关系，但这并不意味着基础设施会产生规模不经济（diseconomies of scale）。例如，交通空间的面积与城市人口呈亚线性关系，意味着交通空间随着城市规模的扩大而得到更高效的利用，简言之，城市需要的交通空间更少。虽然推测二需要加以限定，因为城市的未来是由多种类型的网络组成的，并且技术创新是在比任何城市本身的物理范围更广泛的地区进行的，但是城市规模变大将产生质变这一概念必将持续成为城市未

来的重点。

3　推测三：城市既在空间中，也在时间中运作

许多决定城市如何运作以及我们如何在城市中活动的过程，都是瞬时动态的。但到目前为止，我们往往只依据空间上的规模和大小对城市进行分类，建立在与上文提到的道萨迪亚斯等学者有关的"城镇"（polis）的定义之上。然而，大多数存在于时空的物体都有容量限制，我们对未来世界人口增长的第一个推测是直接用种群生长的方式来填充一个有容量限制的系统。常使用逻辑斯谛函数（logistic function，一个有最大值极限的指数函数）对其进行建模。它模拟了人口 dP 在 dt 时刻的变化即 $dP/dt = \beta P(1 - P/K)$，其中 P 是那一刻的总人口，β 是人口增长率，K 是容量极限，即系统处于稳定状态下不能超过的总人口。此系统显然是有容量极限的，因为 logistic 函数等式右侧的两个项相互制约。第一项是指数项，第二项是阻尼项，它与总人口接近极限值的程度有关。t 时刻的总人口 $P(t)$ 可以推导为 $P(t) = KP_0 exp(\beta t) / [K + P_0(exp(\beta t) - 1)]$，其中 P_0 是起始人口数。

事实上，在城市中有许多这样的过程决定了事物如何增长和改变，但这些过程多与低频事件（如人口增长）相关，而非高频事件（如那些涉及精细尺度的交通流动过程）。精细交通流动图的复杂性很容易展示，因为许多这类要素流动的过程是并行运行的，并以或简单或复杂的方式相互关联，涉及将这些过程的要素彼此连接起来的网络。如果我们把时间范围从十年扩大到百年，那么，就有许多过程需要按照我们在第一个推测中说明的方式进行建模。推测一中隐含的彻底转变与未来城市可能出现的方式高度相关。到目前为止，我们已经假设了有限的增长，但在一个本质上不可预测的世界中，世界人口是否会在本世纪趋于稳定状态尚未可知。如果以随机的方式触发容量极限，可能会发生波动，产生像罗马俱乐部大约 50 年前预测的可怕的未来情景（Meadows et al.，1972）。

在动态方面，非常精细时间尺度下的变化和运动位于频谱（temporal spectrum）的另一端。智慧城市技术作为智能传感器不断嵌入建成环境中，为城市在不同领域的逐秒运行提供大量实时数据流。这些数据最终变成与低频变化一致的长期数据，但到目前为止，除了将数据用于性能监测，我们没有一套明确的理论指导我们还能如何使用这些数据。大部分数据仍然是信息尾气（information exhaust），其结构需要使用各种机器学习方法才能提取。

然而，从流动方程（flow equation）的角度阐明这些过程是可行的，并且有许多交通模型都专注于此，但我们还没有一个全面的视角将所有这些过程整合在一起。在扩展我们的推测时，在对未来城市形态的思考中，网络过程可能会变得越发重要。从前工业时代到后工业时代的巨大变化，不仅是从城市到城区或从少数城市到很多城市的转变，还是由城市以地理位置为主要特征的世界向以网络为主导的世界的转型——从行动到互动的转型。网络将定义未来城市，因为它们存在于集群（clusters）、弦（strings）、网格（lattices）和其他拓扑结构中，就传统的空间维度而言，它们不再彼此相邻。因此，

挑战在于建立一门城市科学，为我们对未来城市形态的理解提供坚实的共识。

参考文献

[1] BATTY M. When all the worlds a city[J]. Environment and Planning A, 2011, 43(4): 765-772.

[2] BATTY M. Inventing future cities[M]. Cambridge, MA: The MIT Press, 2018.

[3] BATTY M. The size of cities[M]//GLAESER E, KOURTIT K, NIJKAMP P. Urban empires: cities as global rulers in the new urban world. London: Routledge, 2021: 210-228.

[4] BETTENCOURT L M A, LOBO J, HELBING D, et al. Growth, innovation, scaling, and the pace of life in cities[J]. Proceedings of the National Academy of Sciences, 2007, 104(17): 7301-7306.

[5] BELL D. The coming of post-industrial society[M]. New York: Harper Colophon Books, 1974.

[6] DOXIADIS C A. Ekistics: an introduction to the science of human settlements[M]. London: Oxford University Press, 1968.

[7] GOTTMAN J. Megalopolis: the urbanized northeastern seaboard of the United States[M]. New York: The Twentieth Century Fund, 1961.

[8] KURZWEIL R. The singularity is near: when humans transcend biology[M]. New York: Viking, 2005.

[9] MEADOWS DH, MEADOWS DL, RANDERS J, et al. The limits to growth: a report for the club of rome's project on the predicament of mankind[M]. New York: Potomac Associates, Universe Books, 1972.

[10] SCHWAB K. The fourth industrial revolution[M]. New York: Portfolio Penguin, 2016.

[11] TOFFLER A. The third wave[M]. New York: William Morrow, 1980.

[12] WIKI. Estimates of historical world population [EB/OL]. [2022-09-09]. https://en.wikipedia.org/wiki/ Estimates_ of_historical_world_population.

[欢迎引用]

迈克尔·巴蒂. 未来城市形态的三个推测[J]. 梁佳宁, 译. 龙瀛, 校. 城市与区域规划研究, 2023, 15(1): 228-233.

BATTY M. The shape of future cities: three speculations[J]. Journal of Urban and Regional Planning, 2023, 15(1): 228-233.

未来城市的冷热思考

——张宇星、刘泓志、沈振江、吕斌、周榕、尹稚、武廷海访谈纪实

龙　瀛　李伟健　张恩嘉　王　鹏

"Hot" and "Cold" Reflection on Future Cities: Interviews with ZHANG Yuxing, LIU Hongzhi, SHEN Zhenjiang, LYU Bin, ZHOU Rong, YIN Zhi, and WU Tinghai

LONG Ying[1,2,3], LI Weijian[1], ZHANG Enjia[1], WANG Peng[1]

(1. School of Architecture, Tsinghua University, Beijing 100084, China; 2. Hang Lung Center for Real Estate, Tsinghua University, Beijing 100084, China; 3. Key Laboratory of Eco-Planning & Green Building, Ministry of Education, Tsinghua University, Beijing 100084, China)

Abstract In history, the development of technologies constantly reshaped and promoted the evolution of human urban civilization. At present, the Fourth Industrial Revolution is also changing and shaping the future of cities with a series of disruptive technologies. A growing number of studies are focusing on the evolving trends and construction methods of future cities, but those different studies are isolated from each other, and there is still a lack of sufficient communication and discussion from all walks of life to form a consensus. To this end, this paper invited seven experts from academia and industry to discuss and examine six core issues from the perspective of historical evolution, production and life, urban-rural relations, social sustainable development, engineering practice and urban operation. Experts have offered insights based on their own research and practical experience, and generally agree on the profound impact of technologies on the current urban space and industrial lifestyle. It has also become the

作者简介

龙瀛（通讯作者），清华大学建筑学院，清华大学恒隆房地产研究中心，清华大学生态规划与绿色建筑教育部重点实验室；

李伟健、张恩嘉、王鹏，清华大学建筑学院。

摘　要　回顾历史，技术的发展不断重塑并推动着人类城市文明的演进，当下第四次工业革命同样以一系列颠覆性技术改变并影响着城市的未来。越来越多的研究开始关注未来城市的演化趋势及建设方法，但不同研究间大多彼此孤立，社会各界仍缺乏充分的交流探讨以达成共识。为此，文章邀请了七位来自学界、业界不同方向的领域专家，围绕历史演进、生产生活、城乡关系、社会可持续发展、工程实践以及城市运营视角下的六个核心议题依次进行讨论与展望。专家基于各自的研究与实践经验提出见解，并普遍认同技术给当下城市空间及生产生活方式带来深刻影响。面向未来，充分理解城市本体的变化，以问题为导向、以人为本，明晰适合我国的价值取向与城市发展路径成为专家们的共识。

关键词　第四次工业革命；数字化；未来城市；智慧技术；专家访谈

技术发展对城市演进的影响可以追溯至城市文明诞生之初，其后技术在不同层面、不同维度对城市生产生活以及人类社会文化发展产生深远影响。当下，全面数字化发展改变城市的资源连接与供给，元宇宙的出现重塑人与空间的关系，碳中和发展愿景推动能源体系升级，物联网、无人驾驶及机器人的发展促进工业数字化转型与智能运输。面对城市这一日益复杂的巨系统，技术对其影响路径也愈加错综复杂。然而，相关的城市研究仍大多聚焦单一

consensus of the experts that we should fully understand the changes of the urban ontology, take a problem-oriented and people-oriented approach, and clarify the values and urban development paths suitable for China.

Keywords　the Fourth Industrial Revolution; digitization; future city; smart technology; expert interview

领域与对象，且彼此间缺乏足够的对话交流机制，难以针对具体议题达成共识。为此，本文期望通过专家访谈的形式，针对未来城市方面的核心议题进行探讨，共同思考与展望未来城市文明的发展方向，并弥补传统研究在此方面的局限与不足。

七位来自学界、业界不同方向的领域专家受邀进行访谈，具体包含张宇星、刘泓志、沈振江、吕斌、周榕、尹稚、武廷海（按照访谈时间排序）。此外，研究预先通过文献综述、问卷及专家研讨等途径对未来城市方向众多可探讨的议题进行了遴选，最终从历史演进、生产生活、城乡关系、社会可持续发展、工程实践以及城市运营的视角出发确定出六个访谈的核心议题，激发专家及社会各界对于未来城市的多角度思考、探讨与创新。本文将围绕这些核心议题对各位专家的核心观点进行整理，并对议题之外的部分专家探讨与展望进行适度凝练，以飨读者。

1　基于核心议题的观点探讨

（历史演进视角）从城市历史的角度来看，技术/工业革命与城市发展演进的关系是什么样的？这种相互影响是否会有助于我们理解信息技术对未来城市的重塑？

回顾历史，技术进步迭代对于人类生产生活方式以及城市空间形态、结构等方面的深刻影响得到了专家们的一致认同，因此，应对新兴技术发展给未来城市带来的机遇与挑战至关重要。部分专家侧重从差异性的角度解析历次工业革命中技术与城市发展演进的关系。刘泓志从技术扮演的角色切入，认为在前三次工业革命中，机械动力、电力、计算机等技术应用依次取代了人类的体力及部分脑力运算，而当下脑机互联的智力革命是对围绕人的核心价值的革命性改变。沈振江从城市基础设施的视角依次诠释了技术影响下历次工业革命中城市给排水设施、电力设施到承载数据流的信息基础设施对城市社会运行发展的决定性影响。尹稚和周榕从资源组织、人与空间关系的视角提出思考。与前几次技术更迭相比，当下数字信息流或"硅基空间"的崛起，从根本上改变了城市不同系统资源组织关系，其一方面催生出新的区位形态，利于全球网络化发展，另一方面也对原有的实体空间带来削弱，需要足够警惕。

其他专家则侧重对技术与城市协同演进过程所体现出的共性规律进行提炼。吕斌认为交通方式的演进在历次工业革命中都对城市形态产生直接影响；武廷海认为城市形态、结构与生活方式的变化是动态适应技术变化的长期过程。张宇星则总结出技术创新与城市基础设施迭代速度的差异性，后者更迭缓慢的同时拥有更长的持久性。此外，二者也会存在一定的"同步共振"时期，出现系统性的密集技术创新爆发，并广泛渗透影响至物质空间与生活方式上，进而在城市发展进程上形成一个明显的断层。

（生产生活视角）技术影响下，城市物理空间和社会空间、居民生活和工作方式将如何改变？

在城市本体变革层面，沈振江和吕斌认为技术发展将使得未来城市更加智慧化，表现为不断涌现出的智慧化社会服务以及环境、能源、信息和生活等系统的相互融合。此外，吕斌进一步提出在生态文明发展背景下城市空间"瘦身化"的新方向，即通过空间紧凑发展提升其碳减排能力，以实现低环境负荷和"双碳"目标。面对城市智慧化这一结果，刘泓志深入剖析了城市物理、社会及新技术衍生出的数字空间在技术发展过程中所发生的相互"校核、梳理、提炼"进化过程，并点明数字空间在供需匹配、空间品质提升方面的缝补与支点作用。具体至机器换人等新发展趋势，尹稚与武廷海均认为机器可以替代部分劳动性生产职业，延长人的闲暇时光，提升其可支配的自由，进而使人投入到更具有创造性和对人类文明发展更有贡献的事业之中。在城市智慧化发展的另一面，部分传统空间也愈加面临被技术冲击与淘汰的风险，为此周榕表示，与基础设施建设更发达的大城市相比，相对落后的二三线城市可能更容易受到信息通信技术的冲击，表现出更加明显的物理空间活力丧失。

此外，对于未来城市的空间模型与营造系统而言，张宇星认为技术发展将推动诸如乡村聚落与城中村等控制规范系统较弱的"弱建造"模式以新的形态发展，与传统现代主义城市模型高造价、缓慢迭代的"强建造"模式相互混合形成复合系统，进一步迎合技术发展迭代趋势，降低营造成本的同时提升城市活力。

（城乡关系视角）技术影响下，未来的城乡关系应该是什么样的？

面对新兴技术的冲击，张宇星与周榕均认为城市与乡村间的发展差距会缩小，技术给未来的乡村振兴发展带来机遇。随着 4G/5G 网络以及村村通工程在大部分乡村的普及，乡村与城市在信息获取能力以及资源组织分布等方面不再存在明显的技术壁垒，二者在虚拟空间与生产端的边界已经模糊。与此同时，城市与乡村也不会完全趋同发展，刘泓志与沈振江认为未来城市与乡村会在功能形态、产业服务等方面存在必然的区分，二者会差异化发展并各得其所。

在这样的背景下，不同专家针对未来城乡关系的发展路径提出各自的见解。张宇星认为乡村缺内容，城市缺实体。因此，未来乡村需要最好的数字产业，而城市需要乡村的聚落形态。刘泓志认为城乡应在产业、环境与服务三方面形成互补，减少城乡在这些方面适配度的差距，进而推动优质产业从相对集中的城市向乡镇体系覆盖，同时放大并输出乡镇的资源到城市中，带动城乡协调发展。吕斌认为以都市圈或者都市区为单元进行城乡协同是一种具有前景的发展模式，从空间、产业以及生态等层面构建城乡协同的无缝循环结构。尹稚认为当下信息流、物联网、智慧物流系统的建立使得城乡之间的流空间和流通道发生变化，实现了城乡之间物质和价值的自由交换。未来乡村只有将自己融入更大的产销、利益交换网络才能实现跨越发展。武廷海提出"城乡共生"的概念，认为城乡应该"联姻"，而非一方主导另一方。城市和乡村的人可以根据自我需求自由流动，实现灵活工作与生活。总体而言，正确理解技术背景下的城乡禀赋差异，强化城乡互补与有机协同成为专家们的普遍共识。

（社会可持续发展视角）技术在社会公平和可持续发展这两个方面，分别有什么积极或消极影响？

在社会公平方面，张宇星、刘泓志、周榕、尹稚均提出技术本身具有一定的中立性与两面性，技术可以解决问题也可以使得问题加剧。民众的权利通过新技术得到伸张，同时技术也对民众权利产生新的监管与控制，这其中存在诸多的平衡点，而技术为谁所用是该问题的关键。张宇星进一步指出，在时间尺度上，每一代人和前一代相比公平性是增加的，但是在同一代人中，结构性的不公平性是加剧的。武廷海同样认为，真正的绝对公平是难以客观实现的，达到一种社会平衡才是更重要的目标。为此，刘泓志、沈振江、吕斌认为让技术更加透明，同时被多元主体所接受是一种可行的思路。让不同背景和能力的人都能通过职业培训或教育创造社会价值，以此来达到社会的平衡发展。

在可持续发展方面，张宇星认为从狭义上看，ICT 等技术发展必然会对社会的低碳、可持续发展有益，但这些技术应用目前仍主要停留在消费端的生活方式层面，现有的生产端技术仍有很大的负面环境效应，需要更长的迭代周期实现理想的效能比。在此背景下，沈振江提出需要按照产业的技术发展水平来综合考虑，制定适宜的政策来进一步达到未来社会的可持续发展目标。

（工程实践视角）未来的城市规划建设应如何适应新的时代需求并应做出怎样的改变？

针对未来智慧城市的发展，专家们从不同的视角给出了各自的理解。张宇星从目标导向视角提出智慧城市需满足消费端需求，改变和影响美学标准，并提升生产端效率。刘泓志从智慧城市发展的时间周期维度提出四个重要的阶段，即探索认知阶段、产品发展阶段、技术融合阶段和价值引领阶段，并强调了价值引领对未来智慧城市建设的重要意义。吕斌则从智慧城市的空间尺度提出集大尺度区位价值影响、中尺度城市设施建设和小尺度日常生活服务为一体的全面智慧化实践愿景。尹稚从需求导向视角提出任何技术的落地和发展都需要与真实需求（包括一些永恒不变的基础需求，如健康、安全、高效、便捷等）相结合。沈振江、周榕及武廷海则从问题导向提出建成环境专业在当前面临的严峻挑战，如存量建设时期的设施建设与资金难以平衡，当前专业教育的内容与方法难以匹配未来发展需求等问题。

在此背景下，各专家从业界及学界不同视角提出适应新时代需求的建议。张宇星、刘泓志、吕斌、周榕、尹稚从规划设计实践角度强调清晰明确、具有中国特色的价值取向对智慧技术发展的重要引导意义，倡导智慧技术与日常生活的紧密结合，实现对人本质需求的精准回应。沈振江、周榕、尹稚、武廷海进一步从城乡规划专业教育视角指出当前的职业训练对城市的描述与分析以及对城市新的社会组织与物理形态的认知，与当前城市发展状态和趋势不完全契合，因此，需要更加敏感、自觉地观察新技术影响下的城市新形态，提升对当代不断变化现象的感性描述与分析能力，延展并发挥传统的空间资源整合能力，并在视野、工作场景和技术工具等方面主动提升、积极开拓创新。

（城市运营视角）区块链、Web3.0、元宇宙这些技术概念是否会给城市的建设和运行方式带来变化？

专家们普遍认为技术应以满足人的需求为出发点服务于人，并分别从服务对象（居民/消费端）、服务提供商（生产端）及管理者三种视角讨论新技术对城市建设和运营的影响。刘泓志、张宇星从解决问题的角度提出，技术应更多地解决生产端和消费端的问题，如解决多方、多层级契约关系或协作成本等方面的痛点和难点，保障个人与企业的利益，为有限的城市资源开拓新的操作筹码，并考虑人与人的交互场景在元宇宙和物理世界间的差异及互相转换关系。沈振江、吕斌从城市规划设计及管理者角度，提出技术应强化实体空间与虚拟空间的呼应，用以优化城市的规划、运营及治理，节约管理成本，提升管理维护效率，如基础设施维护、防灾救灾支持、能耗模拟测度等。武廷海、尹稚、周榕则从技术与人的关系角度反思当前技术应用可能存在或将要面临的问题，认为机器可以辅助人类，但不能支配人类。新文明的建构不能由技术主宰，必须要反思技术应用的真正获益方，使其与居民的真实需求绑定，从而不至于沦为一场技术秀。此外，更不能让技术脱离人的驯化，否则会带来更多的城市病、网络病和技术病。

2　针对技术与未来城市发展的展望

张宇星：科技最大的价值是回到个体的人文情怀

科技最大的价值是为人类社会带来增值服务，将蛋糕做大让每个人获益。在此过程中，科技不应过多参与社会制度的架构设计，科技回归颗粒化个体是更好的出路。比如"智慧城市"不如叫"智慧个人"，城市智慧和个人的关系并不直接，个人智慧才更有意义。科技让一个人更自由，一个人的价值就是一个社会的价值。最终改变城市未来的可能是一些颗粒状的规则策略，而非宏大的理想架构。

刘泓志：用坚定的信心和清晰的价值取向引导技术的发展

物理空间和新技术的结合不存在必然的对应关系，因为最好的技术是具有一定适应力的，不需要我们为其量身定制相应的物理空间。我们不应忘记我们对于未来城市空间的发展是有选择权的，可以用我们希望的方式过滤甚至否定某些技术发展的应用，而不是通过技术推动我们走向新的生活工作方式。我们对于想要的城市未来应有坚定的信心和清晰的价值取向，让它来影响技术的发展。

沈振江：日本经验及其与中国的差异化发展

日本初期的智慧城市建设建立在绿色技术的基础上，后期则关注把新的生活方式导入城市空间领域，所以，城市建设与管理会将三维数据库、虚拟现实等技术运用得更充分一些。而中国与日本的发展路线不同，中国发展模式带来了城市快速成长，且解决了很多城乡差别问题。现在中国开始推广装配式建筑，这个技术路线可能会与新能源结合，从另一个路径实现城市的低碳化发展。

吕斌：实体与虚拟结合的紧凑型未来城市发展

未来城市空间一定是"紧凑型物理空间+互联网"的实体与虚拟结合的模式，这会影响我们的交通和行为模式，以及影响包括基础设施在内的城市空间要素布置。现有的城市大数据研究更多是对现状情况的认知，只属于技术应用的一个方面。另一方面我们未来城市、智慧城市的专家和工程师们还要大胆地在居民还没有感觉到技术应用价值的时候就进行有计划的引导，例如通过智慧基础设施的建设引导城市或者区域形态的发展。

周榕：从文明的角度重新认识技术

当下我们面临的时代不亚于哥伦布发现美洲大陆，我们正处在这么一个起始点上。新文明的建构不能由技术主宰，技术仅是我们组织城市文明的材料，但现有的意识形态主张都是在旧文明中所孵化的。因此，我们要创造新的文明体系，保持对现状发展的批判性思维也就变得十分重要。批判性思维不是工具，而是手电筒，能够给我们照明未来的方向。

尹稚：适应人性、以问题为导向是未来智慧城市建设的关键

城市不是单纯的物理环境空间，城市中的人具有很大的复杂性，人的行为具有不可预测和多元性，

这也将是未来智慧城市建设面对的最大挑战，即如何适应人性，让人们觉得其所做的事情是正确的。此外，我认为所有可封闭技术系统的运营是可行的，但要重新调理一个社会经济系统是非常困难的。当下已有非常多的技术应用场景，但真正活下来的一定是以问题为导向、解决痛点，并使生活更加舒适简单的应用，否则就会沦为一场技术秀。

武廷海：新时代的技术发展是促进新平衡的关键要素

技术会有颠覆性、突破性的迭代发展，而人类社会的变化是较慢的，生物的尺度与特性决定了城市也会不断平衡、适应这种变化。当下社会的发展处于一个技术科学发展的临界点，每个领域都有艰难和急迫的问题，但技术为这些问题的解决提供了更多的可能性。因此，我认为新时代的技术发展不是补充项，而是促进新平衡的关键要素。

访谈专家名单（按访谈时间排序）

张宇星：深圳大学建筑与城市规划学院研究员，本原设计研究中心副主任，趣城工作室（ARCity Office）创始人兼主持设计师，深圳"趣城计划"和深港城市/建筑双城双年展发起人之一

刘泓志：AECOM 亚太区高级副总裁

沈振江：日本工程院院士，日本国立金泽大学教授，博士生导师

吕斌：中国城市规划学会副理事长，北京大学城市与环境学院教授

周榕：中国当代建筑及城市评论家，清华大学建筑学院副教授，全球知识雷锋发起人，三联人文城市奖架构共创人

尹稚：中国城市规划学会副理事长，清华大学建筑学院教授，清华大学城市治理与可持续发展研究院执行院长

武廷海：清华大学建筑学院教授，博士生导师，清华大学建筑学院城市规划系主任

核心访谈人员

龙瀛：清华大学建筑学院长聘副教授，博士生导师

王鹏：清华大学建筑学院创新领军工程博士生，腾讯研究院资深专家

整理人

李伟健：清华大学建筑学院硕士研究生

张恩嘉：清华大学建筑学院博士研究生

致谢

本研究得到"WeCityX 未来城市科技访谈计划"项目资助。

附录：专家访谈详细记录

议题1：（历史演进视角）从城市历史的角度来看，技术/工业革命与城市发展演进的关系是什么样的？这种相互影响是否会有助于我们理解信息技术对未来城市的重塑？

张宇星：倘若对人类造物体系做切分的话，城市与建筑是其中的底盘，表现出坚固持久、很难改变的特点。科技革命可能100年发生一次，科技创新迭代可能10年一次，更加微观的技术应用迭代可能以月为周期，而城市基础设施和建筑迭代速度最慢，但其一旦迭代成功，模型的持久性也是最长的。我认为目前为止这种城市建筑层面的迭代只发生了一次，就是从之前古典时期到现代主义革命，从石头木构到现代钢筋混凝土体系的迭代，这样一套体系迭代完成后需要两三百年甚至更长时间才能发生根本性变革。要看到ICT为主导的科技发展与基础设施发展之间有巨大的差异性，二者之间会有一定的"同步共振"，在某一些时间点出现密集的科技爆发或创新，这种密集体现在系统性上。比如现在ICT就具有这样的特点，它渗透到物质空间、生活方式等方面，对城市基础设施与建筑的影响力会在未来考古学上形成一个明显的断层。

刘泓志：我们关注工业革命的焦点往往落在技术变革的内容本身上，忽略了其传递价值的作用。工业革命和城市发展演进最大的关系是这些技术创造的价值以及这些价值传递的方式改变了人和城市的关系。从第一次工业革命到第二次工业革命，技术取代了体力。技术变革从机械动力到电力改变了城市空间的生产力。第三次工业革命我觉得非常关键，开始完成从取代人力到取代人脑力的转变。如今，我们正在经历脑机互联的智力革命是过去历史上从来没有发生过的，我相信它颠覆的不仅是技术本身，还有围绕人的核心价值。我们对城市的认知也因此充满新的可能性甚至是危机。当下第四次工业革命（智力革命）会转变为一种文明创造方式、想象力的革命，城市的未来不再寄托于人的想象，而是机器的想象。

沈振江：从人类社会的发展角度，技术第一次对城市产生影响发生在人类从农耕到进入城市的过程中。其中最早对城市化产生作用的是给排水一类的技术，包括我们古代城市与乡村的区别最初即表现为是否具有给排水设施。在此之后，对生产力发展影响比较大的是工业革命，大工业生产催生了现代城市的基本形态。而电力大规模普及之后成为城市生产生活的基本能量来源。到了当下的信息社会，承载数据流的信息基础设施开始出现，其对于城市运行与管理效率有着决定性的影响。总而言之，信息技术能够启动与推动城市发展，并对城市的基础设施、城市的生产生活服务方式产生比较彻底的影响。

吕斌：通过研究生产力视角下的人类发展史，可以发现社会生产技术的发展与生产生活方式、城市形态都有密切的关系。我曾经从城市视角梳理过从狩猎社会、农耕社会、工业社会、信息社会到智慧社会不同时期的城市形态。对城市形态产生最大影响的是我们生活生产方式，特别是交通方式的演进。例如交通方式从徒步发展到牛车、马车、汽车、飞机乃至最近的自动驾驶汽车，都对城市形态产生了非常直接的影响。

周榕：技术的进步特别是工业革命具有全球化、协同性的特征，其对于城市的影响非常大，这一点我们可以从城市的人口规模看出来。第一次工业革命之前，城市人口普遍在 200 万左右。全球第一个达到 500 万人口规模的城市是 1880 年的伦敦，第一个人口超过千万的城市是二战后的纽约，其背后分别是引导第一、第二次工业革命的国家。第三次工业革命以信息技术的崛起为特征，大数据处理、实时算法协同管理在此时期为城市带来极大的变化。第四次工业革命下，硅基空间的崛起另外形成了一个平行次元。原来城市物理空间组织枢纽带来的一系列便利很大被硅基空间新的权力者剥夺。大量的商店倒闭，它们作为资源分配的终端末梢，和人的黏性在失去。消费型互联网企业对城市会有很大影响，例如对城市基础的物理空间能力有很大的削弱。因此，我们在关注到第四次工业革命对城市的赋能外，也要警惕它们对城市的"争夺"。

尹稚：城市规划最底层的建构基础其实是对人类生活、生产、休闲、娱乐等系统的区位价值判断。一个城市是由无数区位选择建构出来的。技术发展对城市的重塑一方面聚焦于物质性生产力要素即资源关系的重塑，另一方面则是对于人与空间关系的重塑。从历史上来看，每一次工业革命都产生于现实社会需求，同时一旦技术形成突破会反过来催生新的需求。技术通过流空间的变化来改变城市的基本时空关系。以制造业在信息化背景下的重组为例，在福特时代，传统的产业集群并不具备足够强的信息沟通及其导引下实体物流的配送能力。数字化、信息流从根本上改变了制造业组织资源的方式，产业集群从传统的简单上下游关系变成更庞大的"左邻右舍"的关系。此外，对于创新性产品而言，交通与物流配送成本在技术加持下仅占有很小份额，因而可以在全球物联网中进行更加广泛的普及推广，这些现象都会催生出新的区位形态。

武廷海：技术是衡量人类文明的尺子。回溯历史，人类将石器和木棍作为工具的时候就已经象征着技术进入到人类演进过程中。旧石器、新石器时期工具的变化、人类聚落的形成以及城市的产生都是技术进步的标志。工业革命后，科学技术协同发展带来人类生产力水平提高，伴随着大城市的产生现代社会也趋于形成。这个过程与交通、通信、能源技术的发展息息相关。现在信息技术和数字技术的来临进一步突破城市时空限制，象征着"后现代"的来临。总体而言，城市形态、结构与生活方式的变化是动态适应技术变化的长期过程。

议题 2：（生产生活视角）技术影响下，城市物理空间和社会空间、居民生活和工作方式将如何改变？

张宇星：我们现在还是基于现代主义的城市物质空间模型，和造发动机没有本质差别，一切都是可设计、可预测，有模型，数字化。现代主义模型，特别是柯布西耶多米诺和光辉城市模型也是基于这样的出发点建成整个现代城市构造系统。整个系统优势是速度快、效率高，和其他交通、设备系统衔接度高，是今天全球化的主导系统。但整个系统背后存在最大的问题表现在人在整个建造过程中的权利、自由以及建筑物背后的意义方面。此外，资本控制以及大规模迭代背后的高造价也是这套系统的问题。

传统的乡村聚落、城中村等小房子大多是由个人盖出来的，其背后的控制规范系统较弱，但是其生命力以及和人的关系往往非常强大也很难清除，我把这种模式称之为"弱建造"。未来的城市要把"弱建造"与"强建造"混合形成复合系统，变为营造以进一步降低建设成本。此外，**ICT** 本质是高迭代系统，建筑物很难跟上它们的迭代周期，因此，这两个系统之间常常形成割裂并带来很多问题。而"弱建造"迭代周期很快，每年都可以盖。将"弱建造"混合进未来城市系统中，建筑物的框架体系不用变，但里面像抽屉一样的要素可以高频变化。

刘泓志：城市的物理空间与社会空间在技术发展过程中发生着相互"校核、梳理、提炼"的进化过程。"校核"指的是物理空间是不是足以承载或支持社会空间品质，而后者又是否可以引导或维护物理空间的建设。"梳理"指的是社会的需求淘汰了一些消极或不适配的物理空间，高匹配度和效益的空间应运而生。新技术也会从工具转变为新的空间维度，即数字空间。"提炼"指的是数字空间有条件缝补社会需求和我们在工作、生活场所当中产生的落差。数字空间也会成为新技术影响城市空间品质最大的支点。

沈振江：生活方式方面，信息技术影响下城市会提供智慧的生活服务。比如现在日本在推的"社会 5.0"即智慧城市建设，提出在传统的房地产开发与基础设施开发的基础上接入 **ICT** 设施，从而生成大数据与信息流，并与物联网相连，进而产生智慧化的社会服务，催生新的生活方式。此外，日本也在尝试落地自动驾驶、智慧化能源管理等具体的项目，如果能够成功，也将对人们的生活方式产生深远的影响。

吕斌：其中第一个趋势是社会的智慧化。实际上在工业 4.0 概念提出之前，大数据的分析技术，人工智能、物联网等数字技术已经经历了将近 20 年的发展进程。而且相关应用成果不仅体现在工业领域，在社会层面也正急速且深入地嵌入到我们的日常生活中。这种进步也给人类生活和人居环境甚至广义的城市空间带来了非常明显的机遇和挑战。另一个趋势是人类从工业文明到生态文明的发展追求转化。当前人类发展的重要目标之一就是在追求高质量、高品质生活的前提下，实现对环境的低负荷的影响。

具体城市空间的发展方向我概括为"智慧化"（smart）和"瘦身化"（slim）。技术的发展使环境、能源、信息和生活相互融合，形成了智慧化的趋势和要求。这种智慧化是多尺度的。总体而言呈现出大分散、小集中的特征。生态文明发展对空间形态的要求就是紧凑化、瘦身化。瘦身化这个概念是在世界经济论坛 2008 年年会上提出的，其本意是要抑制过剩的物质消费，转变生活生产方式，但同时又不能以牺牲生活质量为前提。为了实现低环境负荷和"双碳"目标，除了在能源源头解决问题，也需要通过瘦身化提升空间碳减排能力。

周榕：硅基空间介入的更多是资源分布问题，因此对于相对落后的城市反而可能影响更大。大城市的基础设施更发达，商业网点与大型购物中心建设更好、更快，因此二三线城市中电商等新技术形态对于城市的影响会更大。面对 **ICT**，这些小城市的凋敝，例如物理空间的活力丧失其实比大城市明显得多。如今，有大量的中国城市处在不发展甚至收缩的状态，**ICT** 冲击出现的问题往往在这些基础薄弱的城市地区最先反映出来。

尹稚：在工厂车间、建筑建造等领域都出现了自动化、无人化的趋势倾向。但机器更多是替代劳动性的生产职业，人可以从事更具有创造性的、对人类文明文化事业发展更有贡献的事情。此外，我始终认为机器替代服务业从业人员还需要很长时间，因为服务业更多是本土化的，有自己的服务/时效半径，服务质量本身目前机器也很难媲美人工。

武廷海：在进化论的大背景下，人处理人与自然、人与人之间关系的方式是与城市协同进化的。人类是城市动物，随着城市规模越来越大会对城市的要求越来越高，进而要求技术的进步。在"人—技术—城市"关系中，人是最大的变量，人会选择、判断、适应，带来行为的变化，而同样的技术不一定会带来同样的结果。

议题3：（城乡关系视角）技术影响下，未来的城乡关系应该是什么样的？

张宇星：城市和乡村在虚拟空间内的区分已经消失。基于产业的趋势，农业在未来会必然变成数字产业的一部分，与数字化紧密结合。全球所有产业其实都可视作数字化产业的终端分支。因此，农村和城市在生产端没有什么区别，乡村未来的振兴也必须要顺应这样的趋势。城市需要和乡村融合，要将农村的生活方式融入。农村的问题是缺内容，城市的问题是缺实体。对于乡村低密度环境、自然荒野的追求是人本质的需求。"弱建造"背后就是将荒野、废墟、自然带入城市，这也是城市未来的出路。乡村需要最好的数字产业，城市需要乡村的聚落形态。

刘泓志：这个问题的关键应该是我们如何看待城乡关系，或者城乡关系存在什么问题，哪些受到技术的影响，哪些应该得到技术的支持。我认为理想城乡关系的核心应该从产业、环境、服务三方面考虑，城乡如何在这三方面形成互补是重点。城乡应成为一个体系，各得其所的同时又开放流动，这样才能真正缝合城乡之间发展的梯度落差。

首先，城乡之间应差异化地创造不同的产业以及相应的空间、人力资源的供需模式。技术如何做好相应的供需匹配，并且加快资源要素的自由、灵活流动是城乡产业发展的关键；其次，在环境的软硬件方面，例如城乡空间产品的差异化也是重点；最后，在服务方面，城乡所提供的服务产品模式应匹配其产业和环境。这些公共服务如何通过技术让城乡资源互联、互通、互补是重要的发展方向。此外，城乡关系的一大问题是城乡差距。我们应当减少城乡产业、环境与服务适配度的差距。技术发展应探讨优质产业如何从相对集中的城市向乡镇体系覆盖，同时放大并输出乡镇的资源到城市中，带动城乡协调发展。技术要正向加强城乡自然错位关系的发展，而不是强加干预、逆向而行，追求城乡齐头发展。

沈振江：人的活动既有农业生产活动也有工业生产活动，都会受到智慧服务的影响。目前欧美国家受地形等因素的影响，城乡结合的程度比中国及日本高，但城乡也不一定会完全融合。农业生产还需要大量的土地，而工业生产可能会转移到人口密度比较低的地方，但人们的居住空间为了提高商业服务、文化服务的效率，还是会存在一定的聚集性。当然也有一种说法，就是我们都用虚拟的现实来享受这种商业和文化活动，但智慧服务应该与物质空间在形态上是叠加的，即人们不会因为有了信息就不需要吃饭。因此，总体而言，城乡在未来仍会是有一定区分的。

吕斌：现在物联网、大数据技术能够提升农业、农村的现代化水平。随着网络信息技术的发展，直播带货等物理与虚拟融合方式的兴起，城乡之间的联系得到进一步加深，城乡之间有更充分融合的可能性。而对于"双碳"战略，特别是提升碳汇能力这方面，需要构建城乡协同的社会生态共生系统。高密度大城市自己实现碳中和是不可能。我认为其中很有前景的方式是以都市圈或者都市区为单元进行城乡协同，从而通过乡村的农作物提供碳汇。实施路径方面我总结为三个层面：第一个是空间层面，需要加强信息流并增加数字基础设施的建设，使城乡在空间上实现无缝循环的结构；第二个层面是需要一二三产实现产业上的协同，比如农林水产业与加工营销、服务等环节融合；第三个层面是实现自然生态圈和人文活动的功能协同。

周榕：首先，随着硅基空间的崛起，城乡原有的巨大差距会被迅速拉平。随着4G/5G网络、村村通工程在大部分乡村普及，乡村和城市在信息获取能力上没有太明显的技术壁垒。物流、路网系统分布也有走向平均化、均匀化的趋势，导致资源分布趋于平均，这为乡村振兴带来了巨大机会。而中国乡村振兴的唯一路径就是城乡联动。此外，乡村的全面复兴仍然比较困难，更多是以快速的点状突破为模式。中国70%~80%以上的乡村只能被称作"农村"而非"乡村"，它们没有较好的环境风景或人文禀赋，只是基本的农业生产单元，不太可能成为城市人才资本的流动地。这种农村主要依靠农业大生产发展起来。如今直播带货下沉到田间地头，带动当地农产品物流快速有效的商品转化，这种信息的重新分布对于即使是农业作为支撑的农村也是有巨大贡献的。此外，诸如AI图像识别与无人机等结合的农业信息技术应用也对农村有很多赋能。总体而言，第四次工业革命对于城市而言是喜忧参半，对于农村/乡村则是重大利好。

尹稚：城乡融合包含产业融合、社会融合等不同类型与层次，其中最重要的是流空间和流通道的打造。乡村和县城完全依靠自身动力发展是不现实的事情，任何一个产业都存在基本供养集聚规模的问题，而乡村脱贫也很难依靠传统农业发展实现。乡村一定是利用当地特有资源，通过城市高消费市场来实现乡村收入的增加。当下城乡的资源与产品融合是主流，信息流、物联网、智慧物流系统的建立使得城乡之间的流空间和流通道发生变化，进而实现了城乡之间物质和价值的自由交换。乡村只有把自己融入更大的产销、利益交换网络，才能实现跨越发展。

武廷海：2013年我出版《空间共享》一书，涉及技术时代对城乡关系的思考。按照马克思的说法，在资本主义出来之前，乡村关系占主导，县城和城市占从属地位。工业革命后，机器大生产带来了现代大工业城市，城市成为消费和生产的中心，城市关系开始占主导。这也给改革开放后的中国带来巨大影响，可以称之为"资本的第三次循环"，即资本在城市中追求空间的剩余或交换价值。土地供给与资本积累迅速催生出了类似中国新城的空间产品。我当时给城乡关系找了一条出路，叫"城乡共生"，即城乡应该"联姻"而非一方主导另一方。随着人类与技术进步，城乡关系向良性发展，城市和乡村的人可以根据自我需求自由流动，灵活工作、生活。

议题 4：（社会可持续发展视角）技术在社会公平和可持续发展这两个方面，分别有什么积极或消极影响？

　　张宇星： 从古至今，科技、资本和社会公平没有必然关系。动物族群存在不平等是本质，因为生命本身就是非均质的耗散结构，不公平是一个社会的必然，和工具没有任何关系。通过科技发展无法解决社会公平问题，但是可以使其部分缓解。全球化、工业革命的历程基本都是通过扩张，从外部系统获取更多的能源，以化解小系统的非均衡问题，缓解局部区域的公平问题。在一个时间尺度上，每一代人和前一代相比公平性是增加的，但是在同一代人中，结构性的不公平性是加剧的。掌握工具和不掌握工具的人之间的不公平是更加明显的。

　　此外，从狭义上看，ICT 肯定对低碳、可持续发展有益。但 ICT 技术目前仍主要停留在消费端，现有的生产端还大多以之前的工业革命技术为基底。如果按照一百年的技术革命迭代周期来看，可能还需要 80 年才有可能让第四次工业革命形成正向的能效比。现在和蒸汽机刚刚出现时一样，技术仍有很大的负面效应，因此在讨论 ICT 时不能得出简单结论。

　　刘泓志： 我认为当下存在民众权利的放大和缺位同时发生的矛盾。技术的发展和社会产生互动，社会的公平、民众的权利通过新的技术得到伸张，同时技术也对民众权利产生新的监管与控制，这其中存在诸多的平衡点，而技术也需要更加透明才更可能被多元主体接受。技术体系的效益要在合理的城市运行体系基础上。我们对于想要的城市未来应有坚定的信心和清晰的价值取向，让它来影响技术的发展。

　　沈振江： 传统行业发展存在不同阶层收入的公平性问题。新技术在追求经济发展的基础上亦应以社会公平与环境生态保护作为目标。对于中国，应该通过智慧技术提高生产效率、提升人民生活质量，但同时要推进绿色建筑等绿色技术，以避免更多的能源消耗。此外，在技术发展的过程中总会遇到问题，如中国在建设 ICT 设施以提高老百姓生活水平的过程中会遇到能耗、原材料等方面的问题，因此需要按照产业的技术发展水平来综合考虑，制定适宜的政策。在社会公平方面，可以通过职业培训转化传统工人的技能以更好地适应技术发展。对于中国而言，进行社会改革的速度会比较快，可能受影响的时间会相对较短。日本行业转换面临的阻力较大，且培训时间较长，社会成本更高一些。总体而言技术发展一定有两面性，消极的一面肯定要通过相应的政策来达到平衡。

　　吕斌： 从个体角度，我觉得随着技术的发展，我们人类获得的幸福感、丰富感会有很大提升，但同时可能也会产生一些消极影响如部分实体岗位被取代。而由于信息时代社会发展很快，代际产生的频率增加，加大的社会竞争烈度，因此，为了社会可持续发展，需要考虑如何让不同背景和能力的人都能创造社会价值，以实现社会公平。从空间形态角度，我觉得网络化空间形态一个非常重要的特点就是扁平化，其能给中心城市非行政中心的节点提供更多的机会，从而促进社会的公平。

　　周榕： 技术是中立的工具，其本身没有自己伦理上的喜好和价值目的。技术掌握在谁手里非常重要。技术越先进，掌握技术的价值权利系统便越重要。新兴技术有一个很大的问题就是容易形成垄断，并天然和资本结合。因此，资本背后的价值伦理同样非常关键。中国基础设施的建设大多是反市场的，技术进步降低了大量成本，即使在疫情期间，物价也没有大量上涨，这些都是大量技术形成普惠的表现。

尹稚：我认为技术带有一定程度的中立性。目前信息技术创新在西方世界导致了更严重的社会阶层分化，其背后是金融资本体系改变了传统工业资本的基本价值观，对中产工程技术人员产生了分化与撕裂效应。一部分人可以成为持股人，利益和金融市场绑定，对于技术的追求让位于利益本身；另一部分人则会慢慢劳工化。因此，技术本身可以对解决问题提供帮助，也可以完全产生或加剧问题的严重性，关键在于技术为谁所用以及如何使用。如果是用于加速全社会的资本化，那么必然会导致加速财富向头部聚集的速度。

武廷海：从生物学来看，客观上没有真正的公平，我们应把公平和平衡的概念区分看待。社会人健康的发展是要保持一种平衡。对人类社会而言，如何进行分配来达到社会平衡才是更重要的，而不是一味追求平均和公平。制度、道德、法律、技术等多元要素均在其中起到了作用。

议题 5：（工程实践视角）未来的城市规划建设应如何适应新的时代需求并应做出怎样的改变？

张宇星：我认为可以从三方面入手。第一是消费端，因为城市生活方式的改变非常容易，成本也较低，而目前城市的价值系统已经发生了改变。现代规划与建筑师也受互联网的影响变成新生活方式的设计者。第二是美学标准。柯布西耶在《走向新建筑》等书中一开始也是从美学而不是生产效率入手，认为机器、汽车、轮船是最漂亮的，打动了那一代人。我们今天互联网出现的拼贴形态如果也给大家进行更加深入的宣传的话，也会持续改变和影响既有的城市建筑空间。第三回到生产端，即能否提高生产效率。如果 ICT 与建造技术可以给每个人解决住房问题，那么也会必然影响整个社会系统。要回答人最本质的需求，例如能否降低房价，给每个人提供更多的居住空间。

刘泓志：我个人认为智慧城市有几个重要的进程/阶段。第一个是探索认知的阶段，即挖掘什么是智慧城市以及智慧城市能为我们做什么。第二个是产品发展的阶段，基于第一阶段的认知做一定的判断来发展具体的产品，并挖掘市场需求、创造配套条件让产品落地。这本质上是企业在发展智慧城市业务的驱动阶段。第三个是技术融合的阶段，因为单一技术产品无法达到智慧城市的目标。不同门类的技术开始融合，企业进行转型或合作。最关键的是第四个价值引领的阶段，即思考我们到底造就了怎样的智慧城市。欠缺价值引领的智慧城市可能有更高的"智商"，但不一定有更好的城市品格。从企业的角度，我们也在探索物理或数字化基础设施能否帮助城市发展这样的价值体系。我们更在乎需要什么样的城市而不是我们拥有什么样的技术。

因此，我认为我们可以做出的改变有以下四点。首先，思考更加适用于中国的价值，并让其引领智慧城市的建设；其次，谈科技就要谈人民与生活，民众必须成为科技发展的一部分，他们的选择权、倾向性非常重要，应将使用端、落地端效益放在前面，再次，传统的城市规划设计与咨询行业中的空间语言体系和智慧城市空间产品的体系没有挂钩，如何从空间语言体系聚焦到空间产品体系，并让生活品质反哺技术发展与服务内容是我们可以做的改变；最后，现在技术发展的节奏不是越快就越好，品质优先的发展节奏非常重要。

沈振江：智慧城市对我们建筑设计和城市设计行业的影响很大。我们这个行业原来是感性型的职业训练，整体而言目前的行业体系并不能完全适应新的技术环境。此外还存在更客观的问题，就是在城市道路以及建筑已经建设完成的情况下，如果要导入一些新的设施需要大量的资金，而新的设施是否能较短时间带来较大的收益等。

吕斌：在未来智慧化对于空间领域的从业者来说是非常重要的。我觉得可以在不同尺度上去阐述智慧化或者未来城市技术给人居环境带来的影响。在大尺度上最重要的是智慧技术如何影响或者改变一个空间节点的区位价值，因为物质流、信息流、货币流、人流都与区位价值相关。中尺度方面，应让智慧化带给人们居住、办公、交通、游憩等方面能够切身感受到的好处，以及消除隐私泄露等隐患。小尺度方面，比如在家庭、社区或者五分钟、十分钟生活圈内，可以进行全面的智慧化实践，以提升韧性、安全与便捷性。

周榕：其实这一轮技术冲击对我们这个专业是很严峻的挑战，但我们必须要从全行业的角度找到未来的出路。我们最擅长的处理还是空间的组织，用空间组织资源，组织多学科的综合系统，这也是我们做城市工作最强的工具。因此，要把我们的战场拓展到硅基空间中去。城市的定义不再是物理空间中的土地与建筑，其已进入到硅基空间中，例如元宇宙便是一种我们更容易接受的可视化呈现。未来要更多地进行硅碳融合思考，这是我们行业唯一的机会。我们所有的教育不能只教画图，相应的视野、工作场地和技术工具要跟上。我们现在视野有了，场地差一些，而技术工具远远没有跟上。从行业贡献的角度来看，应有主动出击的意识，发展自己的技术工具，开拓新的生存空间。

尹稚：首先，我认为任何一项技术能否落地以及是否具有前景是与城市发展过程中的真实需求绑定在一起的。一个城市不管是低技术水平还是高技术水平，都存在一些永恒不变的基本追求，例如健康与安全、高效便捷、更好的成本收益比例、更高维度精神层面的宜人舒适等。如果满足不了这些基本需求，那么就仅仅是一场短暂的技术秀而已。其次，我认为技术最应该审慎推进的就是用来管理社会和人，最应该积极推进的是可闭合的技术系统。

现在的学生对当代不断变化现象的感知描述和分析能力仍有待加强。我们现在的城市规划原理大多是基于历史经验以及规范性理论的总结，有很多是从西方引进的，与中国当下的城市发展状况并不完全契合，因此也产生了很多历史遗留问题。

武廷海：规划本质上是满足一种特别的空间需求，因此不同时代肯定会有不同的规划形态。从狭义的城市规划专业角度来看，当下规划发展很难满足未来的需要。技术在变化并为社会组织和物理形态提供新的可能。规划行业尤其是科研工作者要更加敏锐、更加自觉地适应技术变化并基于新技术规划城市的新形态。我们要生产新的知识来武装传统的规划师并塑造新型的规划师。传统的规划师在拥有空间设计技能的基础上，要加强对未来城市的敏感并提供新的能力接口。

议题 6:（城市运营视角）区块链、Web3.0、元宇宙这些技术概念是否会给城市的建设和运行方式带来变化?

张宇星: 生产和消费是创造价值的核心,现有的智慧城市系统过于关注管理者,对真正的城市居民和开发商没有足够重视。我认为科技应更多地解决生产和消费端问题,不要和社会制度架构牵扯过多。很多新技术概念的迭代速度很快,平均在两年左右。但是这种迭代是正常的,这也是科技发展生命力的表现。具体而言,元宇宙中人与人之间新的交往场景和城市规划与建筑学关系较大。将来有可能一群人在特定的空间进入元宇宙,那么什么样的空间能适应元宇宙的需求?这样的空间可能对视觉没有要求,但对听觉、嗅觉等有特殊要求。此外,元宇宙也对物理空间有反向影响,很有可能在现实空间进行建造映射。

刘泓志: 我认为当下城市建设运行的一大挑战,是在多元主体、多方参与合作的大趋势下,面向未来整合协调的边界条件高度复杂化,其带来的运行门槛与成本效益问题越来越严重。如果把区块链视作一种缺乏信任基础背景下建立信任机制的技术的话,那么,有没有可能将其从新金融市场更多地朝向新基础设施市场发展,这样就可能突破并解决多方、多层级契约关系或协作成本等方面的痛点和难点;Web3.0 能否更突出它个性化、用户参与导向的平台特质,促进城市建设与运行过程中的公众参与,同时保障个人与企业的利益;元宇宙融合线上线下的空间一体化,可以为有限的城市资源开拓新的操作筹码,通过元宇宙开发新的资产,创造新的资源,加速要素流动。总而言之,作为一个城市工作者,我也特别期望新技术发展能够彼此融合、并联、互惠并得到各界共鸣。

沈振江: 目前国际上尚无法在设计阶段对信息技术引入后的建筑或者规划进行很好的模拟。对于我们城市和建筑行业,设计阶段如何节约造价,当前的建造技术标准是否在实施后存在问题,以及如何预警都是相当重要的问题。而元宇宙、区块链等技术的引入会在城市管理方面有很大的贡献。我们现在做的一些工作也与之相关,例如模拟传感器对能耗的影响,就通过元宇宙让人在虚拟空间中进行活动,然后让人与传感器进行长期互动,从而测算其产生的能耗。此外,在避难方案优化、城市管理维护方面也有一定应用,如虚实结合可以帮助基础设施管道维护,让维修人员根据传感器和 AR 设备从地面上获取地下管道的情况。

吕斌: 面对工业 4.0 时代,不同尺度的空间结构都强调物理空间和虚拟空间的呼应。以机器人为例,现在工业生产线上的机器人已经应用得非常普遍,并逐渐在城市空间中,如基础设施坑道里或防灾救灾场景中进行应用,其对城市的规划、运营、治理都会产生影响。我们也需要顺应这样的发展趋势,例如尝试用区块链的模式让村民与经营者形成利益共同体来解决旅游产品存在的问题,但现阶段我觉得相关技术的普及可能有一定的难度。

周榕: 技术进步解决了很多人口红利消失带来的问题,如未来无人工厂、老龄化机器人或外骨骼的使用。但技术必须人文化,人不能变成技术的奴隶,技术如果不为人类最大福祉服务的话就是杀手。现在人类进步的基础除了技术发展外,更多是经济发展与人口膨胀。但随着人口的增长终结与下滑,未来可能不是 AI 杀死人类,而是人类自然萎缩灭亡。

　　此外，技术进步会带来另外一种文明，即半人半机器或者以机器为奴隶，人作为奴隶主。但是奴隶主一定会被奴隶干掉的，如果机器成为新的奴隶，这种文明结构是非常可怕的。倘若任由技术以极其迅猛的速度发展，这个文明系统本身一定会产生一定的"系统意志"，这对于现存的人类文明有巨大的威胁。当下我们面临的时代不亚于哥伦布发现美洲大陆，我们正处在这么一个起始点上。新文明的建构不能由技术主宰，必须要有人对此负责。所以，我在搞人文城市奖，但越研究技术问题，会越发现它的可怕。人类的城市病，或叫网络病、技术病，已经非常明显了。无所不在的焦虑、内卷、压迫，不知道意义所在，没有价值感，这些网络时代的症状会折射出当下文明在转型过程中的部分结构性问题。技术已经露出了它的"獠牙"。我不是要否定技术，而是觉得技术必须经过人文的驯化，否则是很可怕的。

　　尹稚：从虚拟现实到元宇宙，大部分应用场景还是跟游戏和娱乐有关。但恐怕这些虚拟应用场景在实际中的普及与受欢迎程度还远不如真实场景。技术发展对于虚拟和实体空间互动融合的支持还不够。现在的技术水平更加适合于可自封闭型技术系统的模拟、运转和调控。例如全智能化管控在很多示范性智慧社区都已经有所实现，但其背后要回答一个重要问题，即真正的获益方是谁？这是一场技术秀？还是和老百姓的真实需求绑定在一起？

　　武廷海：新技术带来新思潮变化是创新的表现。一方面，"变则通，通则久"，变化是发展的常态；另一方面，"守中"也是一种高度理性，"中"代表了人，技术为人服务。机器可以辅助人类，但我不认为其可以支配人类，我们目前创造的技术应用都属于简单的复杂性，都属于工具性质的，还没有超越人。因此，总体而言，我持谨慎的乐观态度，技术带来的变化目前都是可以预期的。

[欢迎引用]

龙瀛, 李伟健, 张恩嘉, 等. 未来城市的冷热思考——张宇星、刘泓志、沈振江、吕斌、周榕、尹稚、武廷海访谈纪实[J]. 城市与区域规划研究, 2023, 15(1): 234-250.

LONG Y, LI W J, ZHANG E J, et al. "Hot" and "cold" reflection on future cities: interviews with ZHANG Yuxing, LIU Hongzhi, SHEN Zhenjiang, LYU Bin, ZHOU Rong, YIN Zhi, and WU Tinghai[J]. Journal of Urban and Regional Planning, 2023, 15(1): 234-250.

《城市与区域规划研究》征稿简则

本刊栏目设置

本刊设有 7 个固定栏目，分别是：

1. **主编导读**。介绍本期主题、编辑思路、文章要点、下期主题安排。
2. **特约专稿**。发表由知名学者撰写的城市与区域规划理论论文，每期 1～2 篇，字数不限。
3. **学术文章**。城市与区域规划理论、方法、案例分析等研究成果。每期 6 篇左右，字数不限。
4. **国际快线（前沿）**。国外城市与区域规划最新成果、研究前沿综述。每期 1～2 篇，字数约 20 000 字。
5. **经典集萃**。介绍有长期影响、实用价值的古今中外经典城市与区域规划论著。每期 1～2 篇，字数不限，可连载。
6. **研究生论坛**。国内重点院校研究生研究成果、前沿综述。每期 3 篇左右，每篇字数 6 000～8 000 字。
7. **书评专栏**。国内外城市与区域规划著作书评。每期 3～6 篇，字数不限。

根据主题设置灵活栏目，如：**人物专访、学术随笔、规划争鸣、规划研究方法**等。

用稿制度

本刊收到稿件后，将对每份稿件登记、编号及组织专家匿名评审，刊登与否由编委会最后审定。如无特殊情况，本刊将会在 3 个月内告知录用结果。在此之前，请勿一稿多投。来稿文责自负，凡向本刊投稿者，即视为同意本刊将稿件以纸质图书版本以及包括但不限于光盘版、网络版等数字出版形式出版。稿件发表后，本刊会向作者支付一次性稿酬并赠样书 2 册。

投稿要求

本刊投稿以中文为主（海外学者可用英文投稿），但必须是未发表的稿件。英文稿件如果录用，本刊可以负责翻译，由作者审查定稿。除海外学者外，稿件一般使用中文。作者投稿用电子文件，通过采编系统在线投稿，采编系统网址：**http://cqgh. cbpt. cnki. net/**，或电子文件 **E-mail 至 urp@tsinghua. edu. cn**。

1. 文章应符合科学论文格式。主体包括：① 科学问题；② 国内外研究综述；③ 研究理论框架；④ 数据与资料采集；⑤ 分析与研究；⑥ 科学发现或发明；⑦ 结论与讨论。

2. 稿件的第一页应提供以下信息：① 文章标题、作者姓名、单位及通讯地址和电子邮件；② 英文标题、作者姓名的英文和作者单位的英文名称。稿件的第二页应提供以下信息：① 200 字以内的中文摘要；② 3～5 个中文关键词；③ 100 个单词以内的英文摘要；④ 3～5 个英文关键词。

3. 文章正文中的标题、插图、表格、符号、脚注等，必须分别连续编号。一级标题用"1""2""3"……编号；二级标题用"1.1""1.2""1.3"……编号；三级标题用"1.1.1""1.1.2""1.1.3"……编号，标题后不用标点符号。

4. 插图要求：500dpi，14cm×18cm，黑白位图或 EPS 矢量图，由于刊物为黑白印制，最好提供黑白线条图。图表一律通栏排（图：标题在下；表：标题在上）。

5. 参考文献格式要求如下：

（1）参考文献首先按文种集中，可分为英文、中文、西文等。然后按著者人名首字母排序，中文文献可按著者汉语拼音顺序排列。参考文献在文中需用括号表示著者和出版年信息，例如（王玲，1983），著录根据《信息与文献 参考文献著录规则》（GB/T 7714—2015）国家标准的规定执行。

（2）请标注文后参考文献类型标识码和文献载体代码。

- 文献类型/类型标识
  专著/M；论文集/C；报纸文章/N；期刊文章/J；学位论文/D；报告/R
- 电子参考文献类型标识
  数据库/DB；计算机程序/CP；电子公告/EP
- 文献载体/载体代码标识
  磁带/MT；磁盘/DK；光盘/CD；联机网/OL

（3）参考文献写法列举如下：

［1］刘国钧, 陈绍业, 王凤翥. 图书馆目录[M]. 北京: 高等教育出版社, 1957: 15-18.

［2］辛希孟. 信息技术与信息服务国际研讨会论文集: A 集[C]. 北京: 中国社会科学出版社, 1994.

［3］张筑生. 微分半动力系统的不变集[D]. 北京: 北京大学数学系数学研究所, 1983.

［4］冯西桥. 核反应堆压力管道与压力容器的 LBB 分析[R]. 北京: 清华大学核能技术设计研究院, 1997.

［5］金显贺, 王昌长, 王忠东, 等. 一种用于在线检测局部放电的数字滤波技术[J]. 清华大学学报 (自然科学版), 1993, 33(4): 62-67.

［6］钟文发. 非线性规划在可燃毒物配置中的应用[C]//赵玮. 运筹学的理论与应用——中国运筹学会第五届大会论文集. 西安: 西安电子科技大学出版社, 1996: 468-471.

［7］谢希德. 创造学习的新思路[N]. 人民日报, 1998-12-25(10).

［8］王明亮. 关于中国学术期刊标准化数据库系统工程的进展[EB/OL]. (1998-08-16)[1998-10-04]. http://www.cajcd. edu.cn/pub/wml.txt/980810-2.html.

［9］PEEBLES P Z, Jr. Probability, random variable, and random signal principles[M]. 4th ed. New York: McGraw Hill, 2001.

［10］KANAMORI H. Shaking without quaking[J]. Science, 1998, 279(5359): 2063-2064.

6. 所有英文人名、地名应有规范译名, 并在第一次出现时用括号标注原名。

编辑部联系方式

地址: 北京市海淀区清河嘉园东区甲 1 号楼东塔 22 层《城市与区域规划研究》编辑部

邮编: 100085

电话: 010-82819491

著作权使用声明

《城市与区域规划研究》征订

订阅方式

1. 请填写"征订单"并电邮或邮寄至以下地址：
   联系人：单苓君
   电　话：（010）82819491
   电　邮：urp@tsinghua.edu.cn
   地　址：北京市海淀区清河嘉园东区甲1号楼东塔22层
   　　　　《城市与区域规划研究》编辑部
   邮　编：100085

2. 汇款
   ① 邮局汇款：地址同上
   　　　　　　收款人姓名：北京清华同衡规划设计研究院有限公司
   ② 银行转账：户　名：北京清华同衡规划设计研究院有限公司
   　　　　　　开户行：招商银行北京清华园支行
   　　　　　　账　号：866780350110001

....

《城市与区域规划研究》征订单

每期定价	人民币 86 元（含邮费）				
订户名称				联系人	
详细地址				邮　编	
电子邮箱		电　话		手　机	
订　阅	年　　期至	年　　期		份　数	
是否需要发票	□是　发票抬头				□否
汇款方式	□银行	□邮局		汇款日期	
合计金额	人民币（大写）				

注：订刊款汇出后请详细填写以上内容，并将征订单和汇款底单发邮件到 urp@tsinghua.edu.cn。